"十二五"国家科技支撑计划课题"重大农业气象灾害立体监测与动态评估技术研究（2011BAD32B01）"资助

重大农业气象灾害立体监测与动态评估技术研究

赵艳霞　郭建平　等　著

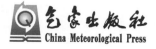

气象出版社
China Meteorological Press

内 容 简 介

本书是"十二五"国家科技支撑计划重点项目"农林气象灾害监测预警与防控关键技术研究"01课题"重大农业气象灾害立体监测与动态评估技术研究"(编号：2011BAD32B01)5年多研究的初步成果，内容主要是以南方双季稻低温灾害、西南农业干旱、黄淮海小麦干热风为对象，基于地面观测、卫星遥感和作物模型等方法，开展不同灾害的立体监测和动态评估技术研究，并研发了省、区级灾害监测与评估业务平台。本书可供气象、农业等领域的科研、业务人员以及灾害防御、规划等相关部门参考和使用。

图书在版编目(CIP)数据

重大农业气象灾害立体监测与动态评估技术研究/赵艳霞等著.—北京：气象出版社，2015.10
ISBN 978-7-5029-6271-5

Ⅰ．①重… Ⅱ．①赵… Ⅲ．①农业气象灾害－监测－研究
②农业气象灾害－评估－研究 Ⅳ．①S42

中国版本图书馆 CIP 数据核字(2015)第 239836 号

重大农业气象灾害立体监测与动态评估技术研究
Zhongda Nongye Qixiang Zaihai Liti Jiance Yu Dongtai Pinggu Jishu Yanjiu

出版发行：气象出版社			
地　　址：北京市海淀区中关村南大街 46 号		邮政编码：100081	
总 编 室：010-68407112		发 行 部：010-68409198	
网　　址：www.qxcbs.com		E-mail：qxcbs@cma.gov.cn	
责任编辑：李太宇		终　　审：徐雨晴	
封面设计：易普锐创意		责任技编：赵相宁	
印　　刷：北京中新伟业印刷有限公司		彩色插页：4	
开　　本：787 mm×1092 mm　1/16		印　　张：16	
字　　数：420 千字			
版　　次：2016 年 1 月第 1 版		印　　次：2016 年 1 月第 1 次印刷	
定　　价：70.00 元			

撰写专家组

主　编　赵艳霞　郭建平

副主编　何永坤　方文松　杨沈斌

成　员（以姓氏拼音为序）

陈　德　陈　斐　成　林　程勇翔　范　莉

郭瑞芳　何延波　黄敬峰　黄　维　李祎君

李　颖　刘宗元　吕厚荃　唐余学　王萌萌

吴门新　张建平　张　祎　张志红　赵俊芳

前 言

我国是世界上受气象灾害影响最严重的国家之一，农业气象灾害种类多、强度大、频率高、持续时间长、影响范围广、造成损失重，严重影响农业生产。尤其是近年来，随着我国农业的快速发展和全球气候变暖，各种气象灾害发生频率和危害程度均呈上升趋势，已对农业可持续发展和粮食安全构成严重威胁。为了最大限度地减轻气象灾害造成的损失，促进我国经济发展和社会进步，急需开展农业气象灾害监测与评估技术研究，提升我国农业生产防灾减灾及气象保障能力。

农业干旱、低温和干热风等灾害的立体监测和动态评估，是防灾减灾工作迫切需要解决的重大科学和关键技术问题。在国家"九五"、"十五"和"十一五"规划期间成果的基础上，针对以往涉及但未深入研究或尚未研究的内容，"十二五"规划期间国家科技支撑计划重点项目"农林气象灾害监测预警与防控关键技术研究"01课题"重大农业气象灾害立体监测与动态评估技术研究"以南方双季稻低温、西南农业干旱、黄淮海小麦干热风为研究对象，研发我国重大农业气象灾害的致灾气象指标和灾害等级指标体系，揭示不同灾害发生发展的时空变化规律，建立基于地面观测和卫星遥感相结合的灾害立体、实时监测技术，研制基于地面观测、卫星遥感和作物模式的灾害损失动态评估技术，研发省区级灾害监测与评估业务平台。这些研究成果使得灾害监测的时效性和准确率得到进一步提高，灾害影响动态评估水平得到明显提升，对进一步拓宽气象部门的业务服务领域，提升气象为农服务水平也都具有显著的推动作用。

通过研究开发，利用地面观测、遥感、自动化监测以及 GIS 等新技术，发展和改进了灾害的监测和评估技术，建立了更为先进的我国主要农业气象灾害的立体监测及动态评估方法。在信息耦合上，向集成地面气象、农业气象、田间小气候观测以及农情、灾情和地理信息系统等多元信息方向发展，在技术研发上向模型化、动态化和精细化方向发展。

课题承担单位是中国气象科学研究院，参加单位包括浙江大学、南京信息工程大学、国家气象中心、河南省气象科学研究所和重庆市气象科学研究所。经过科研业务人员五年多的努力，圆满完成了课题既定的目标。其中，有关南方双季稻低温的研究任务由南京信息工程大学和浙江大学完成，黄淮海冬小麦干热风的研究任务由河南省气象科学研究所和中国气象科学研究院完成，西南农业干旱的研究任务由重庆市气象科学研究所和国家气象中心完成。作为课题成果的一部分，我们对课题组成员的研究成果进行了汇集和整理，出版此书。本书可供气象、农业等领域的科研、业务人员以及灾害防御、规划等相关部门参考和使用。

　　本书为课题的研究成果，虽然在灾害的监测和评估方面取得了一些进展，但限于学科的发展水平和问题本身的复杂性以及有限的研究时间，所得结果必然存在一定的不确定性。另外，本书撰写和编辑时间较紧，书中难免有不足和疏漏之处，欢迎读者批评指正。

著者

2015 年 10 月

目　录

第1章　绪　论

农业气象灾害是一种自然灾害,一般是指农业生产过程中所发生的导致农业显著减产的不利天气或气候条件的总称,包括水灾、旱灾、干热风、低温冷害、高温热害、冰雹及连阴雨等,严重影响农作物产量和质量。我国地处季风气候区,冬夏季风每年的进退时间、强度和影响范围不同,造成各地气温、降水等气象环境条件的年际变化很大,气象灾害更是频繁发生。随着气候变化的日趋明显,农业气象灾害的频率增加、强度增强、危害加重,对国家粮食安全和农业可持续发展构成严重威胁。因此,在农业气象灾害发生后能迅速、准确地对受灾区内的农业气象灾害进行监测及评估,对防灾减灾具有十分重要的意义。本书是"十二五"国家科技支撑计划重点项目"农林气象灾害监测预警与防控关键技术研究"01课题"重大农业气象灾害立体监测与动态评技术研究"(编号:2011BAD32B01)5年多研究的初步成果。

1.1　研究目标

重大农业气象灾害的立体监测和动态评估,是防灾减灾工作迫切需要解决的重大科学和关键技术问题。"重大农业气象灾害立体监测与动态评估技术研究"课题是在科技部"九五"、"十五"和"十一五"的科技攻关项目成果的基础上,针对以往涉及但未深入研究或尚未研究的内容,研发西南农业干旱、南方双季稻低温、黄淮海小麦干热风等灾害的致灾气象指标和灾害等级指标体系,研发基于多源信息的灾害立体、动态评估的方法,解决相关的技术难题,并建立省区级灾害监测与评估业务平台,提供有效的服务。

通过研究开发,利用地面观测、遥感、自动化监测以及GIS等新技术,发展和改进灾害的监测和评估技术,建立更为先进的我国灾害立体监测及动态评估系统。在信息耦合上,将向集成地面气象、农业气象、田间小气候观测以及农情、灾情和地理信息系统等多元信息方向发展,在技术研发上将向模型化、动态化和精细化方向发展。

1.2　需求分析

我国是干旱灾害频发的国家。近年来,我国的干旱区域不断增大,有从干旱区向湿润区发展的趋势。我国西南地区本来是一个雨水充沛、气候湿润的地区,但近些年,该地区屡屡发生严重的干旱灾害,如2005年春季云南异常干旱,2006年夏季川渝地区特大干旱,以及2009年秋至2010年春以云南、贵州为中心的5个省份的旱灾,特别是2009—2012年的干旱事件具有持续时间长、影响范围广、灾害程度重的特点,是西南地区有气象记录以来最严重的气象干旱事件,给西南地区的农业带来严重不利的影响。

水稻原产于亚洲热带地区,在中国已有数千年的种植历史。水稻生长对热量要求较高,在中国主要分布在秦岭淮河一线以南的大部分低海拔地区,其中以长江流域和珠江流域的稻米生产最为集中,从一季稻到三季稻都有种植。水稻低温灾害是南方水稻生产区的主要农业气象灾害之一,与东北水稻低温灾害特征不同,南方较少出现持续较长时间的低温过程,且低温灾害程度相对较轻。在早稻生长季,主要有"倒春寒"、"五月寒"和低温连阴雨,在晚稻生长季,主要是抽穗开花期的"寒露风"。水稻低温灾害动态监测与评估技术是气候变暖背景下我国南方水稻低温冷害防灾减灾迫切急需的关键技术。由于农业布局和种植结构的调整等因素影响,低温灾害的潜在影响有增加的趋势。受气候变暖的影响,部分地区盲目追求晚熟高产品种,以及种植边界的不断扩展,增加了低温冷害和霜冻危害的潜在威胁。特别是进入 21 世纪以来,虽然气候总体在变暖,但低温冷害的频率却比上世纪 80—90 年代有明显的增多趋势。我国南方水稻产区的春季低温出现增加趋势,严重威胁我国的粮食安全。可见,在气候变化影响下,低温灾害出现了新的特点,作物育种和布局规划中急需相关的研究成果支撑。

黄淮海地区是中国重要的商品粮生产基地,以冬小麦—夏玉米二熟制为主,在国家粮食安全保障战略中居重要地位。由于气候变暖,特别是 80 年代中期以后,黄淮海地区年平均气温发生了改变,这必将对干热风的发生频率、危害程度等产生一系列影响,因此在气候变暖背景下,监测和评估近年来黄淮海地区冬小麦干热风灾害及其造成的损失,对趋利避害和防灾减灾非常重要。干热风灾害是小麦生育后期出现的一种高温、低湿并伴有一定风力的农业气象灾害。它是一种复合型灾害,包括高温、低湿和大风三个因子。主要分为两种类型:一是高温低湿型,这是小麦种植区干热风发生的主要类型,二是雨后青枯型。干热风在我国危害面积较大,发生频率也较高,导致减产显著,轻者减产 5%～10%,重者减产 10%～20%,甚至可达 30%以上。黄淮海流域和新疆一带约有 2/3 小麦种植区可受到干热风的危害。因此,北方小麦产区的各级部门对避免或减轻干热风危害的工作历来十分重视。

农业气象灾害的监测与评估研究是《国家中长期科学和技术发展规划纲要(2006—2020 年)》的要求。在《国家中长期科学和技术发展规划纲要(2006—2020 年)》"农业"重点领域的"农林生态安全与现代林业"优先主题中明确提出要重点研究开发"森林与草原火灾、农林病虫害特别是外来生物入侵等生态灾害及气象灾害的监测与防治技术"。《国家粮食安全中长期规划纲要(2008—2020 年)》中明确提出,要"健全农业气象灾害监测预警服务体系,提高农业气象灾害预测和监测水平","增加农业气象灾害监测预警设施的投入"。2009 年 4 月 9 日国家出台了《全国新增 1000 亿斤粮食生产能力规划(2009—2020 年)》,明确提出我国农业靠天吃饭的总体局面仍然没有改变,农业干旱、洪涝、低温等气象灾害频发给农业生产造成的损失较为明显。科技部等九部委共同制定并组织实施的《农业及粮食科技发展规划(2009—2020 年)》中明确指出,要开展区域旱涝灾害防控技术集成示范,以及加强区域旱、涝、低温、冷害等灾害监测、预测预警和防控技术研究。

农业生产的系统开放性、生产过程的不可逆性、生产环境的不可控性,决定了农业生产对天气气候条件的高度依赖性。因此,开展农业气象灾害研究是一项长期而艰巨的工作,是我国农业高产稳产和粮食安全的基本保证。持续开展农业气象灾害的监测预警和防控技术研究,意义重大,十分紧迫。

1.3 主要研究内容和技术路线

本项目以南方双季稻低温、西南农业干旱、黄淮海小麦干热风等重大农业气象灾害为研究对象,开展以下研究:

(1)完善和研制上述重大农业气象灾害的致灾气象指标和灾害等级指标体系

通过盆栽、池栽、人工气候箱和大田等控制试验,研究灾害对作物生理特性和产量结构影响的内在机理,同时分析历史灾情等资料并考虑气候变化和品种更新等对灾害指标的影响,完善已有的灾害指标,并研制新建一系列业务服务所需的重大农业气象灾害的致灾气象指标和灾害等级指标,形成完备的灾害指标体系。

(2)揭示不同灾害发生发展的时空变化规律

利用长时间序列气象和灾情资料、发育期和产量资料以及土壤湿度等资料,根据建立的指标体系,分析灾害的发生规律和演变趋势。

(3)研制基于地面观测、卫星遥感和作物模式相结合的灾害立体监测技术

基于地面气象、农业气象、田间小气候观测和地理信息,以及区域自动气象站加密观测资料,以灾害发生的主要时期为重点,动态分析灾害发生与前期、当日气象条件,以及与地理、地形条件等的相关关系,研究不同天气、地理、地形条件下灾害发生的可能性与分布模型,结合实时田间气象条件分析,研制基于地面气象观测、农业气象观测、遥感信息和作物生长阶段相结合的灾害立体监测技术方法,在灾害指标和 GIS 技术支持下,建立灾害发生范围、强度的动态监测模型。

(4)研制基于地面观测、卫星遥感和作物模式相结合的灾害损失动态评估技术

在灾害指标体系的基础上,根据地面、农业气象和遥感观测资料以及作物长势状况,研究灾害损失的动态评估技术。主要是通过改进农作物机理模式,结合区域农作物品种特性和土壤特点,将作物模式参数区域化,并结合作物灾害指标体系和 GIS 技术,建立灾害动态评估模型,研制农作物机理模式用于灾害评估的技术方法。

(5)通过技术集成,研发省区级灾害监测与评估业务平台

基于实时气象业务平台,通过技术集成,研发灾害立体监测与动态评估业务服务系统,包括数据管理、监测与评估、产品制作和发布等子系统以及系统集成,开发灾害监测与评估的信息采集、加工处理、诊断分析、模型构建、产品制作、产品发布等功能;建立灾害监测与评估省级气象业务服务平台,并开展业务示范应用。

技术路线见图 1.1。

本书主要就南方双季稻低温灾害、西南农业干旱、黄淮海小麦干热风的时空分布规律、立体监测方法和动态评估方法进行介绍,最后简要介绍业务平台的情况。

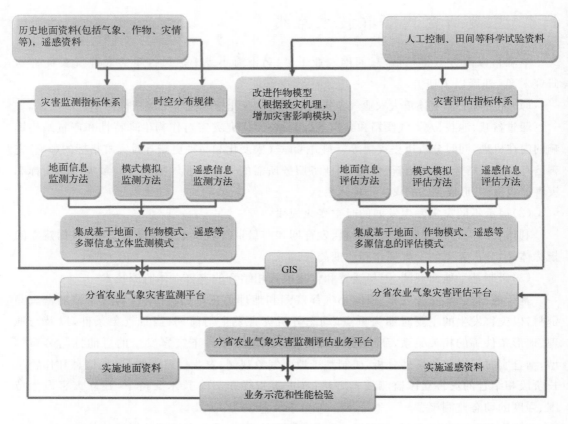

图 1.1　技术路线图

第 2 章　南方双季稻低温灾害的时空变化规律

　　水稻原产于亚洲热带地区,在中国已有数千年的种植历史。水稻生长对热量要求较高,在中国主要分布在秦岭淮河一线以南的大部分低海拔地区,其中以长江流域和珠江流域的稻米生产最为集中,从一季稻到三季稻都有种植。然而,随着水稻品种的不断发展,以及气候变暖,东北地区也已成为中国的水稻主产区之一,其单产水平已接近南方稻区。水稻生产过程中受到多种农业气象灾害的威胁,例如幼穗分化期的低温冷害或高温热害、抽穗开花期的低温寡照和寒露风等。这些农业气象灾害容易导致大面积水稻减产甚至颗粒无收,已成为水稻农业气象监测和农业防灾减灾工作的重要内容。为此,本章首先分析了整个南方双季稻区水稻低温冷害的时空分布特征,然后选择以长江中下游稻区双季稻为例,重点探讨该稻区双季稻生长季低温灾害的时空分布规律,为建立适用于该稻区的水稻低温灾害监测方法和灾害影响评估技术,为保障南方水稻生产,为新气候变化形势下水稻的保产增产提供技术依据和参考。

2.1　研究区概况

　　南方稻区地处中国东南部,总面积 125×10^4 km²,占中国总面积的 13%(图 2.1)。人口为 4.8 亿人,占中国总人口的 35%《中国统计年鉴 2012》。该区域是我国主要的热带、亚热带季风气候区。夏季受来自太平洋、印度洋气流的影响,冬季受来自西伯利亚的冬季风的影响。由于该地区距离冬季风源地较远,再加上东西向山脉秦岭等的阻挡,冬季风对该地区的影响较弱,但有的季节冬季风势力强大,也会给该地区带来一些寒潮天气(张家诚和林之光,1985)。同时该地受台风影响频繁,特别是福建、广东、广西和海南,从降水量看这几个省(区)也比研究区其他几个省份的要多。

　　中国南方稻区是世界最大的水稻生产区之一,包括华中、华南和西南高原三个区域。然而,南方稻区水稻种植主要分布在长江流域和珠江流域,为水稻生产提供了充足的水源。南方稻区海拔高度差异较大,从接近海平面的沿海地区到海拔超过 3000 m 的西部内陆,地形同时决定了水稻种植分布。目前,南方双季稻生产主要集中在湖北、安徽、浙江、湖南、江西、福建、广东、广西和海南等九省(区)(http://www.zzys.moa.gov.cn/),这九个省(区)双季稻播种面积和产量之和占全国双季稻总播种面积和产量的百分比均达到了 99% 以上。原有少量双季稻种植的四川、重庆、云南、贵州、江苏、上海现在已基本不再种植。因此,图 2.1 显示了种植水稻的九个省(区)的海拔高度及用于本文分析的气象站分布。

　　根据年鉴资料统计,江西省双季稻种植面积最大,全省双季稻面积为 2.92×10^6 hm²,占全国双季稻面积 24.4%;其次为湖南省,全省双季稻面积为 2.85×10^6 hm²,占全国双季稻面积 23.8%;广东省排在第三位,全省双季稻面积为 1.94×10^6 hm²,占全国双季稻面积 16.2%。图 2.2 和图 2.3 则分别显示了研究区水稻种植省(区)早晚稻种植面积及产量情况。

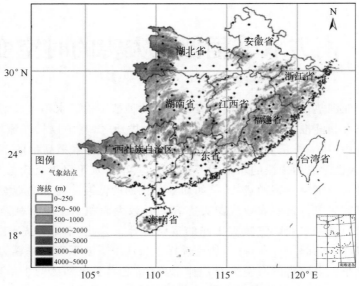

图 2.1   研究区选择及气象站点分布图

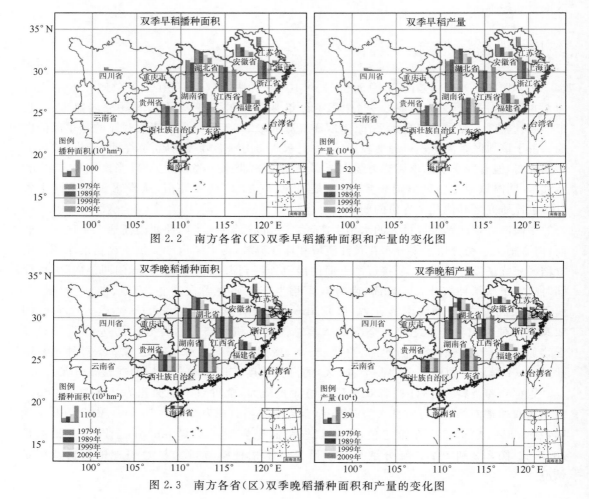

图 2.2   南方各省(区)双季早稻播种面积和产量的变化图

图 2.3   南方各省(区)双季晚稻播种面积和产量的变化图

值得关注的是,长江中下游稻区是南方稻区中种植面积最大,也是受到低温灾害影响最为严重的水稻生产区之一。该稻区地处北纬 25°～34°,东经 109°～122°,包括长江中下游平原双单季稻亚区、江南丘陵平原双季稻亚区和黔东湘西高原山地单双季稻亚区三个稻区(程式华和李建,2007),如图 2.4 所示。该区域属于亚热带季风气候区,年平均气温 19℃,最冷月平均气温 5.5℃,最热月平均气温 28℃,无霜期 210～270 d,≥10℃ 积温 4500～6500℃·d,年日照时数 700～1500 h,年降水量 1000～1400 mm,降水主要集中于春、夏两季。该地区近几年双季稻的播种面积约为 6951.5×10³ hm²,总产接近 3871.3×10⁴ t,其中浙江的播种面积和总产分别为 301.6×10³ hm²、178.5×10⁴ t,安徽为 563.2×10³ hm²、282×10⁴ t,江西为 2662.1×10³ hm²、1404.1×10⁴ t,湖北为 754.6×10³ hm²、439.0×10⁴ t,湖南为 2663.2×10³ hm²、1563.0×10⁴ t。然而,由于水稻种植制度的改变,江苏和上海近 20 年来主要种植单季稻,因此,在后续分析中未作考虑。

2.2　研究数据和方法

2.2.1　研究数据

从中国气象科学数据共享服务网(http://cdc.cma.gov.cn)获取了南方稻区气象观测站 1951—2011 年的逐日气象观测资料(见图 2.4)。资料包括平均气温、最低气温、最高温度、日照时数、相对湿度、风速和降水量。采用常规气候统计方法对气象数据进行缺测订正和整理(孙卫国,2008)。

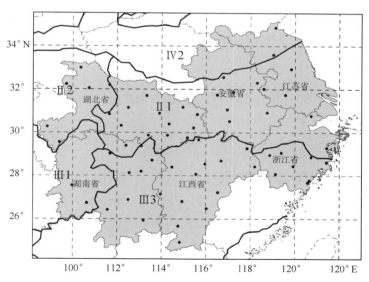

图 2.4　长江中下游水稻种植区划。Ⅱ1、Ⅱ2 和 Ⅱ3 分别为长江中下游平原双单季稻亚区(Ⅱ1)、川陕盆地单季稻两熟亚区(Ⅱ2)和江南丘陵平原双季稻亚区(Ⅱ3);Ⅲ1 和 Ⅳ2 分别为黔东湘西高原山地单双季稻亚区(Ⅲ1)和华北单季稻稻区(Ⅳ2)。"·"代表农业气象站。

2.2.2 研究方法

2.2.2.1 低温冷害指标定义

长江中下游稻区春、秋两季(3—5月和9—10月)是受北方冷空气频繁侵扰的活跃期。根据水稻生长对温度的要求,当幼苗期温度低于12℃或抽穗开花期温度低于22℃时就会对水稻生长发育和产量形成产生不利影响。为此,结合长江中下游双季稻区春秋季低温冷害发生特点和早晚稻生产农事活动,将研究时段设为早稻播种—移栽期(3月下旬至4月底)、晚稻幼穗分化—抽穗开花后20天(8月下旬至9月底)。同时,参考《中国灾害性天气气候图集》中的低温冷害定义方法,将早稻研究阶段内连续3 d或以上日平均气温≤12℃记为1次低温冷害过程(陈斐等,2013),晚稻研究阶段内连续3 d或以上日平均气温≤22℃记为1次低温冷害过程(中国气象局,2007)。根据低温冷害过程的持续日数,将冷害强度分为轻度、中度、重度三个等级,等级划分标准为:3~4 d为轻度,5~6 d为中度,≥7 d为重度(帅细强等,2010)。另外,定义各站每年总冷害频次为该年三个等级冷害频次的总和。

另外,研究利用南方水稻冷害辨识指标(陆魁东等,2011),早稻5月低温定义为连续5天日平均气温≤20℃,寒露风为水稻抽穗开花期连续3天日平均气温≤20℃,对南方9省(区)190个气象站点1951—2011年历年的数据进行了统计,分别计算了各研究时段冷害发生的次数,每次冷害持续的天数,每次冷害中每日低于20℃的量值。将每个气象站点历史平均每次冷害持续日数和每次冷害的平均日降温幅度的历史平均值相乘作为次冷害平均强度。

$$\overline{S_{t_j}} = \frac{\sum_{i=1}^{t_j} d_{ji}}{t_j} \times \frac{\sum_{i=1}^{t_j}(\sum_{k=1}^{d_{ji}}(C_p - \overline{T_{jik}})/d_{ji})}{t_j} \tag{2.1}$$

式中,t_j是j站点冷害发生的次数。d_{ji}是j站点的第i次冷害发生持续的天数。C_p是冷害温度阈值,这里取值为20。$\overline{T_{jik}}$是j站点的第i次冷害发生时第k天的日平均气温。

将站点历史冷害发生次数与统计年代序列长度相除得到冷害的年发生频次。

$$f_j = \frac{t_j}{Y_j} \tag{2.2}$$

式中,Y_j是j站点统计的年代序列长度,每个气象站因建站时间和数据缺失的原因这个值都会有一些变化,因此需要对每个站分别确定该值。

将以上得到的次冷害平均强度与冷害的年发生频率相乘得年冷害平均强度。

$$\overline{S_{Y_j}} = \overline{S_{t_j}} \times f_j \tag{2.3}$$

式中,$\overline{S_{Y_j}}$是j站点年冷害平均强度。

按照冷害是否发生来判断冷害年,如果一年有1次以上的冷害发生那么该年即判断为冷害年,计数为1,通过对每一个气象站进行统计获取历史上发生冷害的年份,将该值与统计的年代序列长度相除,得到冷害年的频率。

$$P_j = \frac{n_j}{Y_j} \tag{2.4}$$

式中,P_j是j站点冷害年的频率。n_j是j站点历史上发生冷害的年份。

2.2.2.2 线性趋势分析

统计两个研究时段内不同等级冷害出现的频次,采用线性趋势分析法,分析低温冷害频次的时间变化趋势,并进行显著性检验。趋势变化分析用一次线性方程表示(施能

等,1995):

$$\hat{x}_t = a_0 + a_1 t \tag{2.5}$$

式中,$\hat{x}_t$ 为气候变量的拟合值,a_0 为变量初始值,a_1 为变量的趋势变化率,t 为时间,$a_1 \cdot 10$ 称为气候倾向率,表示气候变量每 10 年的增加或减少的速率。$\hat{x}_t$ 与 t 的相关系数即为趋势系数,表示气候变量的趋势倾向,正值表示 x 随时间 t 呈增加趋势,反之呈减少趋势。

2.2.2.3　小波分析

选用 Morlet 连续小波分析方法,分析研究区 50 a 早晚稻不同等级低温冷害频次的周期特性。通过将低温冷害频次时间序列分解到时间频率域内,得出各"周期"信号的振幅以及这些振幅随时间变换的信息,绘制小波系数图和小波方差谱图。小波系数图能反映时间序列在不同时间尺度上的周期变化及其在时间域上的分布,图中等值线中心为低温冷害多发或少发中心,中心值的大小可以反映出波动的振动强度;小波方差谱图反映了时间序列的波动能量随尺度的分布情况,可用来确定低温冷害波动的主周期(Torrence and Compo,1998;Zhi,2000;黄晓清等,2010)。对小波方差谱,可利用 $\alpha = 0.05$ 红噪声标准谱作为背景谱来进行显著性检验。当检验线低于小波方差曲线时,说明该区段对应的周期特征通过了 0.05 显著性水平检验。

2.3　双季早稻低温冷害时空分布特征

2.3.1　双季早稻低温冷害时空变化特征

图 2.5—图 2.8 分别显示了南方 9 省(区)双季早稻低温冷害频次、单次强度、冷害年发生概率和低温冷害年强度的时空分布图。从上述图中可以看出,长江中下游稻区多省早稻 5 月期间平均每年出现至少 1 次连续 5 天日平均气温≤20℃的低温天气,对早稻幼穗发育和抽穗开花不利。其中湖南中西部和湖北西部地区出现局地严重低温的概率较大,表明该地区"五月寒"危害水稻生产的概率较大。从单次强度和年强度的空间分布看,主要集中在安徽东南部和浙北及两湖的高海拔地区,强度能够超过 200℃·d。

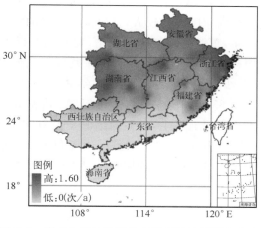

图 2.5　南方 9 省(区)双季早稻低温冷害频次分布

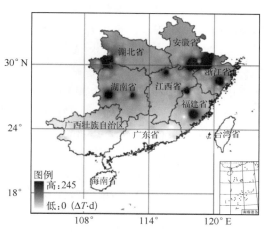

图 2.6　南方 9 省(区)双季早稻低温冷害单次强度

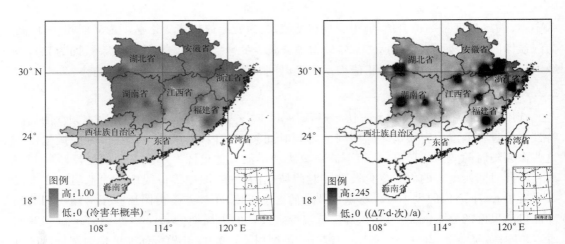

图 2.7 南方 9 省(区)双季早稻低温冷害年的发生概率　图 2.8 南方 9 省(区)双季早稻低温冷害的年强度

以长江中下游为例,图 2.9 显示了该地区双季早稻 50 a 不同等级低温冷害平均发生频次的空间分布。从图中可以看出:①总冷害发生频次为 0.4~2.2 次/a,空间分布纬向差异明显,多发区位于东北部的安徽和浙江,依次向西向南递减,在江西达到最少,安徽与江西平均相差 1.1 次/a(图 2.9a)。②从不同冷害等级来看(图 2.9b—2.9d),全区轻度冷害普遍偏多(集中在 0.6~0.9 次/a),空间差异较小,中度冷害普遍偏少(最多仅 0.5 次/a),北部水稻种植区稍多于南部的两个种植区,重度冷害除安徽和浙江部分地区的发生频次在 0.7 次/a以上外,其余省(区)和地区基本都在 0.5 次/a 以下,呈东北—西南分布。从各省不同等级冷害的发生比例来看,安徽的重度冷害发生最频繁,所占比例最大(44%),故冷害程度最重;江西轻度冷害比例最大(57.3%),重度比例最小(18.8%),故冷害程度最轻。③处于研究区域东北部地区春季低温冷害发生频率高、程度重,主要由于其纬度相对偏高,温度相对偏低,且地处沿海春季回暖较内陆稍慢。另外,这些地区春季多连阴雨天气,也是其低温发生较多的一个重要原因。

对长江中下游不同等级双季早稻低温冷害的发生频次进行平均处理,得到其年际分布情况,如图 2.10 所示。可以看出,总冷害在研究时段内年际波动较大,发生次数最多的年份是 1969 年,单站平均 2.66 次/站,最少的是 2001 年,单站平均 0.29 次/站,两者相差近 10倍。50 a 年均频次为 1.56 次/站,21 世纪初除 2010 年外,发生频次均低于平均线。从低温冷害的发生等级来看,轻度冷害 1992 年发生次数最少,为 0.07 次/站,1969 年最多,为 2.03次/站;中度冷害发生次数最少、最多的年份分别是 1983 年和 1967 年,为 0.01 次/站和 1.07次/站;重度冷害在 2000、2003 和 2007 年全区范围内都没有发生,最多的年份是 1996 年,为1.34 次/站。可见,不同等级低温冷害的波动具有不同步性。对应的轻度、中度和重度低温冷害 50 a 年均频次分别为 0.75 次/站、0.34 次/站和 0.47 次/站,说明双季早稻低温冷害以轻度冷害为主,重度次之,中度最少。

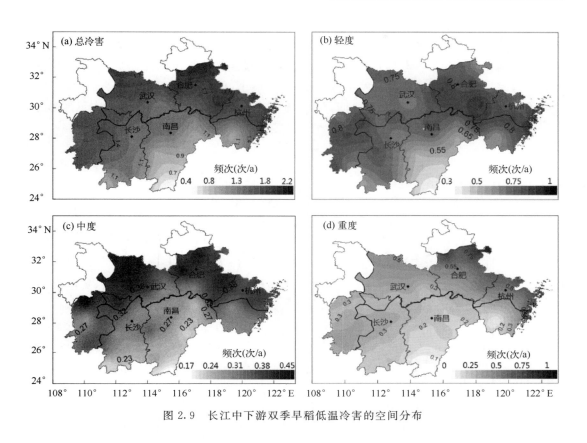

图 2.9　长江中下游双季早稻低温冷害的空间分布

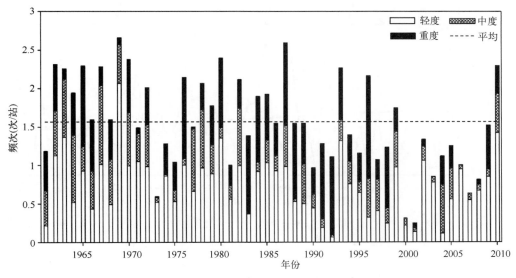

图 2.10　长江中下游双季早稻不同等级低温冷害的年际变化

图 2.11 为长江中下游稻区 1961—2010 年双季早稻不同等级低温冷害的发生台站数占研究区总站数的百分比,即各冷害的发生范围。结果表明,轻度冷害发生范围最大的是 1969 年,最小的是 1992 年,分别占研究区域的 97％和 7％,平均发生范围为 55％;中度冷害 1982

年发生范围最大(72%),1974、1983 和 1988 年最小(1%),平均发生范围为 29%;1992 和 1996 年重度冷害的发生范围达 99%,为 50 a 最大,2000、2003 和 2007 年全区无重度冷害,为 50 a 最小,重度冷害平均发生范围为 40%。各等级冷害的发生范围都呈减少趋势,仅中度趋势显著($p<0.05$)。总冷害发生范围 2001 年最小,仅占研究区域的 16%,1973、1975、2000 年的发生范围在 16%~46%之间,其余 46 a(占总年数 92%)的总冷害发生范围都超过 50%,其中有 17 a 的发生范围达 100%。

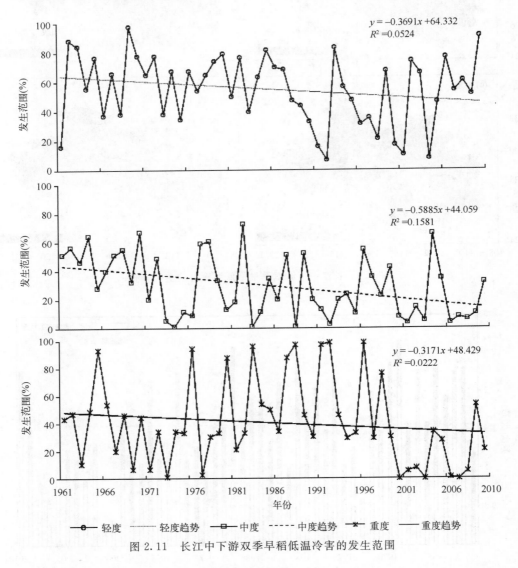

图 2.11 长江中下游双季早稻低温冷害的发生范围

综上可知,长江中下游双季早稻低温冷害最频繁且发生范围广的是 1969 年和 1987 年,冷害最少且发生范围小的是 2000、2001 年;研究区域轻度冷害频繁、发生范围广,中度冷害少、发生范围小,重度冷害居于二者之间。

从长江中下游双季早稻低温冷害发生频次的年代统计(表 2.1)来看,轻度低温冷害在 20 世纪 60—80 年代均较多,中度在 60 年代最多,重度则在 80 和 90 年代较多,21 世纪初除轻度外,中度和重度冷害都相对较少,重度尤为突出。总冷害大致呈现出多—少—多—少—少的波动特征,60 年代发生次数最多,70 年代略有减少,80 年代又增多,90 年代开始减少,21 世纪初再次减少。由此可见,双季早稻低温冷害呈现明显减少和减轻的态势。

表 2.1　双季早稻低温冷害的年代际变化(次/站)

年代	低温冷害等级			合计
	轻度	中度	重度	
1960	8.19	5.58	4.35	18.12
1970	8.50	3.84	3.95	16.29
1980	8.21	2.76	6.98	17.95
1990	5.40	2.61	6.39	14.40
2000	7.32	2.25	1.84	11.41

　　以上分析为长江中下游稻区平均状况,为了解时间变化趋势的空间特征,逐站计算并绘制了研究区域 50 a 双季早稻不同等级低温冷害发生频次的气候倾向率分布图(图 2.12)。由图 2.12a 可见,全区有 37 站(占该地区总台站数的 61%)总冷害的减少趋势通过了 $\alpha=0.05$ 显著性检验,各个省份均有分布,负气候倾向率在 $-0.41\sim-0.15$ 次/(10 a)之间,平均 -0.23 次/(10 a),最低值 -0.41 次/(10 a)出现在浙江东部,即该地双季早稻低温冷害发生总频次每 10 a 减少约 0.5 次;全区没有呈显著增加趋势的台站;冷害变化趋势不显著的台

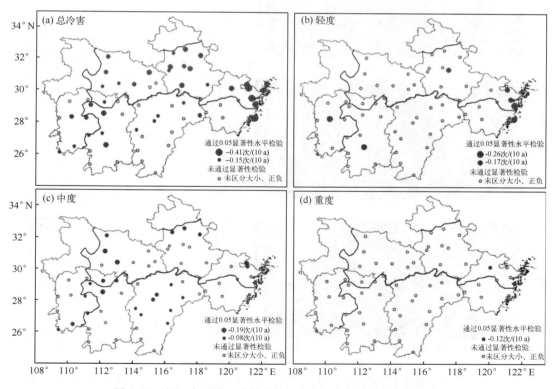

图 2.12　长江中下游双季早稻低温冷害发生频次的气候倾向率

站占 39%。由图 2.12b—d 可见，轻度冷害有 7 站呈显著减少趋势，分布在安徽、浙江和湖南，气候倾向率为 $-0.26 \sim -0.17$ 次/(10 a)；中度冷害显著减少的有 24 站，各省均有分布，气候倾向率为 $-0.19 \sim -0.08$ 次/(10 a)；重度冷害仅 2 站显著减少，位于浙江地区，气候倾向率为 $-0.16 \sim -0.12$ 次/(10 a)。以上分析说明，长江中下游稻区近 50 a 来各省双季早稻低温冷害都呈现出不同程度的显著减少趋势，以中度冷害减少范围最广。

2.3.2 双季早稻低温冷害周期变化特征

图 2.13a～b 为长江中下游双季早稻低温总冷害发生频次的小波系数与方差分布图。

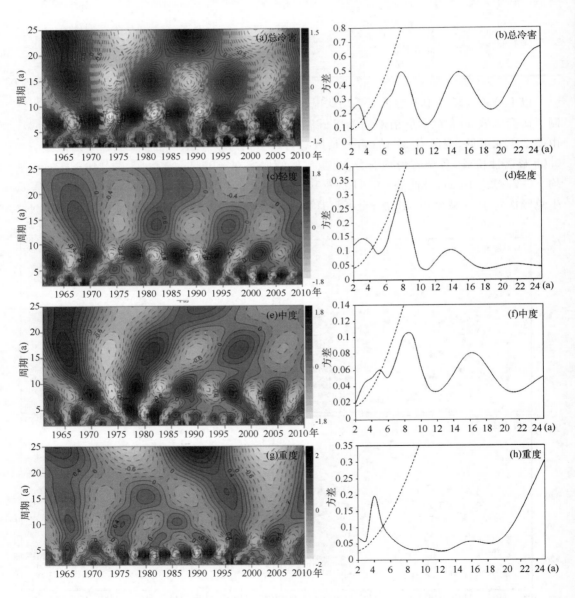

图 2.13　长江中下游双季早稻低温冷害发生频次的小波变换系数(a, c, e, g)和方差(b, d, f, h)

由图 2.13a 可知,总冷害存在 3 a、6 a、8 a 的年际和 15 a、25 a 以上的年代际周期振荡特征,除 1990 年以后出现的 6 a 尺度的周期信号表现为时域局部化特征外,其余 4 个尺度都具有全域性。3 a 小尺度周期信号在 1993 年以后振荡强度明显增强,2002 年后又开始减弱,8 a 尺度周期信号的振荡中心发生了两次偏移,振荡尺度先从 6 a 逐渐增大到 8 a,2000 年后又与新形成的 6 a 尺度融合,振荡能量也有所减弱;15 a 和 25 a 以上大尺度上,周期振荡稳定且能量较强,25 a 以上尺度上存在多—少—多—少的 2 次循环交替振荡,对应着 20 世纪 60 和 80 年代的冷害多发期与 70、90 年代及 2000 年以后的冷害少发期。此外,等值线出现新的振荡中心,说明未来又将进入双季早稻低温总冷害多发期。由图 2.13b 可以看出,25 a 以上尺度在全时域上的平均振荡能量最强,3 a 尺度的高频振荡能量最弱,几个主要振荡周期尺度中,仅 3 a 尺度的周期信号通过显著性检验。

从不同等级冷害来看(见图 2.13c—h),轻度低温冷害具有 3 a、8 a 的年际和 14 a 的年代际振荡周期,振荡中心都很稳定,其中,3 a 尺度上的振荡在 1970 年以前和 2000 年以后表现比较明显,8 a 尺度的周期信号最强,分布于整个时域,2000 年以后强度有所减弱,14 a 尺度的周期信号也是全时域分布,全时域平均状况下通过显著性检验的为 3 a 小尺度。中度低温冷害存在 4 个分布于整个研究时段的周期尺度振荡,年际尺度变化主要表现在 3~5 a、8 a 尺度的周期振荡,3~5 a 尺度的振荡中心由 1985 年以前的 5 a 尺度逐渐减小为 3 a,8 a 尺度的振荡中心也发生了 8~10 a~8 a 的偏移,其周期信号表现最强;年代际尺度变化主要表现在 16 a、25 a 以上尺度的周期振荡,16 a 尺度振荡强度仅次于 8 a 尺度,振荡中心未发生偏移,25 a 以上尺度与前述中度低温冷害的年代波动情况吻合,因而可预测未来发生趋势,由于其等值线尚未完全闭合,说明此后中度低温冷害仍将保持短时间的少发期。另外,其全时域平均仅 3~5 a 尺度比较显著。重度低温冷害在 4~5 a 的年际和 10 a、16 a、25 a 以上的年代际尺度上振荡明显,4~5 a 尺度的显著周期信号具有全域性,1995 年以后振荡尺度由 4a 偏移至 5 a,10 a 尺度的周期信号在 1995 年以前比较明显,16 a 尺度振荡能量很弱,周期信号在 2000 年后消失,25 a 以上尺度振荡能量最强,全时域分布,两次完整的交替振荡后出现新的振荡中心,可预测未来重度低温冷害将会进入多发期。

2.4　双季晚稻低温冷害时空分布特征

2.4.1　双季晚稻低温冷害时空变化特征

图 2.14—图 2.21 分别显示了南方 9 省(区)双季晚稻抽穗开花期间寒露风频次、单次强度、冷害年发生概率和低温冷害年强度的时空分布图。从上述图中可以看出,长江中下游稻区多省晚稻抽穗期间寒露风平均每年出现至少 1 次连续 5 天日平均气温≤20℃的低温天气,对晚稻抽穗开花不利。其中湖南中西部、湖北西北部和安徽北部地区出现局地严重低温的概率较大,表明该地区寒露风危害水稻生产的概率较大。从单次强度和年强度的空间分布看,主要集中在安徽东南部和浙北及两湖的高海拔地区,强度能够超过 150℃ · d。

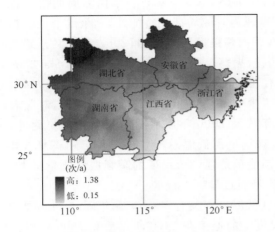

图 2.14　南方 5 省双季晚稻低温冷害频次分布

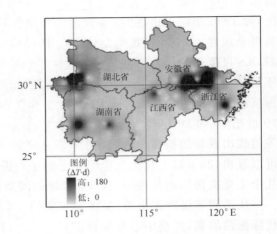

图 2.15　南方 5 省双季晚稻低温冷害单次强度分布

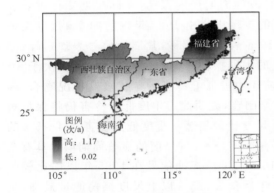

图 2.16　南方 4 省（区）双季晚稻低温冷害频次分布

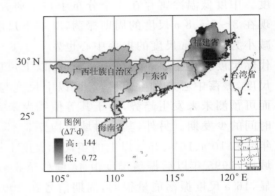

图 2.17　南方 4 省（区）双季晚稻低温冷害单次强度分布

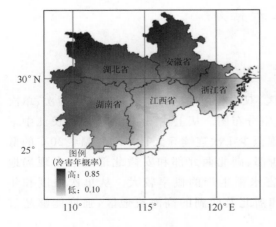

图 2.18　南方 5 省双季晚稻低温冷害年的发生概率

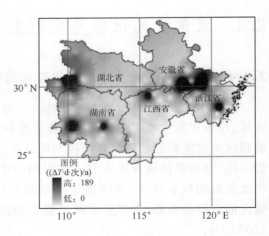

图 2.19　南方 5 省双季晚稻低温冷害的年强度

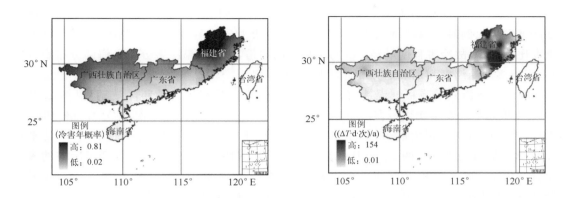

图 2.20　南方 4 省(区)双季晚稻低温冷害年的发生概率　图 2.21　南方 4 省(区)双季晚稻低温冷害的年强度

与长江中下游稻区相比,南方 4 省(区)寒露风的频次要小,最大为 1.17 次/a,主要集中在福建省和广西的西北部。从单次强度分布看,福建大部分地区出现超过 100℃·d 的冷害强度,对晚稻产量形成危害较大。

以长江中下游稻区为例,该区域双季晚稻低温冷害 50 a 平均发生频次具有以下空间分布特征(见图 2.22):①总冷害发生频次为 0.4~2.4 次/a,除湖南西部地区外,基本呈南北分布,高值中心位于湖北枣阳,低值中心位于江西赣州。②不同等级冷害均与总冷害空间分布

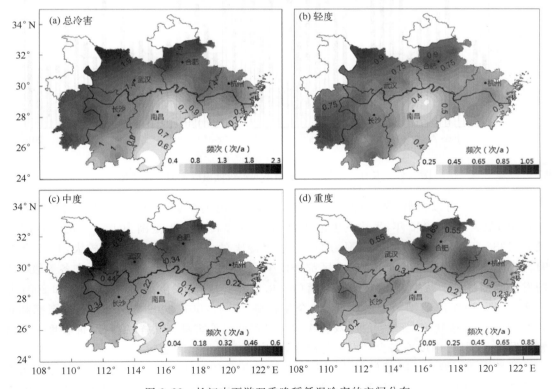

图 2.22　长江中下游双季晚稻低温冷害的空间分布

大体类似,而在发生频次上,以轻度冷害最为频繁,为 0.25～1.15 次/a,重度稍多于中度,分别为 0.05～0.95 次/a 和 0.04～0.64 次/a。从各省不同等级冷害的发生比例来看,安徽重度冷害发生比例最大(44%),故冷害程度最重;湖北和安徽轻度冷害比例最大(50%以上),重度比例最小,故冷害程度最轻。③与早稻不同的是,晚稻低温冷害分布受海陆分布影响较小,而更多地受纬度和地形地势(山区/平原)的影响。

　　长江中下游双季晚稻低温冷害总数在研究时段内具有较大的年际波动(见图 2.23),1982 年单站平均发生次数最多(2.45 次/站),约是 50 a 平均值(1.35 次/站)的两倍,1995 年以后,没有再出现特别大的值,基本都在平均线以下,到 2001 年时出现最小值,单站平均 0.34 次/站,仅为平均值的 1/4。从低温冷害的发生等级来看,轻、中、重度低温冷害的多发年分别为 1989、1973 和 1980 年,频次分别为 1.35 次/站、1.01 次/站和 1.10 次/站,少发年轻、中度分别为 2010 年(0.11 次/站)和 1983 年(0.02 次/站),重度则在 1975、1983、1989 和 2009 年,都达到最小(0 次/站)。轻、中、重度低温冷害的 50 a 年均频次分别为 0.63 次/站、0.31 次/站和 0.40 次/站,说明双季晚稻低温冷害以轻度冷害为主,重度稍多于中度。

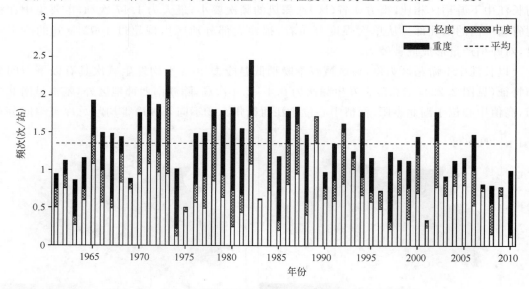

图 2.23　长江中下游双季晚稻不同等级低温冷害的年际变化

　　由图 2.24 可以看出,双季晚稻轻度低温冷害发生范围在 9%～80%之间,最小年出现在 2010 年,最大年在 1965 年,平均发生范围为 47%;中度冷害发生范围为 1%～63%,1973 年最大,1983 年最小,平均发生范围为 26%;重度冷害的发生范围年际波动较大,1997 年达 91%,而 1975、1983、1989、2009 年全区都未发生,平均发生范围为 36%。50 a 来各等级冷害的发生范围都趋于减少,以轻度最为显著($p<0.05$)。总冷害发生范围在 1975 年和 2001 年为 28%,是 50 a 内范围最小的一年,其余年份除 1983、2007、2009 年外,发生范围都超过 50%,有 8 a 的达到 100%。可见,双季晚稻与早稻低温冷害具有同样的特征,即轻度冷害频繁且发生范围广,中度冷害少且发生范围小,重度冷害居于二者之间。

　　从长江中下游双季晚稻低温冷害发生频次的年代统计来看(表 2.2),轻度低温冷害在 20 世纪 70 年代最多、60 年代最少,中度在 70 和 80 年代均较多、60 年代最少,重度则在 80 年代最多、21 世纪初最少。总冷害与重度冷害变化类似,60 年代发生次数最少,70、80 年代增多,20 世纪 90 年代开始减少,21 世纪初再次减少。与双季早稻低温冷害变化情况一致,双季晚稻低温冷害同样呈现减少、减轻的态势。

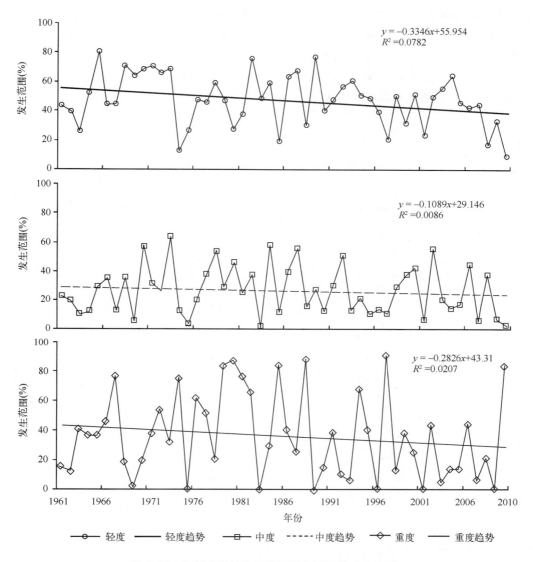

图 2.24　长江中下游双季晚稻低温冷害的发生范围

表 2.2　双季晚稻低温冷害的年代际变化(单位:次/站)

年代	低温冷害等级			合计
	轻度	中度	重度	
1960	5.82	2.08	3.37	11.28
1970	7.04	4.11	4.87	16.02
1980	6.79	4.02	5.45	16.26
1990	5.96	2.69	3.62	12.27
2000	6.07	2.83	2.62	11.53

由图 2.25 可以看出,长江中下游双季晚稻有 20 站的低温冷害总数变化显著,全呈减少趋势($\alpha=0.05$),多分布在研究区北部,气候倾向率在 $-0.3\sim-0.13$ 次/(10 a)之间。各等级冷害变化趋势显著的台站较少,主要分布于东北部的浙江和安徽,其中,轻度冷害有 6 站呈显著减少趋势,气候倾向率为 $-0.24\sim-0.14$ 次/(10 a);中度冷害仅 1 站呈显著增加趋势,气候倾向率为 0.15 次/(10 a);重度冷害有 4 站显著减少,气候倾向率为 $-0.17\sim-0.11$ 次/(10 a)。以上分析说明,近 50 a 来研究区大部分地区双季晚稻低温冷害变化趋势不显著,变化趋势显著的台站以减少为主。

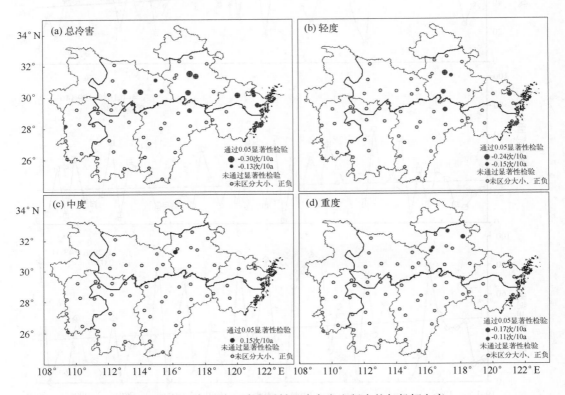

图 2.25　长江中下游双季晚稻低温冷害发生频次的气候倾向率

2.4.2　双季晚稻低温冷害周期变化特征

长江中下游双季晚稻低温总冷害主要存在 3 a、7 a 的年际和 12 a 的年代际周期振荡特征,3 a 小尺度周期信号在 2005 年以后消失,7 a 尺度振荡能量最强,振荡中心在 1985 年以后向 6 a 尺度偏移,能量也开始减弱,2007 年后与 12 a 尺度发生合并,12 a 大尺度周期信号较弱,常与小尺度发生合并,基本表现为全时域分布,振荡中心在 2009 年偏移到 10 a 尺度。3 个尺度中,3 a 和 7 a 尺度的周期信号通过显著性检验(图 2.26a—b)。

从不同等级冷害来看(见图 2.26c—h),轻度低温冷害具有 3 a、6 a 的年际和 12 a、18 a 的年代际振荡周期,其中,3a 尺度上的振荡在 1997 年以后消失,6 a 尺度的周期信号全时域分布,2003 年以后向 4 a 偏移,12 a 尺度信号最稳定,分布于全时域,18 a 尺度能量最强,2000 年后与 12 a 尺度合并。中度低温冷害主要存在 3 a、6 a、15 a 三个分布于整个研究时段的周期信号振荡中心都很稳定,以 6 a 尺度能量最强。重度低温冷害在 3 a、7 a 的年际和 16 a 的年代际尺度上振荡明显,均具有全域性,7 a 尺度的能量在 1994 年后减弱,16 a 尺度的振荡中心由 13 a 逐渐上移,1980 年后稳定在 16 a。以上各等级冷害均未出现稳定的 25 a 以上大尺度周期信号,无法对未来发生情况进行预测。全时域平均状况下通过显著性检验的都只有 3 a 尺度。

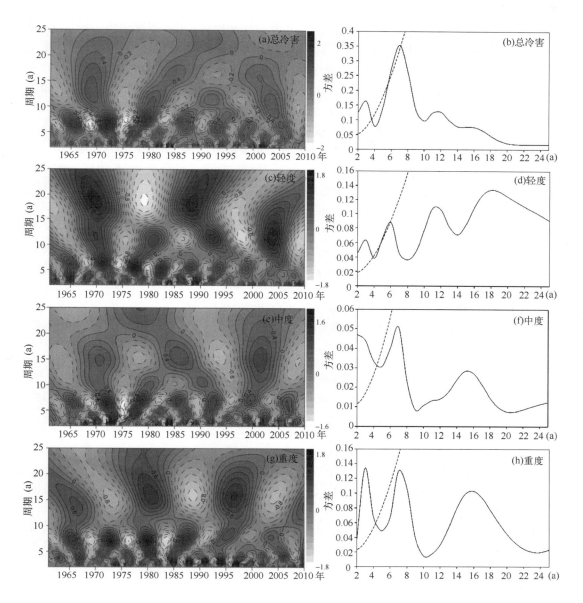

图 2.26　长江中下游双季晚稻低温冷害发生频次的小波变换系数(a, c, e, g)和方差(b, d, f, h)

2.5 小结

从上述研究结果看出,南方稻区双季稻低温冷害主要发生在长江中下游稻区,该地区低温冷害集中在安徽、湖北和湖南三省。其中,早稻生长季低温冷害主要发生在生长早期,但"5月寒"是两湖地区影响产量的主要冷害天气。晚稻生长季的低温冷害主要发生在8—10月份,以寒露风冷害等其他低温过程为主。以长江中下游稻区为例,该区域双季早稻低温冷害以轻度为主,重度次之,中度最少,全区东北部较西南部冷害偏多、程度偏重。时间上,早稻低温冷害具有年际和年代际波动特征,以20世纪60年代最多,21世纪初最少;50 a来主要呈显著减少趋势,以中度冷害的减少为主;存在明显的年际和年代际周期波动特征,3～5 a尺度周期信号显著,通过了$\alpha=0.05$红噪声显著性检验。通过对大尺度的分析可预测出,2007年后春季总冷害和重度冷害都会进入多发期,而中度冷害仍为少发期。

双季晚稻低温冷害也以轻度为主,中度最少。受纬度和地形影响,空间分布大致呈南北分布。年际和年代际波动较大,以20世纪80年代发生次数最多,60年代最少。近50 a来研究区大部分晚稻低温冷害变化趋势不显著,有少量台站呈显著减少趋势,各等级冷害中以轻度冷害的减少为主。周期波动信号不如早稻低温冷害稳定,能量也较弱,20 a以上的大尺度上没有出现周期波动,信号显著的有3 a尺度和7 a尺度。

参考文献

陈斐,杨沈斌,申双和,等.2013.长江中下游双季稻区春季低温冷害的时空分布.江苏农业学报.29(3):540-547.

程式华,李建.2007.现代中国水稻.北京:金盾出版社,116-240.

黄晓清,唐叔乙,罗布次仁,等.2010.近47年雅鲁藏布江中游地区汛期降水量的小波分析.气象.36(12):68-73.

陆魁东,黄晚华,叶殿秀,等.2011.南方水稻、油菜和柑橘低温灾害(GB/T27959-2011).1-3.

施能,陈家其,屠其璞.1995.中国近100年来4个年代际的气候变化特征.气象学报.53(4):431-439.

帅细强,蔡荣辉,刘敏,等.2010.近50年湘鄂双季稻低温冷害变化特征研究.安徽农业科学.38(15):8065-8068.

孙卫国.2008.气候资源学.北京:气象出版社,360-386.

张家诚,林之光.1985.中国气候.上海:上海科学技术出版社,28-45.

中国气象局.2007.中国灾害性天气气候图集.北京:气象出版社.

Torrence C,Compo G P. 1998. A practical guide to wavelet analysis. *Bulletin of the American Meteorological Society*. **79**(1):61-78.

Zhi X F. 2000. *Interannual variability of the Indian summer monsoon and its modeling with a zonally symmetric 2D-model*. Aachen,Germany:Shaker Verlag,152.

第 3 章　西南农业干旱的时空变化规律

研究干旱时空分布特征离不开干旱指标的建立与选择。不同气候背景、不同土壤、不同作物及其生育期等,其干旱指标不同,空间分布特征可能会有很大差异。目前,西南地区针对玉米干旱指标的研究成果主要有:标准化降水蒸散指数(Standardized Precipitation Evapotranspiration Index,SPEI)(许玲燕等,2013),水分盈亏指数(张玉芳等,2013),相对湿润度指数(王明田等,2012),且多以小麦、玉米为研究对象,针对水稻的干旱监测较为少见。本章节主要基于农业干旱参考指数揭示西南地区玉米时空变化规律(刘宗元等,2014),基于湿润指数距平率揭示西南地区水稻干旱时空变化规律(张建平等,2015),以便为西南地区主要农作物生产合理布局和防旱减灾提供一定的理论基础。

3.1　研究区概况

研究区域为西南地区,主要包括云南省、贵州省、四川省和重庆市等三省一市。区内以云贵高原和四川盆地为主,云贵高原是典型的喀斯特地貌,多山、多山间小盆地,地面崎岖不平;四川盆地有成都平原,大部分为丘陵低山。与区域地形相对应,西南地区的气候也主要有两种类型。云贵高原低纬高原中南亚热带季风气候,低纬高原是生产四季如春气候的绝佳温床,山地适合发展林牧业,坝区适宜发展农业、花卉、烟草等产业。四川盆地为湿润北亚热带季风气候区,气候比较柔和,湿度较大,多云雾,加上地势较为平缓,是农业集中发展的区域。此外,本区南端还有少部分热带季雨林气候区,干湿季分明,多产橡胶、热带水果等。

根据西南区域特点、农业气候特征以及农作物相似性,将研究区内玉米和水稻两种作物细分为六个子区域(以县级为划分单元)。Ⅰ区为重庆市中部、西部、东北部,以及四川省广安地区;Ⅱ区为四川盆地中部、东部、南部及贵州省中部、北部;Ⅲ区为四川盆地西部、贵州省西部、南部和东部;Ⅳ区为四川盆地边缘山区及四川省西部;Ⅴ区为云南省西北部、中部、东北部和四川省南部;Ⅵ区为云南省西部、南部、东南部;Ⅶ区为非粮区。玉米与水稻分区稍有差别,见图3.1。

3.2　研究数据和方法

3.2.1　研究数据

西南地区(云南、贵州、四川、重庆)研究数据中的气象数据主要包括 60 个站点 1961—2010 年平均气温、降水、日照时数、风速、空气相对湿度、水汽压等气象数据,均为日值,来源于中国气象局。同期玉米发育期资料主要有播种、出苗、拔节、抽雄、成熟等;同期水稻发育期资料主要有播种、出苗、移栽、抽穗、灌浆、成熟等,作物发育期资料均来源于各省(市)农业气象观测站。

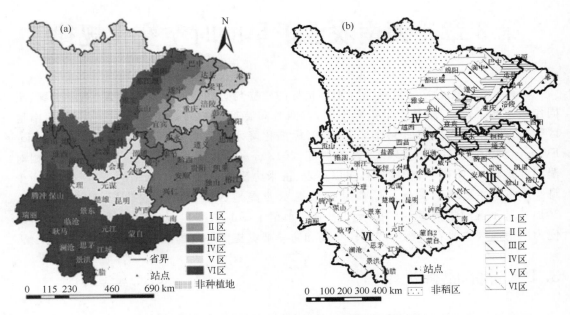

图 3.1 玉米(a)和水稻(b)分区及气象站点分布图

3.2.2 研究方法

3.2.2.1 玉米干旱指数及计算方法

玉米干旱指数采用 Woli 等(2012)提出的农业干旱参考指数(Agricultural Reference Index for Drought,ARID),该指数是一个量化作物缺水状况的通用指标,综合考虑了土壤—作物—大气系统,由作物水分亏缺量和作物需水量之比发展而来,适用于生长在排水良好的土壤中并且完全覆盖土壤表面的作物(Woli,2012)。ARID 是以天为时间尺度进行干旱监测和评估,其表达式如下:

$$ARID = 1 - \frac{TR}{ET_r} \tag{3.1}$$

式中,TR 是作物蒸腾量,mm/d;ET_r 是作物参考蒸散量,mm/d;$ARID$ 值在 0～1 之间,由于土壤含水量有限,当没有蒸腾作用时,$ARID$ 值为 1,此时为最大的水分亏缺;当作物以潜在蒸散速率发生蒸腾作用时,$ARID$ 值为 0,表示没有水分亏缺。上式中各分量的计算方法如下:

(1)作物参考蒸散量 ET_r

采用联合国粮农组织(Food and agriculture organization of the united nations,简称 FAO)推荐的 Penman-Monteith 公式(Allen *et al.*,1998)计算作物参考蒸散量 ET_r,公式如下:

$$ET_r = \frac{0.408\Delta(R_n - G) + \gamma \dfrac{900}{T + 273} U_2(e_a - e_d)}{\Delta + \gamma(1 + 0.34U_2)} \tag{3.2}$$

式中,ET_r 为作物参考蒸散量,mm/d;Δ 为温度—饱和水汽压关系曲线在 T 处的切线斜率,kPa·℃$^{-1}$;U_2 为离地 2 m 高处风速,m/s;e_a 为空气饱和水汽压,kPa;e_d 为空气实际水汽压,kPa;T 为平均气温,℃;γ 为湿度表常数,kPa·℃$^{-1}$;R_n 为到达作物表面的净辐射,MJ/(m^2·d);G 为土壤热通量密度,MJ/(m^2·d)。

（2）作物蒸腾量 TR

$$TR = \min\{\alpha Z\theta_a, ET_r\} \tag{3.3}$$

式中,α 为通用的根系吸水常数,其值为 0.096;Z 为根部区域土壤深度,以根系分布集中且均匀的原则,取值为 1000 mm;θ_a 为作物可获得的有效土壤含水量,mm;其计算公式如下:

$$\theta_a = \frac{W}{Z} \tag{3.4}$$

式中,W 为根部区域的有效土壤含水量,mm,采用土壤水分平衡模型计算得到。

（3）土壤水分平衡模型

由于 $ARID$ 指数假设作物完全覆盖在土壤表面,而且西南地区大部分区域地下水位比较深,可忽略地下水补给以及土壤蒸发量。此外,西南地区的玉米作物主要是雨养农业作物,因此灌溉量也可忽略不计。综上所述,土壤水分平衡模型为:

$$W_i = W_{i-1} + P_i - TR_i - D_i - R_i \tag{3.5}$$

式中,W_i 和 W_{i-1} 分别为第 i 天和第 $i-1$ 天的根部区域有效土壤含水量,mm;P_i 为第 i 天的降雨量,mm;TR_i 为第 i 天的作物蒸腾量,mm;D_i 为第 i 天的地下排水量,mm;R_i 为第 i 天的地表径流量,mm。

在排水良好的土壤中,当土壤中的含水量超过田间持水量时,水分从根部区域进行排水,即可利用的水分含量大于阈值时,水分被排出。排水量的计算公式为:

$$D = \begin{cases} \beta Z(\theta_{a1} - \theta_m) & \theta_{a1} > \theta_m \\ 0 & \theta_{a1} \leqslant \theta_m \end{cases} \tag{3.6}$$

式中,D 为排水量,mm;β 为排水系数,取值为 0.55;θ_m 为土壤持水量,随土壤类型的不同而不同,根据研究区域的土壤类型进行取值,mm^3·mm^{-3};θ_{a1} 为排水之前土壤中的含水量,mm^3·mm^{-3}。

地表径流量采用美国土壤保持局的径流曲线法（USDA－SCS）,通过下面的方程计算:

$$R = \begin{cases} \dfrac{(P-0.2S)^2}{P+0.8S} & P \geqslant 0.2S \\ 0 & P < 0.2S \end{cases} \tag{3.7}$$

式中,R 为地表径流量,mm;P 为日降水量,mm;S 为表面水分子保持力因子,mm,受土壤水分含量影响较大,其计算公式为:

$$S = 25400/Cn - 254 \tag{3.8}$$

式中,Cn 为土壤径流曲线值,是一个无量纲的参数,综合反映了下垫面的土地利用、土壤等状况。

（4）玉米生育期的划分

玉米生育期的划分见表 3.1。

表 3.1　各分区内玉米生育期划分

区域	出苗—拔节	拔节—抽雄	抽雄—灌浆	灌浆—成熟	出苗—成熟
Ⅰ区	3 上—5 上	5 中—5 下	6 上—6 下	7 上—7 下	3 上—7 下
Ⅱ区	3 上—5 中	5 下—6 中	6 下—7 中	7 下—8 中	3 上—8 中
Ⅲ区	4 上—6 上	6 中—7 上	7 中—8 上	8 中—8 下	4 上—8 下
Ⅳ区	5 上—7 上	7 中—8 上	8 中—9 上	9 中—9 下	5 上—9 下
Ⅴ区	3 下—6 中	6 下—7 下	8 上—8 下	9 上—9 下	3 下—9 下
Ⅵ区	5 上—7 中	7 下—8 中	8 下—9 中	9 下—10 中	5 上—10 中

注：表中数值表示月份，上、中、下分别表示上旬、中旬和下旬。如 3 上表示 3 月上旬。Ⅰ区、Ⅱ区、Ⅲ区、Ⅳ区、Ⅴ区和Ⅵ区为划分的子区域，下同。

（5）干旱等级指标的划分

通过 ARID 值与实测土壤相对湿度的相关分析，结合西南地农区旱地农作物及农业干旱等级标准，划分出 ARID 干旱指数等级，见表 3.2。

表 3.2　ARID 指数干旱等级划分

干旱等级	无旱	轻旱	中旱	重旱
ARID 值	0	$0 < ARID \leqslant 0.48$	$0.48 < ARID \leqslant 0.76$	$ARID > 0.76$

（6）干旱频率的计算与制图

干旱频率（F）表示干旱发生频繁程度，即干旱发生年数与总资料年数之比（黄晚华等，2010）。逐年统计各站点玉米全生育期内玉米作物干旱的级别和次数，得到各站点作物不同干旱等级的发生频率。

$$F = \frac{H}{N} \times 100\%$$ (3.9)

式中，H 为 1960—2010 年各站相应干旱等级的总次数，N 为总年数。

采用 ArcGIS13.0 软件的反距离加权插值方法（IDW）对数据进行插值，设定的 cellsize 参数均为 0.05，生成空间栅格数据，绘制干旱频率分布图。

3.2.2.2　水稻干旱指数及计算方法

相对湿润度指数是某时段的降水量与同时段内可能蒸散量之差再除以同时段内可能蒸散量（王婷等，2013），适用于作物生长季节旬以上尺度的干旱监测和评估。但这种偏差只能反映偏离多年平均状态量的大小，不能体现变化的程度。而距平百分率对距平进行了标准化处理，能较好地指示变化程度。基于此，本研究提出了计算偏离多年平均状态的湿润指数距平率（M_p）。其中，相对湿润指数表明常年灌溉下的水稻作物生长的基线值，湿润指数距平率（M_p）为偏离多年平均相对湿润指数值的变化程度，可表明水稻作物受水分胁迫的程度（张建平等，2015）。其表达式为：

$$M = \frac{P - E_a}{E_a}$$ (3.10)

$$M_p = \begin{cases} 0, & M \geqslant 0 \text{ 或 } M \geqslant \overline{M}; \\ abs(M - \overline{M}), & \text{其他} \end{cases}$$ (3.11)

式中，M 为某时段的相对湿润指数，P 为降雨量，mm；E_a 为作物实际蒸散量，mm；$\overline{M}$ 为某时段多年平均 M 值；当 M 大于等于 0 或者大于等于 $\overline{M}$ 时，即该时段内降雨充沛或者高于多年平均状态，水稻作物有充裕的水分供给来源，不受干旱影响。

（1）作物实际蒸散量的计算方法

作物实际蒸散量受土壤、作物、气候等多种因素影响，可通过田间测定，也可采用理论计算获得。本研究采用联合国粮农组织（FAO）推荐的方法，首先计算标准下垫面的参考蒸散量，然后针对不同的气候类型和作物生长特征对作物系数进行订正，得到作物的实际蒸散量。计算公式如下：

$$E_a = K_c \times E_0 \tag{3.12}$$

式中，K_c 为作物系数；E_0 为作物参考蒸散量，mm，其计算方法见（3.2）式。

（2）作物系数的确定

一般情况下，作物系数要根据研究区域的灌溉试验成果确定，但实际计算时，由于缺乏相关的试验资料，一般都采用 FAO 推荐的作物系数，本节采用 FAO Irrigation and Drainage Paper No.56（联合国粮食及农业组织灌溉与排水 56 号报告）中标准条件下的水稻作物系数和修正公式，以确定研究区内的水稻作物系数。FAO—56 中以空气湿度为 45%、风速约为 2 m/s、供水充足、生长正常、大面积高产的作物条件作为标准条件，当处于非标准条件时采用下式修正作物系数：

$$K_c = K_{ct} + \left[0.04(U_2 - 2) - 0.004(RH_{min} - 45)\right]\left(\frac{h}{3}\right)^{0.3} \tag{3.13}$$

式中，K_{ct} 为 FAO—56 中查出的不同生育阶段标准条件下的作物系数；RH_{min} 为该生育阶段内日最低相对湿度的均值，%；h 为该生育阶段内作物的平均高度，m；其余符号同（3.2）式。

（3）水稻生育期的划分

水稻生育期的划分见表 3.3。

表 3.3　各分区内水稻生育期划分

区域	播种—移栽	移栽—抽穗	抽穗—灌浆	灌浆—成熟	出苗—成熟
Ⅰ区	3 上—4 上	4 中—7 上	7 中—8 上	8 中—8 下	3 上—8 下
Ⅱ区	3 上—4 中	4 下—7 中	7 下—8 上	8 中—8 下	3 上—8 下
Ⅲ区	4 上—5 中	5 下—7 下	8 上—9 上	9 中—9 下	4 上—9 下
Ⅳ区	3 上—4 中	4 下—6 中	6 下—7 中	7 下—8 中	3 上—8 中
Ⅴ区	3 中—5 中	5 下—8 上	8 中—8 下	9 上—9 下	3 中—9 下
Ⅵ区	2 下—4 中	4 下—7 上	7 中—7 下	8 上—8 下	2 下—8 中

（4）干旱等级划分

综合分析研究区旱情资料和旱情特点，结合历年典型干旱发生年份、发生区域及发生特点来建立水稻干旱等级指标，见表 3.4。

表 3.4　M_p 指数干旱等级划分

干旱等级	无旱	轻旱	中旱	重旱
M_p	$M_p \leqslant 2.5$	$2.5 < M_p \leqslant 4.5$	$4.5 < M_p \leqslant 6.5$	$M_p > 6.5$

（5）干旱频率计算与制图

水稻干旱频率的计算方法与制图方法同玉米，这里不再赘述。

3.3 玉米干旱时空分布特征

3.3.1 年代际分布特征

西南地区玉米作物在不同年代之间干旱发生频率差异较大。从空间分布趋势来看，干旱易发区主要集中在Ⅴ区和Ⅵ区，干旱频率在50%～60%；四川盆地以东及贵州大部地区为干旱低发区，干旱频率基本维持在20%以下。从年代际变化趋势来看，随着年代的增加，干旱频率和发生范围有增强增大的趋势。20世纪60年代，干旱频率在50%～60%之间的高发区只在会理、会泽、昆明等地零星分布，此后高发区范围不断扩大和加重，到2000年后，高发区干旱出现频率达70%左右（图3.2）。

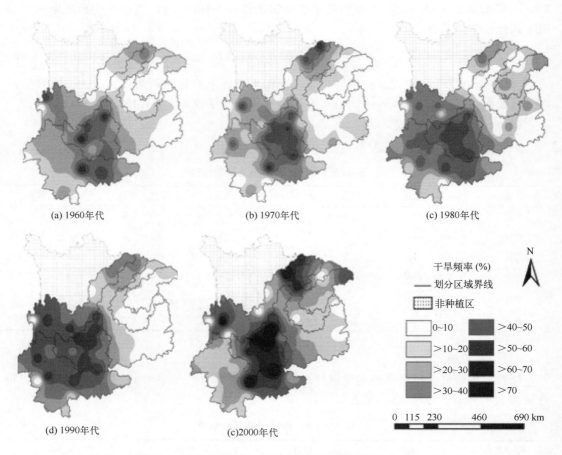

(a) 1960年代　　　(b) 1970年代　　　(c) 1980年代

(d) 1990年代　　　(c)2000年代

图 3.2　西南玉米区近 50 a 不同年代干旱频率空间分布

3.3.2　全生育期分布特征

西南地区近 50 a 玉米全生育期内干旱频率分布特征:Ⅴ区为干旱高发区,干旱出现频率在 25%~65% 之间。该分区玉米生长季内降水少,蒸散量大,且气候干燥,因此极易出现干旱。Ⅵ区干旱频率自东北向西南呈逐步减少趋势,干旱频率多在 9%~35% 之间,该分区山地为迎风坡面且南部为热带雨林地区,降雨量较充沛,且蒸散量小,因此干旱发生频率有所降低。Ⅲ区大部和Ⅰ区、Ⅱ区干旱发生频率均在 18% 以下。可见,在玉米全生育期内干旱高发区位于云南中北部、东北部以及四川南部;次高区为川东北的广元地区、川西南山地以及滇西北、滇南部的元江地区;少发区位于重庆大部、贵州北部等地(图 3.3)。

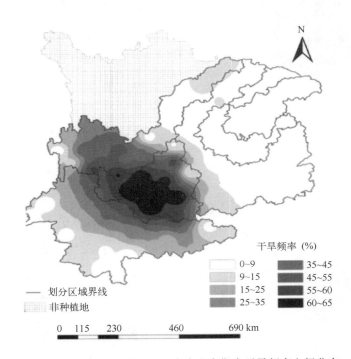

干旱频率 (%)

▢ 0~9	▨ 35~45
▨ 9~15	▨ 45~55
▨ 15~25	▨ 55~60
▨ 25~35	▨ 60~65

── 划分区域界线
▨ 非种植地

0　115　230　　460　　690 km

图 3.3　西南地区近 50 a 玉米全生育期内干旱频率空间分布

3.3.3　各生育期分布特征

3.3.3.1　出苗至拔节期

玉米在出苗至拔节期轻旱频率分布特点为:频率低于 8% 的地区主要分布在Ⅰ区中部梁平和涪陵地区,Ⅱ区的彭水,Ⅲ区的酉阳等地;频率在 8%~32% 的地区主要分布在Ⅰ区、Ⅱ区、Ⅲ区的大部地区以及Ⅵ区的西南部山地及热带雨林地区;频率在 50% 以上的地区分布在Ⅵ区北部的广元、绵阳、维西,Ⅴ区的邵通、会泽、泸西,Ⅵ区的蒙自、元江河谷地带。中旱频率分布特点为:高发区主要集中在Ⅴ区,Ⅳ区北部和西部以及Ⅵ区的元江、蒙自等地,频率在 24% 以上,其中Ⅴ区中部发生频率最高,在 32%~40% 之间,其余地区均在 16% 以下。重旱频率分布与中旱频率分布基本一致,高发区集中在Ⅴ区,高达 40%,Ⅰ区、Ⅱ区、Ⅲ区和Ⅵ区的西南部干旱频率最低,均在 8% 以下。可见,玉米在出苗到拔节期,干旱出现主要以轻旱为主,无论是轻旱、中旱和重旱都是以Ⅴ区为高发区,发生频率为32%以上,四川盆地以西为干旱低发区,发生频率低于20%(图3.4)。

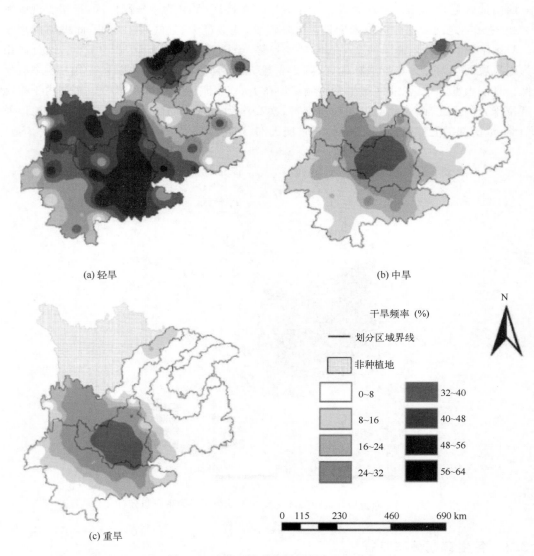

(a) 轻旱

(b) 中旱

(c) 重旱

干旱频率 (%)

—— 划分区域界线

非种植地

0~8
8~16
16~24
24~32
32~40
40~48
48~56
56~64

0 115   230   460   690 km

N

图 3.4　出苗至拔节期干旱频率空间分布

3.3.3.2　拔节至抽雄期

玉米在拔节至抽雄期轻旱频率分布特点为:Ⅴ区的元谋为干旱高发区,频率高达45%;次高区位于Ⅴ区的元谋、昆明,Ⅵ区的元江河谷地带,Ⅳ区西部的德钦、迪庆地区以及Ⅲ区的巴中地区,频率多在16%~24%之间,其余地区均在8%以下。中旱频率分布特点为:大部地区频率均在8%以下,Ⅴ区的元谋频率在30%左右,Ⅲ区的遂宁以及Ⅳ区的维西在8%~16%之间。重旱频率分布特点为:Ⅴ区的元谋为10%,其余地区都不超过3%。可见,玉米在拔节至抽雄期,中旱和重旱为偶发,轻旱频率出现高,且主要发生在Ⅴ区的元谋地区,与出苗到拔节期相比,轻旱发生频率减弱,发生范围也明显缩小(图3.5)。

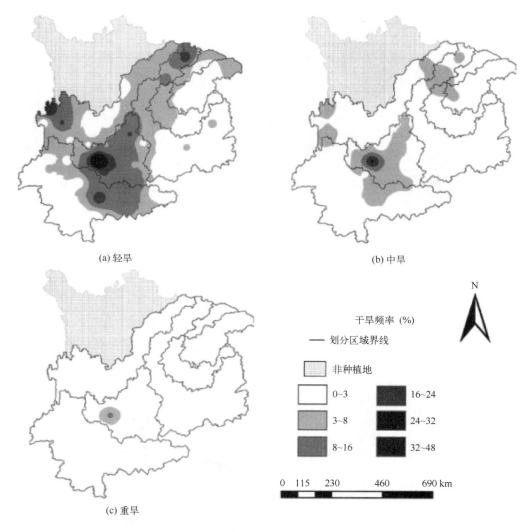

(a) 轻旱

(b) 中旱

(c) 重旱

干旱频率（%）

—— 划分区域界线

非种植地

0~3

3~8

8~16

16~24

24~32

32~48

0　115　230　　　460　　　690 km

图 3.5　拔节至抽雄期干旱频率空间分布

3.3.3.3　抽雄至灌浆期

玉米在抽雄至灌浆期轻旱频率分布特点为：Ⅴ区的元谋和Ⅵ区的元江河谷地带为高发区，频率在 30% 左右，其次是Ⅲ区北部的遂宁和东南部的凯里、三穗等地，频率在 9%～16% 之间，其余地区均低于 9%。中旱频率分布特点为：Ⅴ区的元谋和Ⅵ区的元江地区、Ⅲ区的三穗等地，发生频率在 14% 左右，其余大部分地区发生频率不超过 6%。重旱频率分布特点为：全区均比较低，不超过 10%，其中Ⅵ区的元江和Ⅲ区的三穗发生频率在 3%～9% 之间，其余地区基本不出现。可见，玉米抽雄至灌浆期，中旱和重旱也很少发生，轻旱只在元谋、元江、遂宁、凯里、三穗等地出现，基本为 3～5 a 一遇，与前两个发育期相比，这一阶段干旱等级变轻，范围缩小，但干旱开始向西南地区的东部转移（图 3.6）。

31

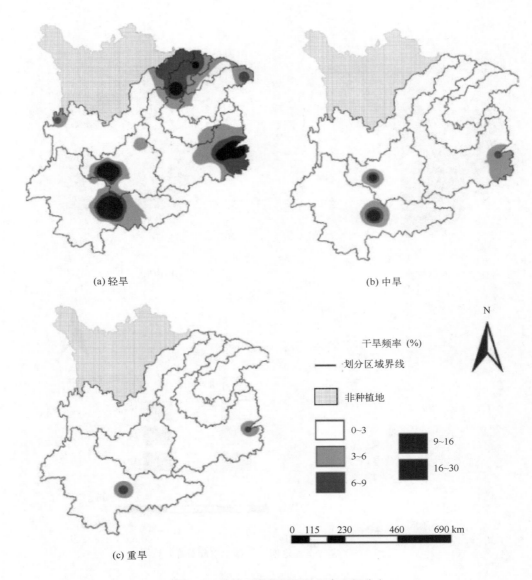

(a) 轻旱

(b) 中旱

(c) 重旱

干旱频率（%）

—— 划分区域界线

非种植地

0～3

3～6

6～9

9～16

16～30

0 115 230 460 690 km

图 3.6　抽雄至灌浆期干旱频率空间分布

3.3.3.4　灌浆至成熟期

　　玉米在灌浆至成熟期轻旱频率分布特点为：高发区位于Ⅴ区的元谋和Ⅵ区的元江，频率在 20％左右，次高区位于Ⅲ区东南部的凯里、三穗、榕江地区以及Ⅱ区的遵义地区，频率在 12％左右；其余地区频率低于 6％。中旱频率分布特点为：Ⅵ区的元江河谷地带为干旱高发区，高达 29％；Ⅴ区的元谋、Ⅲ区东南部的凯里、三穗、榕江地区以及北部的巴中等地为次高区，频率为 12％；其余地区频率低于 6％。重旱几乎不发生，全区均低于 6％。可以看出，玉米在灌浆至成熟期重旱几乎不出现，与抽雄至灌浆期相比，中旱频率强度和范围都有所增加，且东部旱情有进一步发展的趋势（图 3.7）。

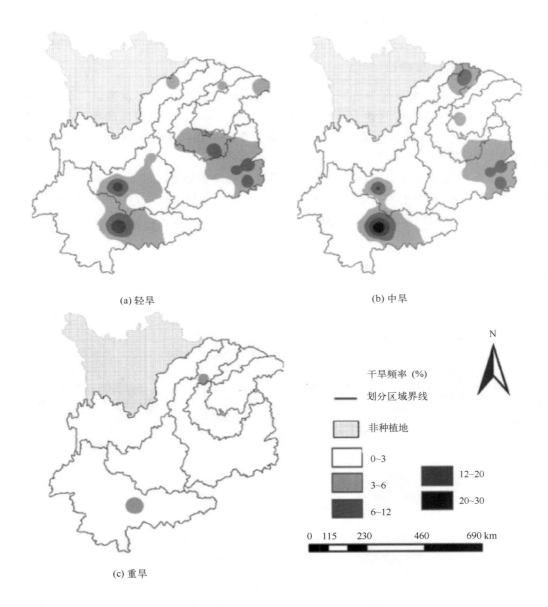

(a) 轻旱

(b) 中旱

干旱频率 (%)

━━━ 划分区域界线

非种植地

0~3

3~6

6~12

12~20

20~30

0　115　230　　　460　　　690 km

N

(c) 重旱

图 3.7　灌浆至成熟期干旱频率空间分布

　　综合各发育期干旱频率分布特征,受旱频率最高的时段为出苗至拔节期,受旱频率最低的为抽雄至灌浆期。出苗至拔节期为玉米根系生长重要阶段,此阶段受旱会影响玉米根系吸水能力,使玉米抗旱能力不足,生长发育受限,进而影响玉米产量。因此,西南地区玉米在此阶段要合理安排相应的补水措施,及时灌溉。

3.4 水稻干旱时空分布特征

3.4.1 年代际分布特征

从西南地区近 50 a 来各年代干旱频率分布图可以看出,水稻受旱高发区主要集中在三个区域:一是Ⅳ区南部和Ⅴ区西北部,干旱频率在 30%～40%;二是Ⅲ区的榕江、三穗地区,干旱频率为 40%;三是Ⅵ区的蒙自地区,频率为 21%。云南西南部和四川盆地以东区域极少发生干旱,频率在 10% 以下(图 3.8)。

从年代际变化趋势来看,近 50 a 水稻受旱频率有降低趋势。20 世纪 60 年代和 70 年代,干旱频率在 40% 以上的区域有盐源、元谋以及榕江地区,此后干旱频率不断减小,至 2000 年以后,干旱频率最高在 20% 左右。

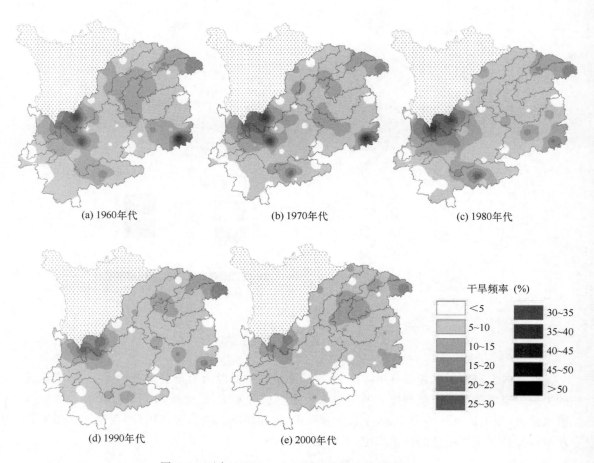

图 3.8 西南地区近 50 a 不同年代干旱频率空间分布

　　为了进一步说明干旱频率的年代变化趋势,本文以 1960 年代与 2000 年代为例加以深入分析,见下图。1960 年代轻旱频率最高为 25％,分布于阆中、梁平、思南、会泽、沾益、华坪和维西局部地区;中旱频率最高为 22％,分布于元谋和榕江;重旱频率最高为 17％,分布于盐源、华坪和榕江地区。2000 年代轻旱频率最高为 29％,位于榕江和元谋地区,频率在15％～25％左右的地区分布于贵州东南部和云南北部以及阆中、梁平局部地区;中旱频率最高为 12％,位于四川盐源,其余地区均低于 10％;重旱频率最高为 13％,位于云南北部华坪地区,频率在 5％～10％的地区为奉节、重庆、都江堰、榕江、黔西,其余地区均低于 5％。由此可以看出,1960 年代轻旱发生频率略低于 2000 年代,而中旱和重旱频率高于 2000 年代。综合来看,20 世纪 60 年代干旱发生频率高于 21 世纪初,造成这种情况出现的原因可能与政策的投入以及有效灌溉面积的增加有关(图 3.9—图 3.10)。

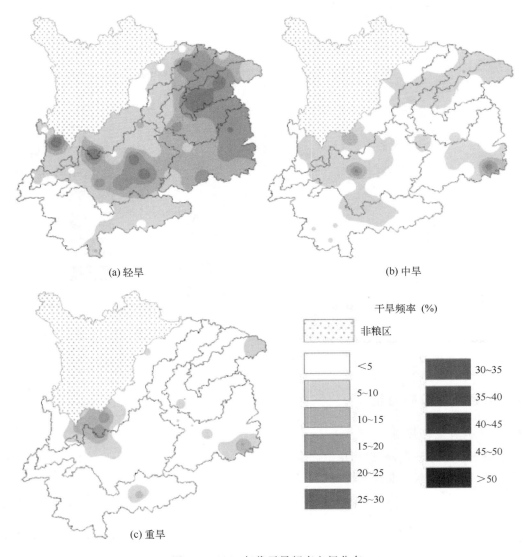

(a) 轻旱　　　　　　　　　　　　　　　　　　(b) 中旱

(c) 重旱

图 3.9　1960 年代干旱频率空间分布

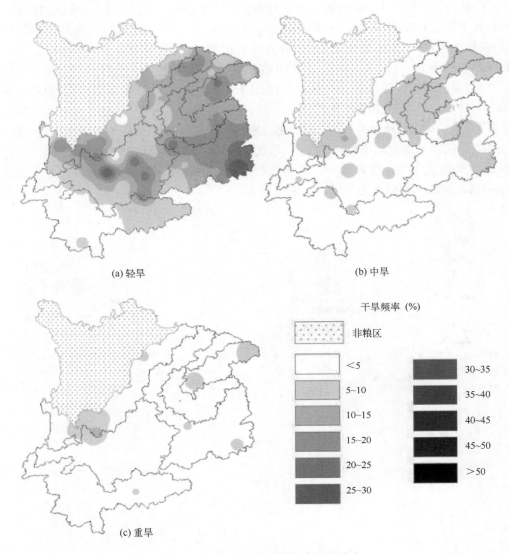

(a) 轻旱

(b) 中旱

干旱频率 (%)

非粮区

<5   30~35

5~10   35~40

10~15   40~45

15~20   45~50

20~25   >50

25~30

(c) 重旱

图 3.10　2000 年代干旱频率空间分布

3.4.2　各育期分布特征

3.4.2.1　播种至移栽期

　　水稻播种至移栽期,轻旱频率空间分布特征为:频率在 40% 以上的地方分布在 Ⅳ 区南部维西、华坪地区,Ⅴ 区中北部元谋地区,以及 Ⅵ 区耿马局部区域,频率在 15%~30% 主要分布在 Ⅰ 区、Ⅲ 区、Ⅴ 区大部以及 Ⅵ 区东部地区。中旱空间分布特征为:Ⅳ 区南部盐源频率最高为 40%,其余地区均低于 10%。重旱集中分布在 Ⅰ 区和 Ⅱ 区大部、Ⅲ 区西部,以及 Ⅳ 区东北部,频率为 5%~25%,其余地区均低于 5%。可见,水稻在播种至移栽期,主要以轻旱为主,轻旱和中旱高发区为 Ⅳ 区南部地区和 Ⅴ 区中北部地区,频率为 3~4 a 一遇,重旱主要发生在四川盆地以东和 Ⅲ 区西部地区,频率在 4 a 及其以上一遇(图 3.11)。

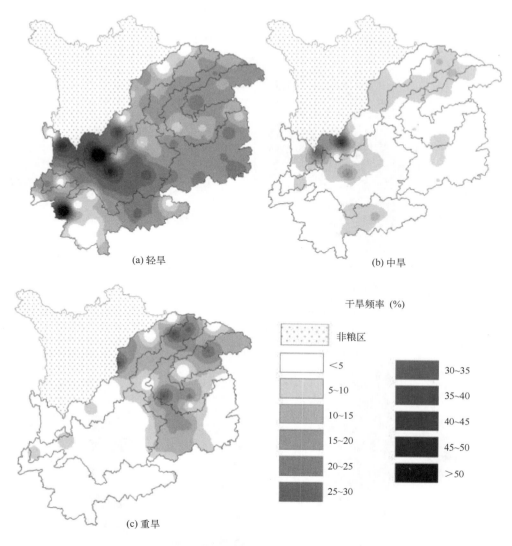

(a) 轻旱

(b) 中旱

干旱频率 (%)

非粮区

<5

5~10

10~15

15~20

20~25

25~30

30~35

35~40

40~45

45~50

>50

(c) 重旱

图 3.11　播种至移栽期干旱频率空间分布

3.4.2.2　移栽至抽穗期

水稻移栽至抽穗阶段,轻旱频率分布特征为:除Ⅳ区南部、Ⅴ区西部、Ⅵ区中东部,频率低于 10%,其余地区频率均在 15%~30% 之间;中旱频率较低,Ⅳ区、Ⅴ区和Ⅵ区大部频率在 13% 左右,其余均低于 5%;重旱分布于Ⅳ区南部盐源、丽江地区,频率为 36%,其次为Ⅴ区中部和西部地区,以及Ⅵ区蒙自一带,频率为 10%~25%,其余大部地区均在 10% 以下。可见,水稻在移栽至抽穗期,重旱分布在Ⅳ区盐源、华坪和丽江区域,频率为 3~4 a 一遇;轻旱集中在四川盆地以东、贵州大部以及云南东部区域,频率为 3~6 a 一遇。相对于播种至移栽阶段,该阶段局部地区重旱发生频率增加,轻旱和中旱发生频率有所降低,但范围有所扩大(图 3.12)。

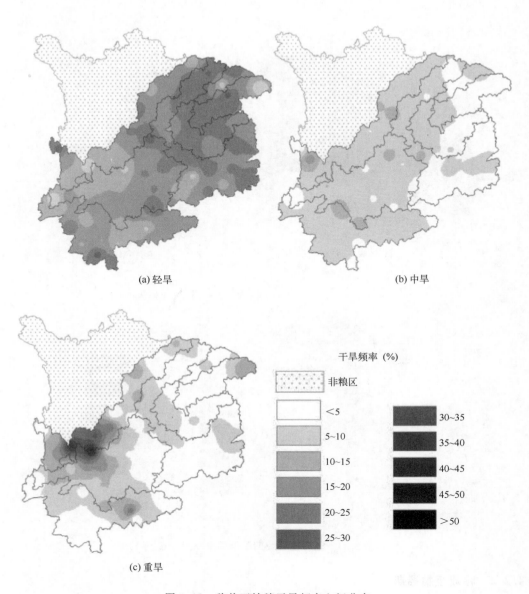

(a) 轻旱　　　　　　　　　　　　　　　　　　(b) 中旱

(c) 重旱

干旱频率（%）

非粮区

<5

5~10

10~15

15~20

20~25

25~30

30~35

35~40

40~45

45~50

>50

图 3.12　移栽至抽穗干旱频率空间分布

3.4.2.3　抽穗至灌浆期

　　水稻抽穗至灌浆阶段，轻旱集中在Ⅴ区会泽、沾益和泸西地区，Ⅵ区江城地区，以及Ⅰ区奉节等局部地区，频率最高为 20%。中旱和重旱基本不发生，全区大多低于 5%。可见，该阶段水稻受干旱影响较前两个阶段降低（图 3.13）。

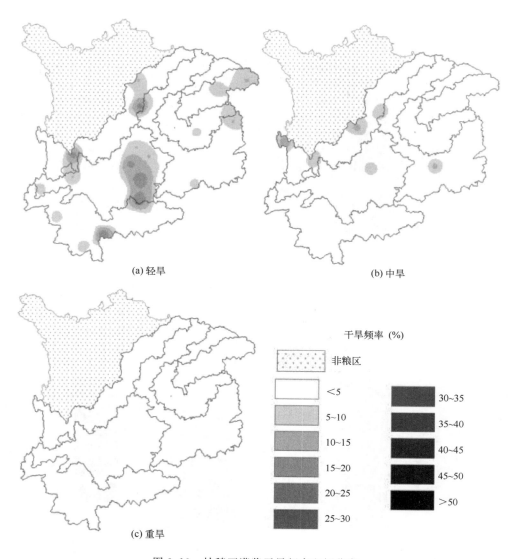

(a) 轻旱　　　　　　　　　　　(b) 中旱

(c) 重旱

干旱频率 (%)

非粮区

<5	30~35
5~10	35~40
10~15	40~45
15~20	45~50
20~25	>50
25~30	

图 3.13　抽穗至灌浆干旱频率空间分布

3.4.2.4　灌浆至成熟期

　　水稻灌浆至成熟阶段,轻旱频率分布特点为:Ⅲ区北部阆中、巴山和东部的凯里、榕江,以及Ⅴ区的邵通、威宁等局部地区频率较高,在 20%~25%,其余地区频率低于 15%。中旱频率分布特点为:Ⅰ区西部、Ⅱ区局部地区和Ⅲ区中西部地区频率为 5%~15%,其余地区频率均低于 5%。重旱主要集中在Ⅰ区、Ⅱ区北部和Ⅲ区局部地区,频率最高为 20%,其余地区频率均低于 5%。可见,抽穗至灌浆期,重旱集中在遂宁、奉节、万源、黔西、元谋等局部地区,频率在 5 a 及其以上一遇;中旱发生频率较低,6 a 及其以上一遇;轻旱主要发生在阆中、巴山、酉阳、凯里、邵通、威宁等地区,频率为 4 a 一遇。与前一阶段相比,各等级干旱频率增加,范围扩大(图 3.14)。

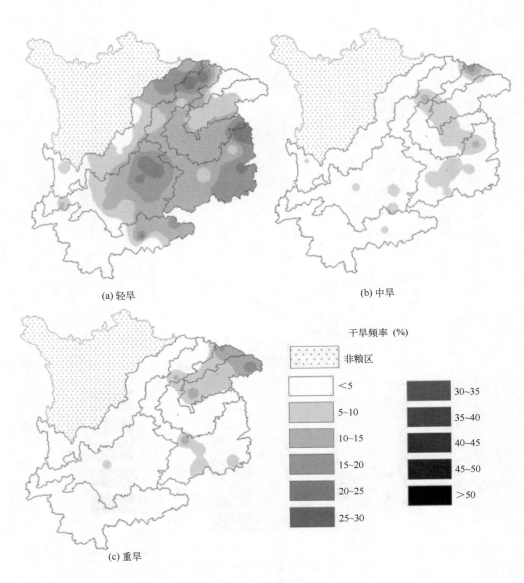

(a) 轻旱

(b) 中旱

干旱频率 (%)

非粮区

<5

5~10

10~15

15~20

20~25

25~30

30~35

35~40

40~45

45~50

>50

(c) 重旱

图 3.14　灌浆至成熟期干旱频率空间分布

综合各发育期干旱频率分布特征,受旱频率最高的时段为移栽至抽穗期,其次是灌浆至成熟期。就西南地区气候特点而言,该区域水稻在移栽至抽穗期这一生育期内降水相对较少,因而极易发生干旱。而每年的"七下八上",西南的东北部等局地极易发生伏旱,此时期区内水稻正值灌浆。因此,建议在这两个阶段做好防旱措施,有助于水稻产量保持稳定增长。从生长阶段的空间分布来看,水稻干旱空间分布具有一定的区域特征,频发区主要分布云南西北部和中东部、四川盆地东部、重庆东北部以及贵州东南部。

3.5　小　结

西南地区是我国干旱灾害最为频发的地区之一,其干旱总体呈现"每年有旱情,三至六年一中旱,七至十年一大旱"的特点。在全球变暖背景下,干旱等极端天气气候事件明显增加,干旱受灾面积和频次仍呈增加趋势。干旱变化特征分析是探讨风险是否存在、风险大小、采取防灾减灾措施以及管理的必要前提,也是处理许多不确定极端事件的非常重要的手段。

基于 Woli 等在 2010 年提出的农业干旱参考指数(Agricultural Reference Index for Drought, ARID),分析得出西南地区玉米在年代际与全生育期的干旱时空分布规律,从玉米全生育期干旱频率的空间分布特征来看:近 50 a 来西南地区发生的干旱具有显著的区域特征,干旱高发区位于 Ⅴ 区中部,其次为 Ⅵ 区中部及 Ⅳ 区北部和西部,少发区位于 Ⅲ 区中东部、Ⅱ 区、Ⅰ 区,即高发区位于云南中北和东北部以及四川南部;其次为川东北的广元地区、川西南山地以及滇西北、滇南部的元江地区;少发区位于重庆大部、贵州北部等地区。从玉米不同生长发育阶段看:西南地区阶段性干旱明显,受旱频率最高的时段为出苗至拔节期,受旱频率最低在抽雄至灌浆期,并且干旱频率越高的地区往往也是受旱程度越严重的地区。此外,在出苗至抽雄期,西南地区发生干旱的区域主要集中在 Ⅳ 区的北部和西部,Ⅴ 区全区,以及 Ⅵ 区中偏东部区域;在抽雄至成熟期,干旱区域发生局部变化,主要集中在 Ⅲ 区北部和东南部,Ⅴ 区中偏西部,以及 Ⅵ 区中部地区。本文选用 Woli 等提出的 ARID 干旱指数,用于西南地区春玉米生长季的干旱时空特征分析,结果与实际数据(降雨量、土壤相对湿度)吻合度较高。因此,应用 ARID 对西南地区春玉米生长季进行干旱监测,有助于西南地区春玉米防旱减灾风险管理和合理布局。

基于湿润指数距平率,对西南地区水稻干旱时空分布特征作了较为深入的研究分析。从水稻受旱年代际变化趋势来看,随着年代的增加,水稻受旱频率有降低趋势。从水稻不同发育阶段来看,水稻移栽至抽穗阶段发生干旱频率最高,其次是灌浆至成熟阶段,而抽穗至灌浆期受旱频率最低。就西南干旱发生情况来看,水稻移栽至抽穗阶段正是春旱高发期,而灌浆至成熟阶段却为伏旱高发期。因此,建议在这两个阶段做好防旱措施,有助于水稻产量保持稳定增长。就水稻干旱空间分布来看,水稻干旱空间分布具有一定的区域特征,频发区主要分布云南西北部和中东部、四川盆地东部、重庆东北部以及贵州东南部。这与王东等(2013)采用标准化降水指数分析西南地区干旱时空格局的空间分布结果基本一致。与张文江等(2008)研究虽然在分布区域范围上有少许差异,但分布规律基本一致,导致这种情况出现的主要原因是研究数据选取的问题,湿润指数距平法要受到研究站点数据及状况的影响,而张文江等(2008)采用的是大范围的遥感监测数据,虽然观测点较多,但会受到云雾的影响。可见,两种研究方法各有利弊,因此,完全有必要将两种干旱指标进行融合,各自发挥优势,进而建立基于多源数据的综合干旱监测模型。

参考文献

刘宗元,张建平,罗红霞,等.2014.基于农业干旱参考指数的西南地区玉米干旱时空变化特征分析.农业工程学报,**30**(2):105-115.

王东,张勃,张调风,等.2013.1960—2011年西南地区干旱时空格局分析.水土保持通报,**33**(6):152-158.

王明田,王翔,黄晚华,等.2012.基于相对湿润度指数的西南地区季节性干旱时空分布特征.农业工程学报,**28**(19):85-92.

王婷,袁淑杰,王鹏,等.2013.基于两种方法的四川水稻气候干旱风险评价对比.中国农业气象,**34**(4):455-461.

许玲燕,王慧敏,段琪彩,等.2013.基于SPEI的云南省夏玉米生长季干旱时空特征分析.资源科学,**35**(5):1024-1034.

张建平,刘宗元,何永坤,等.2015.西南地区水稻干旱时空分布特征.应用生态学报,**26**(10)(待刊).

张文江,陆其峰,高志强,等.2008.基于水分距平指数的2006年四川盆地东部特大干旱遥感响应分析.中国科学(D辑:地球科学),**38**(2):251-260.

张玉芳,王明田,刘娟,等.2013.基于水分盈亏指数的四川省玉米生育期干旱时空变化特征分析.中国生态农业学报,**21**(2):236-242.

Allen R G，Pereira L S，Raes D，*et al*．1998．*Crop evapotranspiration guidelines for computing crop water requirements*．Irrigation and Drainage Paper No. 56，FAO，Rome.

Woli P，Jones J W，Ingram K T，*et al*．2012．Agricultural Reference Index for Drought（ARID）．*Agronomy Journal*．**104**(2)：287-300.

第4章　黄淮海冬小麦干热风的时空变化规律

　　干热风是一种高温、低湿,并伴有一定风力的农业气象灾害性天气,其类型一般分为高温低湿型、雨后青枯型和旱风型三种,其中高温低湿型在小麦开花灌浆过程均可发生,是北方麦区干热风的主要类型(尤凤春等,2007;王正旺等,2010;成林等,2011),以5月下旬至6月上旬为干热风发生最集中的时段,这时正值小麦抽穗、扬花、灌浆之际(邓振镛等,2009),干热风使小麦叶片光能利用率降低,籽粒形成期缩短,根系呼吸受限,吸水能力减弱,造成粒重降低,重者提前枯死,麦粒瘦瘪,严重减产。下面重点分析近50年(1961—2010年)来黄淮海地区冬小麦干热风的时空分布特征及变化趋势。

4.1　研究区概况

　　黄淮海平原位于燕山以南,淮河以北,东临黄海、渤海,西倚太行山及豫西山地,即黄河、淮河、海河冲积平原及部分丘陵地区,是我国几大农业区中耕地面积最大的地区,主要包括北京、天津、河北、山东、河南5个行政省和直辖市(图4.1)。该区属于温带季风气候区,夏季温暖湿润,冬季天气寒冷干燥,光热资源丰富。年日照时数2300～2800 h,无霜期180～220 d,年≥10℃积温4100～4900℃·d,年降水量在600 mm左右,光、热、水资源总体配置比较好(杨瑞珍等,2010),是我国重要的综合性农业生产基地,冬小麦是该地区的主要粮食作物之一,小麦产量占全国小麦总产的54%。干旱和干热风是该地区冬小麦的主要农业气象灾害。

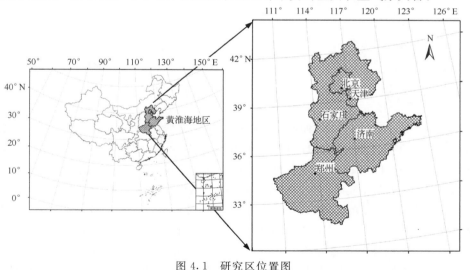

图4.1　研究区位置图

4.2　研究数据和方法

　　气象数据来源于中国气象局,采用黄淮海地区68个气象台站1961—2010年逐日气象资料,以日最高气温、14 时相对湿度和 14 时风速作为分析依据,利用 EXCEL、FORTRAN 程序进行计算,并通过 GIS 技术进行空间表达。

4.3 干热风指标

本研究主要考虑高温低湿型干热风,其指标采用中国气象局 2007 年发布的气象行业标准《小麦干热风灾害等级》(霍志国等,2007)(见表 4.1—4.2)。

表 4.1 黄淮海地区冬麦区干热风灾害等级指标

时段	天气背景	轻			重		
		日最高气温(℃)	14 时相对湿度(%)	14 时风速(m/s)	日最高气温(℃)	14 时相对湿度(%)	14 时风速(m/s)
小麦扬花灌浆期间都可发生,一般发生在小麦开花后 20 d 左右至蜡熟期	温度突升,空气湿度骤降,并伴有较大风速	≥32	≤30	≥3	≥35	≤25	≥3

表 4.2 黄淮海地区冬麦区干热风天气过程等级指标

等级	干热风天气过程等级指标
轻	除重干热风天气过程所包括的轻干热风日外,连续出现≥2 天轻干热风日;连续 2 天 1 轻 1 重干热风日,或出现 1 天重干热风日
重	连续出现≥2 天重干热风日;在 1 次干热风天气过程中出现 2 天不连续重干热风日,或 1 个重日加 2 个以上轻日

4.4 时空分布特征

4.4.1 出现日数

轻干热风日:1961—2010 年期间,黄淮海地区高温低湿型冬小麦轻干热风出现的平均日数总体呈波动下降趋势,其中 1961—1980 年为缓慢减少时期,1981—2000 年基本稳定在一定水平,2001—2010 年为快速减少时期(图 4.2)。1961—2010 年期间,轻干热风出现的年平均日数在 0.4~7.1 d 波动,平均为 2.9 d。轻干热风出现的平均日数在波动中呈现较为明显的降低趋势,其中 1962、1965、1968 年等发生相对较重,1973、1987、1991 年等相对较轻,最大值出现在 1968 年,为 7.1 d,最小值出现 1987 年,为 0.4 d;1961—1980 年为缓慢减少时期,1981—2000 年基本稳定在一定水平,2001—2010 年为快速减少时期。分析其年代际变化特征,发现黄淮海地区各地 20 世纪 60 年代轻干热风发生最严重,各地平均每年发生4.1 d。其次,为 20 世纪 70 年代、90 年代和最近 10 年,各地平均每年发生的日数分别为3.2 d、2.6 d 和 2.4 d。20 世纪 80 年代干热风危害最轻,为 2.3 d。

1961—2010 年期间,黄淮海地区冬小麦轻干热风出现平均日数的空间分布总体呈中间高、两头低的趋势,且同纬度地区的内陆高于沿海(图 4.3)。河北省的北部、西北部、东北部

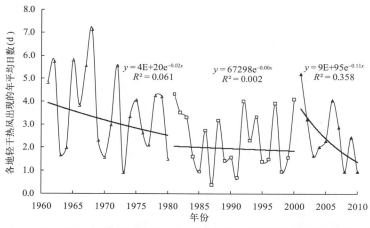

图 4.2　1961—2010 年黄淮海地区冬小麦轻干热风出现年平均日数的变化趋势

一带等地轻干热风出现的平均日数最少,少于 1 d,危害最轻;河北省南部地区轻干热风出现的平均日数最多,超过 8 d,危害最重;河南中部、西北部及河北石家庄附近一带轻干热风较重,平均日数为 6.0～8.0 d;北京、天津、河南省南部、山东省中部一带干热风出现的平均日数为 2.0～6.0 d。

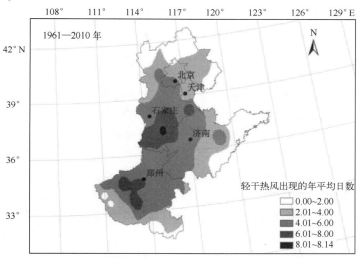

图 4.3　1961—2010 年黄淮海地区冬小麦轻干热风出现年平均日数的空间分布特征

重干热风日:1961—2010 年期间,黄淮海地区冬小麦重干热风出现的年平均日数呈波动下降趋势,1961—1980 年和 2001—2010 年为缓慢减少时期,1981—2000 年则基本稳定在一定水平(图 4.4)。1961—2010 年期间,重干热风出现的平均日数在 0.1～3.8 d 波动。重干热风出现的平均日数在波动中呈现较为明显的降低趋势,其中 1966、1968、1972 年等重干热风发生相对较重,1987、1991、2008 年等发生次数相对较轻,最大值出现在 1968 年,为 3.8 d,最小值出现在 1987 年,为 0.1 d。分析其年代际变化特征,发现黄淮海地区 20 世纪 60 年代重干热风发生最严重,各地平均每年发生 1.7 d。其次,为 20 世纪 70 年代、最近 10 年和 80 年代,各地平均每年发生的日数分别为 1.3 d、0.9 d 和 1.0 d。20 世纪 90 年代最轻,为 0.8 d。

1961—2010 年期间,黄淮海地区冬小麦重干热风出现年平均日数的空间分布总体亦呈

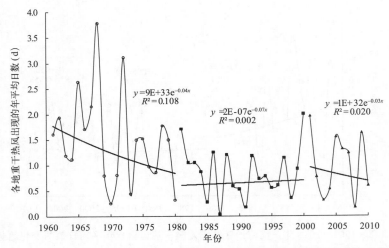

$$y=9E+33e^{-0.04x}$$
$$R^2=0.108$$

$$y=2E-07e^{-0.07x}$$
$$R^2=0.002$$

$$y=1E+32e^{-0.03x}$$
$$R^2=0.020$$

图 4.4 1961—2010 年黄淮海地区冬小麦重干热风出现年平均日数的变化趋势

中间高、两头低的趋势,区域差异显著,且同纬度地区的内陆高于沿海。河北省的北部、西北部、东北部一带等地重干热风出现的平均日数最少,每年小于 0.5 d,危害最轻;河北省南部地区重干热风出现的平均日数最多,超过 4 d,危害最重,气候暖干化是该地区干热风危害加重的重要原因;河南中部、西北部及河北石家庄附近一带干热风较重,年平均日数处于 2.5~3.5 d;北京、天津、河南省北部、山东省中部一带干热风出现的平均日数在 0.5~2.5 d。

4.4.2 干热风过程

轻干热风过程:1961—2010 年期间,与轻干热风出现的年平均日数变化趋势相似,干热风过程年平均次数年际变化亦呈波动下降趋势,1961—1980 年为缓慢减少时期,1981—2000 年基本稳定在一定水平,2001—2010 年为快速减少时期(图 4.5)。过去 50 年间,该区轻干热风过程年平均发生次数为 0.6 次,最高 1.8 次。CV 为 64.9%,标准差为 0.4 次。1961—2010 年期间,轻干热风过程年发生次数在波动中呈现较为明显的降低趋势,其中 1965、1968、1972 年等发生次数相对较多,1987、1991、2008 年等相对较少,最大值出现在 1968 年,为 1.8 次,最小值出现在 1987 年,为 0.1 次。分析其年代际变化特征,发现该区各地 20 世纪 60 年代轻干热风过程发生次数最多,各地年平均发生 1.0 次。其次,为 20 世纪 70 年代,各地年平均发生 0.8 次。20 世纪 80 年代、90 年代和最近 10 年各地年平均发生次数较少,均为 0.5 次。

1961—2010 年期间,黄淮海地区冬小麦轻干热风过程次数空间分布总体呈中间高、两头低的趋势,且同纬度地区的内陆高于沿海(图 4.6)。河北省的北部、西北部、河南省的东南部一带等地轻干热风过程出现次数最少,小于 0.3 次,危害最轻;河北省石家庄南部地区轻干热风过程出现的次数最多,超过 2 次,危害最重;河南郑州及河北石家庄附近一带轻干热风过程次数较多,平均处于 1.5~1.8 次;北京、天津、河南省南部、山东省中部一带轻干热风过程发生次数小于 1.2 次。

重干热风过程:1961—2010 年期间,与重干热风出现的年平均日数变化趋势相似,重干热风过程年平均次数年际变化亦呈波动下降趋势,1961—1980 年、2001—2010 年均为缓慢减少时期,而 2001—2010 年下降幅度更大些,1981—2000 年则变化不太明显(图 4.7)。过去 50 年间,该区重干热风过程年平均发生次数为 0.3 次,最高 1.0 次。1961—2010 年期

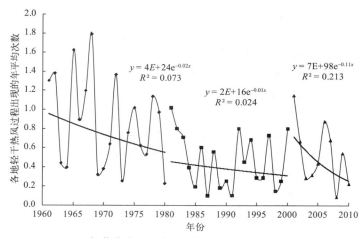

图 4.5　1961—2010 年黄淮海地区冬小麦轻干热风过程年平均次数的变化趋势

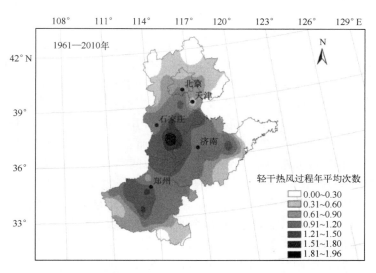

图 4.6　1961—2010 年黄淮海地区冬小麦轻干热风过程年平均次数的空间分布特征

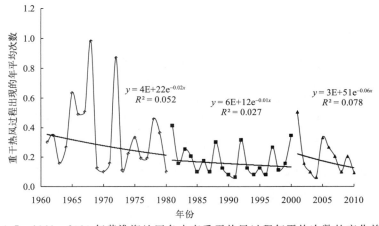

图 4.7　1961—2010 年黄淮海地区冬小麦重干热风过程年平均次数的变化趋势

间,重干热风过程年发生次数在波动中呈现较为明显的降低趋势,其中 1965、1968、1972 年等发生次数相对较多,1987、1991、2004 年等发生次数相对较少,最大值出现在 1968 年,为 1.0 次,最小值出现在 1987 年,为 0.1 次。分析其年代际变化特征,发现该区各地 20 世纪 60 年代重干热风过程发生次数最多,各地年平均发生 0.4 次。其次为 20 世纪 70 年代,各地年平均发生 0.3 次。20 世纪 80 年代、90 年代和最近 10 年各地年平均发生次数较少,均为 0.2 次。

1961—2010 年期间,重干热风过程次数空间分布总体亦呈中间高、两头低的趋势,且同纬度地区的内陆高于沿海。河北省的北部、西北部、河南省的东南部一带等地重干热风过程出现次数最少,每年小于 0.2 次,危害最轻;河北省南部地区轻干热风过程出现的次数最多,为 1.0 次,危害最重;河南郑州及河北石家庄附近一带重干热风过程次数较多,平均处于 0.4~0.8 次;北京、天津、河南省南部、山东省中部一带重干热风过程发生次数小于 0.4 次。

4.5　小结

综上所述,1961—2010 年,黄淮海地区冬小麦轻度、重度高温低湿型干热风出现的平均日数和过程次数随时间的变化总体呈减少趋势,其中 1961—1980 年和 2001—2010 年均为缓慢减少时期,1981—2000 年变化则不太明显。1968 年各地干热风危害均最为严重,1987 年危害均最轻。近 50 a 来,该区轻度、重度干热风灾害的年际变化很大,这和该时期气象要素匹配程度有关。各地 60 年代干热风发生最严重。其次,为 20 世纪 70 年代和最近 10 a。20 世纪 80、90 年代危害较轻。就空间平均分布状况而言,该区轻度和重度干热风年平均发生日数和干热风过程次数分布具有一致性,总体呈中间高、两头低的趋势,且地区间差异都很显著,同纬度地区的内陆高于沿海。河北省的北部和西北部、河南省的东南部一带等地干热风危害最轻,河北省南部、河南省西北部等地危害最重,对该地作物产量受到冲击很大,生产相对更脆弱。过去 50 a,我国黄淮海地区冬小麦干热风灾害总体表现为减少趋势,但由于不同时期和不同区域气象要素温度、水分、风速等匹配组合的差异,干热风灾害年际变化很大,地区间差异显著,在不同时期、不同区域仍有可能发生。实际生产中,必须重视小麦干热风灾害的防御,可从生物措施、农业技术措施和化学措施着手来减少干热风对小麦生产的影响和危害。

参考文献

成林,张志红,常军.2011.近 47 年来河南省冬小麦干热风灾害的变化分析.中国农业气象,**32**(3):456-460.
邓振镛,张强,倾继祖,等.2009.气候暖干化对中国北方干热风的影响.冰川冻土,**31**(4):664-671.
霍治国,姜燕,李世奎,等.2007.小麦干热风灾害等级.北京:气象出版社.
王正旺,苗爱梅,李毓富,等.2010.长治小麦干热风预报研究.中国农业气象,**31**(4):600-606.
杨瑞珍,肖碧林,陈印军,等.2010.黄淮海平原农业气候资源高效利用背景及主要农作技术.干旱区资源与环境,**24**(9):88-93.
尤凤春,郝立生,史印山,等.2007.河北省冬麦区干热风成因分析.气象,**33**(3):95-100.

第 5 章　南方双季稻低温灾害的立体监测技术

　　水稻低温灾害是南方水稻生产区的主要农业气象灾害之一,与东北水稻低温灾害特征不同,南方较少出现持续较长时间的低温过程,且低温灾害程度相对较轻。在早稻生长季,主要有"倒春寒"、"五月寒"和低温连阴雨,在晚稻生长季,主要是抽穗开花期的"寒露风"。因此,建立适用于南方稻区双季稻的低温灾害监测技术,为及时掌握这些低温灾害的发生和对水稻生产的影响显得尤为重要。本章将结合在南京信息工程大学农业气象试验站开展的为期 4 年的大田分期播种和人工气候控制试验数据,以及近 30 年的水稻农业气象观测资料,修改和完善现有水稻低温灾害指标,建立融合地面气象监测、模型模拟监测和卫星遥感监测的立体监测指标体系,同时构建立体监测技术,为南方地区水稻低温灾害监测提供技术参考。

5.1　立体监测指标体系

5.1.1　试验和资料

5.1.1.1　大田分期播种试验

　　2011—2014 年,我们在南京信息工程大学农业气象观测站连续开展了水稻分期播种试验。试验的基本设置如表 5.1 所示。选用的水稻品种均代表研究区主栽双季稻品种。2011—2014 年试验小区大小均为 4 m×4 m。大田氮肥施用量为 260 kg·hm^{-2},基肥与追肥比 55：45,促花肥与保花肥比 30：20。在浸种催芽后进行旱育秧,为防早期播种时气温过低影响出苗,使用地膜覆盖秧田。其他田间管理同常规高产要求。

表 5.1　水稻大田试验设置

年份	品种	播期(月/日)	秧龄	重复
2011	两优培九、6 两优 9386、II 优 084	5/25,6/10,6/25	秧龄 25 d	3
2012	陵两优 268、金优 458、9311、两优培九	4/15,4/30,5/10,5/20,5/31,6/10,6/25	1～2 播期秧龄 30 d、3～5 播期秧龄 25 d、6～7 播期 20 d 秧龄	3
2013	陵两优 268、金优 458、9311、两优培九	4/23,4/30,5/10,5/20,5/31,6/10,6/25	1～2 播期秧龄 30 d、3～5 播期秧龄 25 d、6～7 播期 21 d 秧龄	3
2014	南粳 45、陵两优 268	5/6,5/21,6/4	秧龄 25 d	3

注:两优培九 2013 年第 1 期从 4 月 30 日开始,一共 6 期;移栽时秧龄在 4.5 叶左右。

　　试验严格按照《农业气象观测规范》(上册)开展秧田秧苗素质、大田生育期、群体茎蘖动态、株高、地上部分生物量、灌浆速率和产量要素的观测。同时,还使用 LI-6400 测量了不同生育阶段水稻叶片的 CO_2 和光响应曲线。在试验期间出现晴天的条件下,使用 ASD(Analytical Spectral Devices)公司的 FieldSpec Pro FR 野外便携式光谱仪测量了水稻冠层上方的光谱反射率曲线,并在每次光谱观测时,使用 SPAD-502Plus 叶绿素测定仪和远红外温度计分别测量了 10 张叶片的叶绿素值和叶温。花粉育性观测开始于始穗期,于每日同一时间取即将出穗且未开花的颖花,每日取 10 个试管,每个试验 5～8 个颖花,用保存液保存,回实验室后制片用碘染色考察花粉育性。

5.1.1.2 人工气候控制试验

于 2012—2014 年开展了人工气候控制试验。试验的主要目的是为了获取影响水稻产量形成的低温冷害指标。控制试验采用盆栽水稻,品种为两优培九和南粳 45,盆钵尺寸为 28 cm×28 cm×30 cm,在抽穗开花期进行控制试验。移栽前将盆钵填满土壤,施用 3 g 氮肥并浸水 7 d,随后分别在第 2 和 3 期移栽 80 株秧苗至盆钵中,每个盆钵 2 株。气候控制试验设置如表 5.2 所示。不同温度处理前对 3 盆水稻开花的穗枝进行编号、挂牌,处理后则移回大田,并在成熟期减取挂牌穗枝进行考种,观测穗枝长度、穗粒数、千粒重、空壳数和秕谷数。在 45～15℃ 每 5℃ 一个间隔控制水稻生长温度环境的试验中,温度设置从高到低,每个温度梯度观测结束后换取新的 2 盆水稻。盆栽水稻放进气候箱适应 1 天后观测水稻光合响应曲线和 CO_2 响应曲线。在光合响应曲线测定中使用 CO_2 钢瓶稳定观测时的 CO_2 浓度(390 $\mu mol \cdot m^{-2} \cdot s^{-1}$),在 CO_2 响应曲线测定中光强设定为 1400 $\mu mol \cdot m^{-2} \cdot s^{-1}$。每次观测 2～3 张顶叶。观测结束后将盆栽移置大田中。

表 5.2　人工气候箱控制试验设置

处理温度	温度设置	处理时长(d)	用途
平均 23℃	白天 26℃;晚上 20℃	3、5、7	研究抽穗开花期低温冷害指标
平均 21℃	白天 25℃;晚上 17℃	3、5、7	
平均 18℃	白天 22℃;晚上 14℃	3、5、7	
平均 15℃	白天 20℃;晚上 10℃	3、5、7	
45～15℃,每 5℃ 一个间隔	白天晚上分别距设定温度向上和向下浮动 3℃	2	测定不同温度下的 CO_2 和光响应曲线,确定温度对水稻光合作用影响相关的参数

5.1.1.3 农业气象观测数据和统计年鉴

从中国气象局资料室获取了长江中下游稻区 6 省(江苏、安徽、湖北、湖南、浙江和江西)38 个观测站 1981—2010 年水稻农业气象观测资料。观测资料内容主要包括水稻品种、生育期、产量要素和产量。由于江苏省水稻观测数据均为一季稻数据,因此,对双季稻数据的分析和研究主要来自安徽、湖北、湖南、浙江和江西。另外,还从《中国农业年鉴》和长江中下游稻区地方农业统计年鉴中提取了全区 76 个气象站 1980—2010 年水稻种植面积和总产信息。这些信息为进一步掌握该稻区水稻生产情况提供了重要的依据。

对上述数据进行了整理和筛选。首先对各站点历年双季稻生长季的气候要素进行统计,然后根据统计结果筛选水稻低温年,将低温年统计产量、农业气象观测产量及产量结构和生育期进行汇总,最后形成了水稻低温冷害数据库。另外,以产量超过 30 年平均产量 20% 的站点和年份的水稻观测要素为参照,与低温年相应要素进行比较,用于相关低温冷害指标的提取和验证。其中,低温年筛选方法如下:

确立低温年的统计指标。表 5.3 显示了双季稻生长季的统计指标。针对早稻,分别计算了播种至抽穗开花和"五月寒"多发期的温度总量（如有效积温和冷积温）及不同连续天数的冷害频次；对于晚稻，分别计算了播种至抽穗开花的有效积温和抽穗开花期间不同等级的冷害频次。

表 5.3　长江中下游双季稻生长季统计指标

种植类型	统计阶段	统计指标
早稻	3 月 25 日—5 月 20 日	有效积温（>10℃）
	5 月 20 日—6 月 10 日	冷积温（<20℃），连续 3～9 d 低于 20℃的次数
晚稻	7 月 20 日—9 月 10 日	有效积温（>10℃）
	9 月 10 日—9 月 30 日	冷积温（<20℃），冷积温（<22℃），连续 3～9 d 低于 20℃的次数，连续 3～9 d 低于 22℃的次数

注：针对任意站点 30 年上述指标计算结果，选择低温年的步骤为：①有效积温距平按升序排序，负值>20%的年份；②冷积温距平按升序排序，正值>20%的年份；③根据上述两点的排序结果确立交集年份，当交集年份在水稻生长季发生超过 2 d 以上连续低温时，则该年份确定为典型低温年。

5.1.2　双季稻低温灾害气象监测指标

5.1.2.1　双季早稻关键发育阶段的低温冷害指标

早稻的生长期通常在 105～125 d，适宜播期常根据连续 3 d 日平均气温稳定≥12℃来确定，因此，在长江流域的适宜播期处在 3 月中下旬至 4 月上旬，并随着纬度和海拔增加而推迟，一般最晚不迟于 4 月底。根据近 30 年（1981—2010 年）早稻农业气象观测数据，在剔除明显低产年的数据后，整理了长江中下游早稻生长发育普遍期及播种以来活动积温指标，如表 5.4 所示。由于品种熟性的差异，其生长期长度和所需的总积温量均有一定的差异，但总体来看，营养生长期主要经历 4、5 月份，生殖生长期及最后的产量形成期出现在 6、7 月份。下面将根据早稻生长期特点，针对几个关键生育阶段列举相应的低温冷害指标。

表 5.4　长江中下游稻区双季早稻生长发育普遍期及播种以来活动积温指标

熟性	内容	播种	移栽	幼穗分化	抽穗开花	成熟	天数/总有效积温
早熟	月/日	4/1	5/3	6/4	6/23	7/20	109 d
	活动积温（℃·d）	0	470	639	513	729	2351℃·d
中熟	月/日	3/30	5/1	6/8	6/24	7/25	117 d
	活动积温（℃·d）	0	480	760	432	837	2509℃·d
晚熟	月/日	3/30	5/4	6/6	6/24	7/29	121 d
	活动积温（℃·d）	0	525	660	486	945	2616℃·d

在早稻生长早期的幼苗期和返青分蘖期，"倒春寒"是早稻受低温冷害影响的主要天气事件。"倒春寒"定义为日平均气温≤12℃，且维持超过 3 d 的天气事件（郭建平等，2009）。在此期间，秧苗生长受挫，可能发生烂秧的问题。对于处于分蘖期的早稻，极可能导致水稻生长发育延缓。然而，从 2012 年和 2013 年分期播种试验资料看，低温下水稻分蘖数有一定增加，这与 Yoshida（1981）的相关试验报道一致。因此，早稻生长早期遭遇的低温灾害主要影响发育进程，其对秧苗的影响可以通过薄膜育秧技术来减轻或避免灾害影响。

当早稻生长进入分蘖中后期和幼穗分化期后，温度水平总体处于上升态势，但在海拔相对较高的地区,早稻生长期热量水平相对较低,可能在生长的中期(如分蘖期和幼穗分化期)遭遇低温环境。在分蘖中后期,13℃被认为是早稻分蘖的下限温度,低于该温度将造成分蘖受阻。穗形成阶段的减数分蘖期是幼穗发育的关键期,也是受环境温度变化影响的敏感时期。研究普遍认为,气温为15～18℃是幼穗发育的临界温度,在15℃以下的低温就会损害幼穗分化进程,造成枝梗数减少和花粉不育,同时还延迟了抽穗开花(王绍武等,2009)。陆魁东等(2011)分析了湖南早稻生产期间5月低温的影响,认为湘西是5月低温气象风险的高发地区。

在孕穗至扬花期间,湖南和江西部分稻区的早熟品种常受到"五月寒"天气的影响。"五月寒"一般指早稻孕穗扬花期遇到的低温冷害,多出现在小满到芒种的梅雨季节,故又称"梅雨寒"(陆魁东等,2011)。因受冷空气南下影响,在5月下旬到6月上、中旬连续≥3天出现日均气温≤20℃的低温、阴雨、少日照的天气过程,导致早稻空壳率增加,使产量减少。出现概率一般是3～4年一遇,并以山区和半山区双季稻受害较为严重。

5.1.2.2 晚稻关键发育阶段的低温冷害指标

双季晚稻一般在6月下旬或7月初播种,秧龄25～30 d,通常在早稻收割后移栽。由于双季晚稻生长早期温度水平较高,在研究区内较难遇到影响其生长的低温灾害,但在其生殖生长阶段和产量形成期,即从幼穗分化至成熟,双季晚稻会遭遇到秋季低温连阴雨和寒露风的影响,对最终产量造成一定的影响。表5.5列出了近30年长江中下游稻区双季晚稻生育普遍期及播种至成熟的活动积温。所用数据均来自剔除了低产年份的双季晚稻农业气象观测资料。

表 5.5　长江中下游稻区双季晚稻生长发育普遍期及播种以来活动积温指标

熟性	内容	播种	移栽	幼穗分化	抽穗开花	成熟	天数/总有效积温
早熟	月/日	6/23	7/25	8/24	9/15	10/20	120 d
	活动积温(℃·d)	0	768	810	638	735	2951℃·d
中熟	月/日	6/21	7/20	8/24	9/15	10/24	126 d
	活动积温(℃·d)	0	720	972	667	840	3199℃·d
晚熟	月/日	6/21	7/21	8/25	9/20	10/30	132 d
	活动积温(℃·d)	0	744	972	783	861	3360℃·d

幼穗分化至抽穗开花期是穗形成时期,决定穗颖花数和颖花育性。试验研究显示,晚稻幼穗发育的临界温度为15～18℃,最适温度在25～28℃。在幼穗分化至抽穗开花期间,低温会影响幼穗发育速率。在减数分蘖期,低温对幼穗形成影响较大,持续的低温天气会减少颖花数量,降低花粉育性。花粉育性观测资料显示,花粉败育率与抽穗期8 d的日平均温度和20℃冷积温相关关系密切,相关系数 R 分别为0.58和0.63。尽管 R 没有通到0.05水平的显著性检验,但其较高的相关性依旧表明该阶段低温对颖花发育影响较大。

双季晚稻在抽穗开花期遭遇低温的概率较大,主要表现的天气形式为连阴雨或低温寡照。以武汉为例,1981—2010年间双季晚稻抽穗开花期出现连续3 d低温寡照天气的概率是31.7%,日平均气温约为22.6℃,形成轻度或轻度以上的低温灾害。根据现有试验研究显示,对于花粉受精的临界最低温度为16～17℃,低于15℃时颖花将不能正常开花。从花粉败育率资料看(图5.1),在始花至开花末期(约10 d),以22℃为冷积温计算的上限,当10 d冷积温每增加20℃时,花粉败育率增加11.2%～25.4%,品种之间存在一定差异。

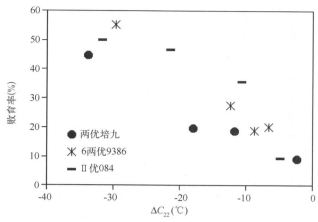

图 5.1   花粉败育率与开花期 10 d 22℃冷积温关系

灌浆结实期是决定产量的关键时期,在开花后 7～16 d 灌浆速率最快。该时期通常处在 9 月中下旬,可能面临寒露风、低温寡照或连阴雨的影响。根据长江中下游稻区主栽双季晚稻品种的灌浆结实光温特性,其最适气温在 23～28℃,最低气温约为 15℃。当日平均气温连续 3 d 及以上≤22℃后,低温环境就会造成空壳和瘪粒,降低双季晚稻产量。从 2012 年和 2013 年大田试验数据看,两优培九最大籽粒重与灌浆结实期内平均气温间存在正相关关系,且相关性达到 0.05 显著性水平。平均籽粒灌浆速率与同期平均气温则存在极显著($p<$0.01)的正相关关系,表明温度降低会延缓灌浆进程,降低灌浆速率。杨沈斌等(2014)研究显示,双季晚稻的灌浆最适气温约为 24.2℃,当日平均气温<18℃时,灌浆进程将严重受阻。

5.1.2.3   双季稻延迟型冷害监测指标

双季早稻营养生长期易受延迟型冷害的威胁。然而,从水稻农业气象资料分析看出,长江中下游稻区不同熟性早稻对营养生长期低温冷害的响应不同,生育期延迟程度存在一定的差异。根据营养生长期(移栽至幼穗分化)长度观测值的统计,以该阶段>13℃积温的 30 年平均值作为参照,计算了每降低 10℃·d 的生育期平均延迟天数(平均相对延迟率 K),如表 5.6 所示。因此,以 K 值与该阶段>13℃积温距平相乘,得到延迟天数,并以此作为延迟型冷害程度的判别指标之一。例如,当该年中熟品种早稻在移栽至幼穗分化期间>13℃积温为 296℃·d,则计算的延迟天数为(296-340)/10.0×(-0.45)=2.025 d,判别为轻度。

表 5.6   早稻营养生长期>13℃积温平均值(ACT)、平均相对延迟率(K)和延迟天数指标

熟性	ACT(℃·d)	K(d/(-10℃·d))	延迟天数指标(d)		
			轻	中	重
早熟	300	0.70	2～4	5～7	>7
中熟	340	0.45	2～5	6～8	>8
晚熟	360	0.43	2～6	7～9	>9

早稻营养生长期的延迟型冷害会导致水稻成熟推迟,影响到下一茬作物的种植。因此,合理安排播种期是减少延迟型冷害影响的有效方法。从资料中发现,对于早熟品种的早稻,产量高于平均水平 20% 以上的播期多集中在 3 月 26 日至 4 月 7 日;对于中熟和晚熟品种,高产年的播期多集中在 3 月 18 日至 4 月 9 日。不同熟性之间的差异,可能与品种感温性的

差别有关,但不排除人为确定播种期对统计结果的影响。

相比早稻,晚稻营养生长期正处在温度升高阶段。温度升高会加速该阶段的发育进程,使得幼穗分化和抽穗开花期提前,避开了后期的低温冷害天气。从典型年份资料发现,湖南中西部、安徽中南部等地在晚稻抽穗开花期及以后会有延迟型冷害的发生,导致成熟期推迟。为此,重点统计分析了 1981—2010 年抽穗开花至其后 30 d 内>15℃积温平均值,以此为基础,计算了每降低 10℃·d 的生育期平均延迟天数(平均相对延迟率 K),如表 5.7 所示。以 K 值与该阶段>15℃积温距平相乘,得到延迟天数,并以此作为延迟型冷害程度的判别指标之一。

表 5.7　晚稻抽穗开花至花后 30 d>15℃积温平均值(ACT)、平均相对延迟率(K)和延迟天数指标

熟性	ACT（℃·d）	K（d/−10℃·d）	延迟天数指标（d）		
			轻	中	重
早熟	150	0.8	2～6	7～9	>9
中熟	180	0.9	2～5	6～8	>8
晚熟	200	0.9	2～3	4～7	>7

5.1.2.4　双季稻障碍型冷害监测指标

水稻障碍型冷害是水稻在生殖生长期(主要是幼穗分化至抽穗开花期)遇到短暂而强烈的低温,生殖器官受破坏而减产的一种水稻农业气象灾害(郭建平等,2009)。已有研究确立了不同水稻品种类型的南方稻区水稻障碍型冷害致灾指标。该指标以日平均温度或日最低气温为致灾因子,如表 5.8 所示。从表中看出,籼稻受害指标值通常较粳稻指标值高约 2℃。对于粳稻品种,在减数分蘖期日平均气温低于 17℃且持续 2 d 以上即可造成伤害,而对于籼稻品种,由于其对低温敏感,19～22℃的气温即可造成一定的伤害。以双季晚稻主栽品种两优培九为例,从图 5.2 看出,该品种在连续 7 d 15℃温度处理时,空壳率接近 100%,连续 3 d 15℃低温处理下,空壳率仍可达到 81.4%。由于该品种属于两系籼型杂交水稻,因此对温度敏感性较常规粳稻要大。

表 5.8　南方稻区水稻障碍型冷害致灾指标(郭建平等,2009)

致灾时段	致灾指标	受害品种
孕穗期间	日平均气温低于 20℃或日最低气温≤17℃	籼粳稻
抽穗开花期间	日平均气温连续 3 d 以上低于 18～20℃	粳稻
	日平均气温连续 3 d 以上低于 20～22℃	籼稻

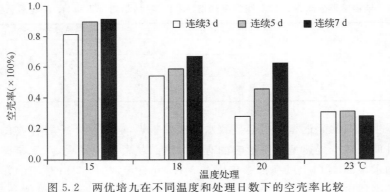

图 5.2　两优培九在不同温度和处理日数下的空壳率比较

考虑到南方稻区双季早稻障碍型冷害表现不明显,因此只分析和建立了适用于研究区双季晚稻的障碍型冷害监测指标。利用30年农业气象观测资料,根据实测水稻幼穗分化至抽穗开花期22℃冷积温(C_{22})来筛选低温年份($C_{22} \geqslant 5$℃),同时剔除该阶段存在连续3 d及以上高温热害的年份,对剩余年份空壳率进行等级划分,并统计连续2~7 d低于18~23℃的冷积温与空壳率的相关系数,如图5.3所示。各温度指标下冷积温与空壳率的相关关系反映了该指标对监测障碍型冷害的能力。为此,根据相关系数来确定适用于双季晚稻的障碍型冷害监测指标。从图5.3可以看出,连续7 d的温度指标从17~23℃的冷积温与空壳率相关系数均达到0.9以上,其中连续7 d 17℃冷积温与空壳率相关系数接近1.0。连续4 d和连续5 d不同温度指标下的冷积温与空壳率相关系数趋势相近,19~23℃下冷积温与空壳率相关系数在0.8~0.9之间。连续3 d的冷积温趋势随温度指标先增大再减小,而连续2 d的呈现先减小再增大到减小的趋势。总体来看,连续3~7 d的低温冷害对空壳率影响大,但研究区内较少出现连续5 d及以上的冷害,而连续2 d的低温过程与空壳率关系不够明显,因此,作为南方稻区水稻障碍型冷害致灾指标的补充,表5.9列出了适用于研究区域的双季晚稻障碍型冷害监测指标。其中,籼稻的指标值较粳稻高出2℃,这主要是相关研究认为,籼稻在穗形成阶段对低温更为敏感,2℃的指标值差异较为合理。

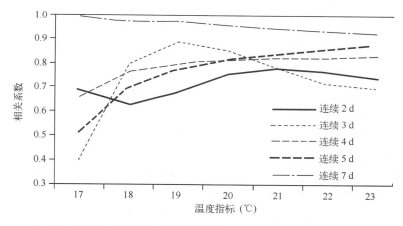

图5.3　不同连续天数和上限温度指标冷积温与空壳率的相关系数

表5.9　长江中下游双季晚稻障碍型冷害监测指标

生育阶段	指标等级	籼稻	粳稻
幼穗分化至抽穗开花	一般冷害	连续4 d日平均气温<22℃或连续3 d日平均气温<20℃	连续4 d日平均气温<20℃或连续3 d日平均气温<18℃
	严重冷害	连续7 d日平均气温<22℃或连续5 d日平均气温<20℃	连续7 d日平均气温<20℃或连续5 d日平均气温<18℃

5.1.3　双季稻相对气象产量模拟监测指标

水稻气象产量是水稻产量中受气候要素影响的分量。分析气象产量变化与气候要素的关系对监测产量变化具有重要的意义(陈斐等,2014)。为此,对水稻产量进行分析,剔除趋势产量,计算产量与趋势产量的差即为气象产量(孙卫国等,2011;房世波,2011)。忽略随机误差,趋势产量的提取可采用5点直线滑动平均法。为消除不同时期生产力水平的影响,本节以30年相对气象产量作为研究对象。根据稻区早晚稻生理特性,选取了39个反映研究区双季稻光温特性的、与低温冷害有关的气候因子参与分析。这些因子覆盖水稻生长期的3个生育阶段,即移栽期—幼穗分化期(TP)、幼穗分化期—抽穗开花期(PF)以及抽穗开花期—灌浆末期(FG)。因子包括平均温度、平均最低气温、平均最高气温、平均日较差、极端低温、极端高温、总热效应、有效积温、18℃以下冷积温、20℃以下冷积温、30℃以上高温累积量等11个温度类的因子,以及总降水和总日照时数。为消除地区差异,实际计算时在时间上对各因子进行距平处理。利用SPSS统计软件,筛选出与相对气象产量显著相关的影响因子($\alpha=0.05$)进行逐步回归分析,选取进入回归模型的因子作为早晚稻相对气象产量的主导影响因子。对主导影响因子进行多重共线性诊断和主成分分析,选取累计贡献率>85%的主成分与标准化的相对气象产量进行回归分析,得到以主成分为自变量的标准化的回归方程,再将由主导气候影响因子表示的主成分表达式代入主成分标准化方程中,得到以气候因子为自变量的标准化回归方程,最后再转化为一般线性回归方程。利用主成分回归建立的相对气象产量模型,得到的回归方程及参数估计更加可靠(Yang *et al.*,2012),可对相对气象产量进行模拟,正值即增产,负值即减产。根据减产率在5%~10%、10%~15%、>15%区间分别对应轻、中、重度气象灾害,从而可将该模型应用于对低温冷害综合气象灾害指标进行冷害监测与评估(郭建平等,2009)。

5.1.3.1 早稻相对气象产量模拟监测指标

针对早稻,提取的主导气候因子见表5.10。由表可知,温度主要通过总热效应、平均最高气温和平均日较差来正向影响早稻产量,影响的关键阶段是PF阶段,大约在6月上旬到下旬,此时平均气温是(24.9±1.4)℃。因此,该时期热量条件的改善对幼穗发育、提升花粉存活率和育性、保证群体颖花数具有重要的作用。日照对产量的影响时段是TP阶段,此时日照时数对水稻生长和产量提高具有正效应。降水对产量的影响覆盖整个研究时段,从移栽期持续到灌浆末期,是对早稻产量影响最大的因子,产量会随其增加而减少。降水与光照具有较强的负相关($r_2=0.3$),降水增加会导致水稻生长所需的光照减少,进而影响水稻的干物质积累和生长发育。另外,早稻灌浆结实期通常处在长江中下游的梅雨季节,时常持续的降水会导致灌浆不实、千粒重下降等问题,使得产量急剧减少。同时,降水增多,导致稻田环境低温潮湿,容易引发病虫害(霍治国等,2012)。

表5.10 早稻相对气象产量与主导影响因子的相关关系

相关变量	X_1	X_2	X_3	X_4	X_5	X_6	X_7
气候因子	总热效应	平均最高温度	平均日较差	总降水	总降水	总降水	总日照
生育时段	PF	PF	PF	TP	PF	FG	TP
相关系数	0.23*	0.24*	0.24*	−0.32*	−0.26*	−0.44*	0.25*

* 代表极显著相关($p<0.01$);总样本量$n=531$。

通过表5.11的主导影响因子的共线性诊断发现,D8的条件数大于10,且X_1、X_2与X_3的方差比均大于判别指标值(0.5),说明因子间存在多重共线性,若直接采用线性回归来建立模型,会影响模型的可靠性,为此,采用主成分回归的方法来建立早稻相对气象产量模拟模型。

表 5.11　早稻相对气象产量影响因子共线性诊断指标表

维数	条件指数	方差比						
		X_1	X_2	X_3	X_4	X_5	X_6	X_7
D1	1.00	0.006	0.004	0.014	0.000	0.039	0.002	0.007
D2	1.31	0.000	0.000	0.002	0.184	0.010	0.101	0.159
D3	1.66	0.000	0.000	0.000	0.006	0.012	0.004	0.002
D4	1.79	0.002	0.000	0.008	0.055	0.011	0.809	0.055
D5	1.94	0.015	0.003	0.016	0.130	0.510	0.034	0.001
D6	2.25	0.003	0.001	0.123	0.266	0.344	0.009	0.171
D7	2.54	0.020	0.001	0.090	0.358	0.060	0.028	0.601
D8	11.32	0.954	0.990	0.746	0.001	0.014	0.014	0.003

表 5.12 分别列出了早稻主成分累计贡献率＞85％的前四个成分。$PC1$ 中 X_1、X_2、X_3 贡献最大,反映了 PF 阶段温度对早稻相对气象产量的影响,因此 $PC1$ 被命名为"幼穗分化—抽穗开花热量因子"。$PC2$ 中 X_4、X_7 贡献最大,反映了 TP 阶段的降水和总日照对产量的影响,所以被命名为"移栽—幼穗分化光照降水因子"。同样,根据因子贡献性大小,$PC3$ 和 $PC4$ 分别被命名为"抽穗开花—灌浆末期降水因子"和"幼穗分化—抽穗开花降水因子"。

表 5.12　早稻主成分分析结果

主成分	特征值	累计百分率(%)	X_1	X_2	X_3	X_4	X_5	X_6	X_7
$PC1$	2.77	39.6	0.520	0.575	0.465	−0.023	−0.385	0.069	−0.173
$PC2$	1.62	62.8	0.030	−0.033	−0.135	0.633	0.142	0.422	−0.617
$PC3$	0.87	75.2	−0.182	−0.091	0.191	−0.26	−0.098	0.879	0.267
$PC4$	0.74	85.7	0.431	0.257	−0.246	−0.357	0.732	0.155	−0.031

将上述主成分与相对气象产量建立回归方程,然后代入主导气象影响因子,得到相对气象产量(Y)的模拟模型,如表 5.13 所示。由表 5.13 可以看出,早稻 $PC2$,即"移栽—幼穗分化光照降水因子"对早稻相对气象产量影响最大,其次是 $PC3$("抽穗开花期—灌浆末期降水因子"),然后是 $PC1$("幼穗分化—抽穗开花热量因子"),$PC4$("幼穗分化—抽穗开花降水因子")影响最小。除 $PC1$ 外,其他 3 个与降水有关的主成分均对相对气象产量起负向作用。通常,影响因子对方程的正负向作用与相关系数分析结果一致,但对模拟的相对气象产量的贡献大小有所不同。PF 阶段总热效应每增加 10℃相对气象产量增加 0.37％,平均最高气温每增加 10℃相对气象产量增加 7.41％,平均日较差每增加 10℃相对气象产量增加 8.64％,总降水每增加 100 mm 相对气象产量减少 1.4％;TP 阶段总降水每增加 100 mm 相对气象产量减少 2.1％,总日照时数每增加 10 h 相对气象产量增加 0.43％;FG 阶段总降水每增加 100 mm 相对气象产量减少 3.8％。

表 5.13　早稻相对气象产量回归模型

自变量	标准/一般回归模型
主成分	$Y=1.54PC1-4.05PC2-2.9PC3-0.689PC4$　（$r^2=0.354$，$p<0.01$）
影响因子	$Y=0.617+0.037X_1+0.741X_2+0.864X_3-0.021X_4-0.014X_5-0.038X_6+0.043X_7$

5.1.3.2　晚稻相对气象产量模拟监测指标

表 5.14 给出了影响晚稻相对气象产量的主导气候因子。从表中可以看出，影响晚稻的主导因子基本都是温度类因子，包括 TP 阶段的极端低温。由于 TP 阶段是水稻生长期内温度最高的时候，水稻易遭受高温热害，所以极端低温值越高（即强度越小）反而对水稻生长不利；PF 阶段的热效应和平均最低气温，二者都会对晚稻产量产生正向促进作用；FG 阶段的极端低温和冷积温，是影响最大的时段和因子，此时进入 9、10 月，气温开始走低，但水稻抽穗开花和灌浆都需要足够的热量，所以极端温度值越低（即强度越大）或冷积温越大对产量形成越不利。对晚稻影响显著的另一个因子是 TP 阶段的总日照时数，与相对气象产量呈正相关关系。

表 5.14　晚稻相对气象产量与主导影响因子的相关关系

相关变量	X_1	X_2	X_3	X_4	X_5	X_6
气候因子	热效应	极端低温	极端低温	平均最低温度	冷积温	总日照
生育时段	PF	TP	FG	PF	FG	TP
相关系数	0.26*	-0.13*	0.36	0.17*	-0.34*	0.16*

* 代表极显著相关（$p<0.01$）；总样本量 $n=397$。

双季晚稻的主导气候因子共线性诊断结果如表 5.15 所示。D_7 的 X_1 与 X_4 的方差比大于判别指标值，说明提取的因子间存在多重共线性，所以，采用主成分回归的方法来建立晚稻相对气象产量模拟模型。

表 5.15　晚稻相对气象产量影响因子共线性诊断指标表

维数	条件指数	方差比					
		X_1	X_2	X_3	X_4	X_5	X_6
D_1	1.00	0.050	0.061	0.000	0.049	0.009	0.039
D_2	1.13	0.004	0.000	0.157	0.006	0.149	0.034
D_3	1.45	0.003	0.000	0.000	0.002	0.001	0.104
D_4	1.56	0.057	0.382	0.062	0.017	0.003	0.218
D_5	1.68	0.004	0.400	0.006	0.000	0.043	0.597
D_6	2.36	0.011	0.123	0.665	0.011	0.755	0.007
D_7	3.69	0.872	0.034	0.111	0.914	0.040	0.000

晚稻主成分累计贡献率＞85% 的前四个成分中，$PC1$ 因 X_1 和 X_4 贡献最大被命名为"幼穗分化—抽穗开花热量因子"，$PC2$ 因 X_3 和 X_5 贡献最大被命名为"抽穗开花—灌浆末期热量因子"，$PC3$ 则被命名为"移栽—抽穗开花光温因子"，$PC4$ 被命名为"移栽—幼穗分

化光温因子",如表 5.16 所示。

表 5.16　晚稻主成分分析结果

主成分	特征值	累计百分率(%)	X_1	X_2	X_3	X_4	X_5	X_6
$PC1$	2.14	35.6	0.585	0.398	−0.029	0.609	0.180	0.308
$PC2$	1.67	63.4	0.145	0.029	0.667	0.202	−0.649	−0.269
$PC3$	0.89	78.2	−0.410	0.586	0.308	−0.247	−0.064	0.573
$PC4$	0.76	90.9	0.118	−0.658	0.068	0.026	−0.218	0.708

　　利用上述主成分建立的晚稻相对气象产量模拟模型如表 5.17 所示。可以看出,晚稻 $PC4$("移栽—幼穗分化光温因子")对晚稻相对气象产量影响最大,$PC2$("抽穗开花—灌浆末期热量因子")影响其次,之后是 $PC1$("幼穗分化—抽穗开花热量因子")和 $PC3$("移栽—抽穗开花光温因子"),其均对晚稻相对气象产量起正向作用。这与相关分析的结果不太一致,主要是单因子与多因子共同作用对产量影响的差异所导致。一般回归模型中,晚稻 TP 阶段极端低温每增加 10℃相对气象产量减少 20.28%,总日照时数每增加 10 h 相对气象产量增加 0.7%;PF 阶段总热效应每增加 10℃相对气象产量增加 0.75%,平均最低温度每增加 10℃相对气象产量增加 16.34%;FG 阶段极端低温每增加 10℃相对气象产量增加 12.94%,冷积温每增加 10℃相对气象产量减少 5.01%。

表 5.17　晚稻相对气象产量回归模型

自变量	标准/一般回归模型
主成分	$Y = 0.946PC1 + 3.356PC2 + 0.028PC3 + 4.959PC4$　　($r^2 = 0.3$, $p < 0.01$)
影响因子	$Y = 3.649 + 0.075X_1 − 2.028X_2 + 1.294X_3 + 1.634X_4 − 0.501X_5 + 0.07X_6$

5.1.4　双季稻低温灾害遥感监测指标

　　基于站点气象信息的双季稻低温冷害监测适用于局地的监测任务,在大范围或大区域的应用上存在信息不足的问题。相比而言,卫星遥感技术在水稻低温冷害监测中的应用突破了空间上的瓶颈,适用于大区域的监测(郭建平等,2009)。然而,这方面的研究和应用相对滞后,主要原因是:一方面,缺乏观测数据,特别是低温冷害影响下稻田光谱特征的变化数据。另一方面,缺乏有效的监测指标,尤其是不但能够反映延迟型冷害,还能够反映障碍型冷害的指标(王连喜等,1996)。为此,本节将从两个渠道分别建立适用于区域水稻低温冷害监测的遥感指标和方法。一个是通过被动式微波遥感数据反演地表气温,利用反演的气温监测区域冷害影响;另一个是结合分播期大田水稻光谱观测数据,提出适用于区域水稻低温冷害监测的光学遥感指标,通过该指标确定区域冷害等级。

5.1.4.1　水稻光谱观测和 *EVI* 指数

　　在 2012 年和 2013 年分期播种试验期间,使用 ASD(Analytical Spectral Devices)公司的 FieldSpec Pro FR 野外便携式光谱仪,测量了不同播期水稻在晴天条件下冠层垂直上方的光谱反射率。整个观测覆盖水稻全生育期。观测时,探头放置在距离冠层顶 60 cm 高度处。每次观测三个重复,并将这三个重复的水稻光谱反射率曲线进行平均。从光谱反射率曲线中分别提取了蓝光波段(459～479 nm)、红光波段(620～670 nm)、近红外波段(840～875 nm)和短波红外(1628～1652 nm)的平均光谱反射率,并结合反射率值计算了 EVI(Enhanced Vegetation Index)植被指数。EVI 的计算公式为:

$$EVI = 2.5 \times (\rho_{nir} - \rho_{red}) / (\rho_{nir} + 6 \times \rho_{red} - 7.5 \times \rho_{blue} + 1) \tag{5.1}$$

式中,ρ_{nir},ρ_{red} 和 ρ_{blue} 分别代表近红外、红光和蓝光波段平均光谱反射率。

已有大量研究显示(Peng *et al*.,2011;Jiang *et al*.,2008),EVI 的时序曲线能够准确地反映水稻生长状态的变化。例如,水稻关键生育期及生育阶段的跨度、生长量变化的幅度和生长速率的大小等。因此,从植被指数曲线中提取上述特征参数有利于结合时序光学遥感数据进行水稻生长状态的监测,尤其在遇到环境胁迫时,生长特征参数的变化可通过植被指数的时序变化反映出来。

图 5.4 给出了三个播期水稻生长期内的 EVI 序列。这三个播期分别为第 1、3 和 6 期,对应不同温度环境。第 1 期水稻的播期在 4 月 15 日。在 4—5 月份,环境温度相对较低,使得第 1 期水稻营养生长期表现出明显的延迟。相比而言,第 3 期和第 6 期水稻营养生长期均有所缩短,这是由于随着播期推后,早期生长阶段的温度升高,加速了发育进程,使得生育期缩短。然而,第 6 期水稻生长后期温度较第 1 期低,发育速率表现出减缓趋势,使得产量形成阶段的生长期长度明显减小。通过上述信息可以看出,水稻生长期 EVI 序列可用于监测水稻生育期进程。在水稻 EVI 增长阶段,EVI 增长速率对应水稻移栽至抽穗的发育速率,在达到最大值后,EVI 呈现减小趋势,其减小的速率对应水稻抽穗后的发育速率。

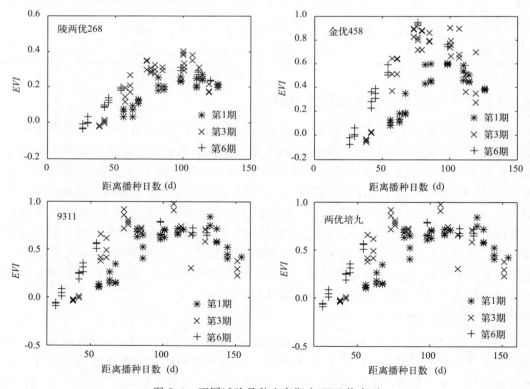

图 5.4　不同试验品种生育期内 EVI 值序列

　　EVI 序列可以用于反映水稻发育进程,还可用于掌握水稻生长的态势。例如,陵两优 268 最高 EVI 值在 0.4 左右,相比其他品种水稻要低,这主要是该品种水稻在同期试验中长势相对较差、株高较小、生长量低所致。对于相同品种,如金优 458,该品种第 1 期最大 EVI 值约 0.6,相比其他两个播期明显要小,这主要是第 1 期水稻营养生长期的环境温度较低,使得发育进程减缓,生物量累积减少而叶面积(LAI)变小所致。这种相似的情况也出现在其他品种中。值得注意的是,9311 和两优培九都是双季晚稻品种,生长期较陵两优 268 和金优 458 要长。对于这两个晚稻品种。第 1 期和第 6 期 EVI 达到的最大值都非常接近,约 0.8 左右。但第 6 期水稻生长后期 EVI 指数在达到最高值后几乎不变,未出现明显下降的变化趋势,不符合水稻生长后期,叶片自然衰败变黄的生理规律。这主要是第 6 期水稻生长后期的环境温度已经接近该阶段生长发育的下限温度(18~20℃),在该温度环境下,两品种水稻均出现了"贪青"现象(邹江石等,2003;杨沈斌等,2014),即叶片保持绿色,但植株自然衰败进程几乎停滞,这同样会影响到水稻的干物质积累和分配,并最终影响到产量的形成。

5.1.4.2　基于 EVI 时间序列的指标变量

　　依据水稻生长期内 EVI 序列的曲线特征,建立适用于水稻低温冷害的遥感监测指标。首先引入指标变量 CVI 的计算公式,即:

$$CVI = \frac{\Delta EVI}{\Delta D} \tag{5.2}$$

式中,CVI 为指标变量值,在移栽至抽穗开花(TF)阶段为正值,抽穗开花至成熟(FM)阶段为负值;ΔD 为距离移栽的日数(d),ΔEVI 为某日 EVI 值与移栽当日 EVI 值的差值。在 TF 阶段,CVI 增大可能是因为水稻生长旺盛或生育期缩短,其值减小则可能由于水稻生长缓慢或生长受到一定程度的胁迫。同理,在 FM 阶段,CVI 绝对值减小表明水稻生长速率减慢或生长受到胁迫,相反则说明生长状况良好。图 5.5 给出了拟合的 EVI 序列和 $|CVI|$ 序列。从图中可以看出,CVI 在 TF 阶段的变化呈现先缓慢增大再迅速减小,存在一定的拐点。而在 FM 阶段,其绝对值的变化几乎为线性的增加趋势。这两种不同的趋势说明,在移栽后,水稻生长迅速,叶面积呈现指数增加,因此,在该时期 EVI 的增长速率一直保持在较高的水

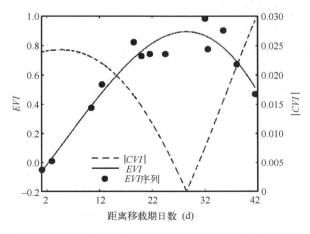

图 5.5　陵两优 268 第 3 期生长期内 EVI 拟合序列和对应的 $|CVI|$ 序列

平,但随着分蘖和叶片的增多,冠层的壮大,出现植株叶片之间的相互叠遮,EVI 增长的速率减缓直至达到 EVI 最大值。抽穗后期,冠层含水量逐步走低,冠层中下层叶片开始枯萎衰败,冠层 EVI 随即减少。从图 5.5 中可以看出,FM 阶段 $|CVI|$ 随生育期呈线性增大,表明后期 EVI 衰减率随生育进程线性增大。

$|CVI|$ 曲线在两个阶段的变化可以很好地反映水稻生育期进程与温度的关系。图 5.6 给出了四个水稻品种两个生育阶段(TF 和 FM)平均 $|CVI|$ 指数与日平均气温的散点关系。从图中可以看出,无论是 TF 阶段还是 FM 阶段,平均 $|CVI|$ 与日平均气温的关系均为正相关关系,即随着温度升高,平均 $|CVI|$ 增大。两者关系在 FM 阶段最佳,正相关系数达到 0.96,且通过了 0.01 水平的显著性检验。FM 阶段平均 $|CVI|$ 与日平均气温的相关关系几乎与品种无关,因此,将平均 $|CVI|$ 与该时期日平均气温建立回归方程可用于推测 FM 阶段不同温度下平均 $|CVI|$ 的变化。然而,在 TF 阶段,平均 $|CVI|$ 与日平均气温的关系呈现出品种间的差异。相比于早稻品种,晚稻品种该阶段平均 $|CVI|$ 对温度变化不敏感,变化幅度较小,这可能与晚稻品种的营养生长期较长有关。另外,在 TF 阶段,各播期的日平均温度变化在 25~29℃,播期间差异较小,而在 FM 阶段,各播期日平均气温变化在 17~30℃,播期间差异较大。

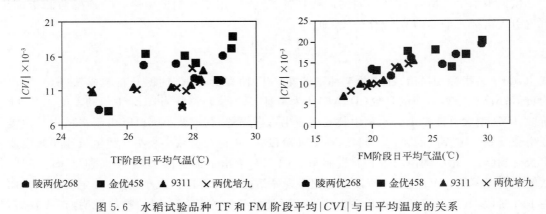

图 5.6　水稻试验品种 TF 和 FM 阶段平均 $|CVI|$ 与日平均温度的关系

5.1.4.3　水稻延迟型冷害遥感监测指标

依据水稻不同生育阶段 $|CVI|$ 序列特征及其与温度的关系,建立适用于双季稻延迟型冷害的遥感监测指标。图 5.7 显示了 TF 和 FM 两阶段观测到的生育期天数变化与平均 $|CVI|$ 的关系。在 TF 阶段,$|CVI|$ 越大,延迟的天数越小,两者关系的品种间差异微小;在 FM 阶段,由于 CVI 为负数,因此 $|CVI|$ 越小,延迟的天数越大,两者关系在品种间存在一定差异。

式(5.3)给出了依据 $|CVI|$ 确立的移栽至抽穗开花(TF)的延迟型冷害指标方程:

$$\Delta DL = a \times \exp(b \times |CVI|) \tag{5.3}$$

式中,ΔDL 为 TF 阶段延迟天数(正值表示延迟,负值表示生育期提前),a 和 b 为方程系数,依据观测资料确定,本研究取 $a=1228$ 和 $b=-570.7$。由于早稻 FM 阶段温度较高,几乎不受低温冷害的影响,因此,在 FM 阶段只建立了适用晚稻品种的延迟型冷害监测指标,该指标公式如下:

$$\Delta DL = a \times CVI + b \tag{5.4}$$

式中,a 和 b 分别取 -9.096 和 -1.505;CVI 为 FM 阶段的。计算的 ΔDL 为负数时表示生育期延迟,否则表示生育进程加速。

依据上述公式,定义水稻 TF 阶段生育期延迟 $2 \sim 6$ d 为一般性冷害,延迟天数 $\geqslant 6$ d 为严重冷害。表 5.18 给出了依据 $|CVI|$ 确立的移栽至抽穗开花的延迟型冷害指标。同样,定义水稻 FM 阶段生育期延迟 $2 \sim 5$ d 为一般性冷害,延迟天数 $\geqslant 5$ d 为严重冷害。为此,依据 FM 阶段 $|CVI|$ 确立的抽穗开花至成熟的延迟型冷害指标如表 5.18 所示。由于 $|CVI|$ 指示的早稻和晚稻试验品种的生育期天数变化相近,表明建立的指标计算公式具有较强的普适性,适用于长江中下游稻区双季稻的延迟型冷害的遥感监测。

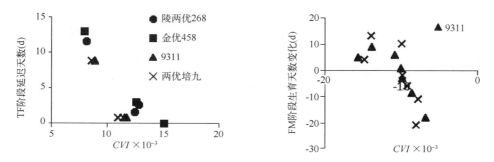

图 5.7　水稻试验品种 TF 和 FM 阶段平均 CVI 与各阶段生育期天数变化的关系

表 5.18　水稻延迟型冷害遥感监测指标

生育阶段	一般性延迟型冷害		严重延迟型冷害	
	$\lvert CVI \rvert \times 10^{-3}$	ΔDL	$\lvert CVI \rvert \times 10^{-3}$	ΔDL
TF	>10 且 <20	$2 \sim 6$ d	$\leqslant 10$	$\geqslant 6$ d
FM	>3 且 <15	$2 \sim 5$ d	$\leqslant 3$	$\geqslant 5$ d

TF:移栽至抽穗开花;FM:抽穗开花至成熟。

5.1.4.4　水稻障碍型冷害遥感监测指标

当水稻处于生殖生长阶段,低温灾害会影响到水稻幼穗和产量形成。从 2012 年和 2013 年双季晚稻试验资料中选取后四个播期的观测数据,分析了最大 EVI 指数(EVI_{max})、TF 阶段 CVI 指数(CVI_{TF})和 FM 阶段 CVI 指数(CVI_{FM})与空壳率(K_{grain})、秕谷率(B_{grain})、结实率(R_{grain})和千粒重(W_{grain})的关系。表 5.19 显示了上述变量之间的相关关系。从表中可以看出,CVI_{FM} 与 R_{grain} 和 K_{grain} 都具有显著的相关关系($p<0.05$),其中与 R_{grain} 为负相关关系,表明该阶段生育期延迟或发育速率减缓会导致结实率降低,同样,该阶段生长量减少也会使得结实率降低。CVI_{TF} 与产量要素的相关关系均没有通过显著性检验,但从 CVI_{TF} 与 K_{grain} 的关系看,移栽至抽穗开花期间发育速率减缓或生育期延迟可能会导致空壳率增加,这主要是生育期推迟后,水稻幼穗形成阶段遭遇低温冷害的风险增大,造成颖花发育受阻和花粉不育。

表 5.19　各指数变量与产量要素的相关系数

	CVI_{TF}	CVI_{FM}	W_{grain}	R_{grain}	K_{grain}	B_{grain}
EVI_{max}	0.794**	−0.686**	0.131	0.085	−0.059	0.070
CVI_{TF}		−0.895**	0.174	0.289	−0.256	−0.103
CVI_{FM}			−0.323	−0.459*	0.4220*	0.170
W_{grain}				0.890**	−0.912**	0.218
R_{grain}					−0.994**	−0.089
K_{grain}						−0.008

CVI_{TF} 为移栽至抽穗开花平均 CVI 指数；CVI_{FM} 为抽穗开花至成熟平均 CVI 指数；W_{grain} 为千粒重（g/1000 粒）；R_{grain} 为结实率（%）；K_{grain} 为空壳率（%），B_{grain} 为秕谷率（%）。** 0.01 显著性水平，* 0.05 显著性水平，样本量 $n=28$。

　　从各阶段指数与产量要素的相关性看出，CVI_{FM} 与结实率具有显著的相关关系，可建立特定的指标方程，用于障碍型冷害时关键产量要素的遥感监测和评估。图 5.8 显示了 CVI_{FM} 与晚稻结实率的关系。从图中可以看出，两者的关系可用隶属函数来表示：

$$R_{grain} = \begin{cases} 0.9 & CVI_{FM} < -10.5 \\ -0.36 \times CVI_{FM} - 2.88 & -8 \geqslant CVI_{FM} \geqslant -10.5 \\ 0.0 & CVI_{FM} > -8 \end{cases} \tag{5.5}$$

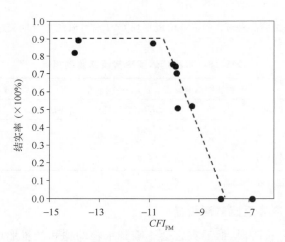

图 5.8　FM 阶段平均 CVI 指数与晚稻结实率的关系

　　由上式显示，当 CVI_{FM} 在 −8～−10.5 变化时，结实率 R_{grain} 与 CVI_{FM} 存在线性的变化关系。显然，当低温冷害造成结实率 <50% 时，达到一般冷害；结实率 <30% 时，达到严重冷害。

5.1.5　基于作物模型的低温灾害监测指标

5.1.5.1　水稻模型 ORYZA2000

　　水稻作物模型从水稻生长机理过程出发，模拟水稻生长的各个生理生态过程，具有较强的机理性和普适性。迄今为止，国内外已有几十个综合性水稻生长的计算机模拟模型。其中，具有代表性的有美国的 CERES−RICE（Ritchie *et al.*，1987）、日本的 SIMRIW 模型

(Horie et al., 1995)、中国的 RCSODS 模型（高亮之等，1992）及荷兰与国际水稻研究所（IRRI）联合开发的 ORYZA 系列水稻作物模型（Bouman et al., 2001）。这些模型综合量化了水稻生长发育及其与环境因子的动态关系，不仅能够预测水稻生长发育进程和根、茎、叶、穗等器官建成以及产量形成等过程，还能够模拟土壤养分平衡与水分的运动及平衡动态。

　　本节以目前在亚洲国家使用最多的 ORYZA2000 模型为基础，建立适用于研究区域的低温灾害监测指标。该模型能够模拟水稻在潜在生长模式、水分限制模式、氮素限制模式及氮水混合限制模式下的逐日发育进程、干物质积累和分配、叶面积指数（LAI）和最终产量。在潜在生产条件下，水分和氮素供应是充足的，生长速率仅由气象条件（辐射和温度）决定。在水分限制下，水稻生长至少受到部分生育期内水分亏缺的影响，但养分供应充足。同样，在氮素限制下，水稻生长至少受到部分生育期内氮肥亏缺的影响，但水分供应充足。然而，在上述模拟环境下，水稻的生长过程都假设不受病虫害、杂草及其他减产因素的影响。

　　ORYZA2000 模型在模拟水稻生长时需要输入大量数据，包括气象数据、作物数据、土壤数据及田间管理数据，这些数据都包含在独立的数据文件中，方便用户的管理和使用。模型含有许多的计算模块。其中的作物模块是一个光合作用动力模型，是 ORYZA2000 的核心模块。它以日为时间步长，结合每天水稻冠层接收到的太阳辐射、空气温度和水稻叶面积指数计算得到每日的冠层 CO_2 同化速率。逐日的水稻冠层 CO_2 同化速率随时间的积累用于决定水稻的生长速率和干物质的积累过程，在减去呼吸消耗和碳水化合物转化为干物质的能量消耗后得到每日的干物质净增量，并随不同的水稻生育期按特定的比例分配到茎、叶、根、穗等生长和生殖器官，最后由穗的干物重形成水稻的最终产量。

　　在 ORYZA2000 模型中，水稻发育过程的模拟主要取决于温度和日长及水稻自身的生理感光和感温特性。生育期过程被划分为四个阶段：基本营养阶段（the basic vegetative phase，BVP）、光敏感阶段（photoperiod-sensitive phase，PSP）、穗形成阶段（panicle formation phase，PFP）及籽粒灌浆阶段（grain-filling phase，GFP），对应模型中定义的水稻生长发育阶段（DVS）分别为 0~0.4、0.4~0.65、0.65~1 和 1~2。其中，DVS＝0 定义为出苗；DVS＝0.65 定义为幼穗分化期；DVS＝1 定义为抽穗开花；DVS＝2 则为生理成熟期。当 DVS<0.65 时，温度和光是影响水稻生育期进程的决定因子，但在 DVS>0.65 后，则主要由温度决定。

　　ORYZA2000 模型中将叶面积指数的变化过程根据水稻种植方式的不同分为两到三个阶段。对于移栽稻，有指数生长阶段、移栽期生长阶段和线性生长阶段；对于直播稻，则只包含指数生长阶段和线性生长阶段。在指数生长阶段，叶面积指数变化由积温、起始时期叶面积指数和叶片相对生长率决定。当叶面积增长到一定程度后（模型取 LAI>1.5），由于叶片相互间的遮蔽阻碍了下层叶片获得阳光进行光合作用，此时叶面积与绿叶重之间存在固定的比例关系，即比叶面积 SLA，因此在线性生长阶段，叶面积指数的模拟采用比叶面积来计算。

　　ORYZA2000 模型对水稻光合作用的描述非常细致，采用有效的高斯积分法计算冠层每日的总光合同化量，其中考虑了阴阳叶的有效辐射吸收差异、引入冠层叶片含氮量对光合能力的指数衰减廓线等。太阳光辐射被分为直射辐射、散射辐射和次生散射辐射三种，并分别计算消光系数、可见光散射系数、云层因子等。伴随光合作用的发生，作物呼吸作用的模拟考虑了水稻生长器官间的差异及水稻生长器官衰减的影响。在干物质积累的计算方面，则根据逐日的冠层总光合同化量扣除维持呼吸和生长呼吸消耗后累加得到。干物质分配是假定同化物在根、茎、叶和穗之间分配，并遵循一个固定的变化模式，分配过程除受发育阶段驱动外，还考虑了生长条件的影响，其机理性较强。最后由穗的干物重形成水稻的最终产量。

ORYZA2000 模型从水稻生长的机理过程出发模拟水稻生长动态和产量。温度和光照是两个主要的环境驱动变量驱动模型模拟。不同的温度环境和光照条件会影响模拟的结果。例如，模型通过计算逐日热效应来估算每日温度条件对水稻发育的贡献，在低温环境下，模拟结果能够反映出生育期的延迟。同样，水稻叶面积指数、光合作用、维持性呼吸和产量形成的模拟都与温度有关。不利的温度条件会影响植株同化物的量，进而影响分配给各器官生物量的多少，并最终影响产量。模型在产量形成阶段考虑了冷积温对穗粒数的影响，选择以 22℃ 为冷积温的上限温度，从 $DVS=0.75$ 到 $DVS=1.2$ 之间计算冷积温 SQ_t，并以 SQ_t 为影响方程因变量计算低温对穗粒数的影响，计算如下式所示。

$$SQ_t = \sum_{DVS=0.75}^{1.2} (22.0 - T_d)$$
$$S_c = 1 - (4.6 + 0.054 \times SQ_t^{1.56})/100 \tag{5.6}$$

式中，T_d 为每日平均气温(℃)，S_c 为影响系数(0～1)。当该阶段只遭遇低温冷害时，实际结实的穗粒数等于最大穗粒数与 S_c 的乘积。

从上面可以看出，ORYZA2000 模型能够模拟低温对生育期进程、干物质积累和产量要素的影响。然而，在实际应用中发现，水稻干物质积累在温度降低的情况下出现增加趋势。例如，温度在 20℃ 时净光合产物最大。这主要是因为模型中定义的温度响应系数在 20～37℃ 之间为 1，即该温度范围内温度变化对光合作用无影响。然而，随着温度降低，呼吸消耗减少，因此净光合产物在 20℃ 时反而比 25℃ 要多，造成净光合产物的最适温度在 20℃。

ORYZA2000 不具备水稻群体茎蘖动态的模拟能力，也不能够模拟输出结实率，且千粒重为模型固定的参数值。因此，ORYZA2000 模型模拟水稻产量时，没有从产量 4 要素(结实率、千粒重、穗粒数和有效穗数)出发去模拟计算产量，而是直接模拟穗粒数，在去除低温和高温影响后，由每穗粒重与实际穗粒数的乘积得到，而每穗粒重根据净生物量分配给穗后计算得到。由此产生的问题是产量模拟结果对温度变化反映不够敏感。因此，改进ORYZA2000 模型中的光合作用模拟模型，在 ORYZA2000 模型中增加基于 BETA 函数的水稻生育期模拟模块(Yin et al.，1995)，增加水稻群体茎蘖的模拟模块、结实率计算模块和籽粒灌浆动态模拟模块，在这些模块中增加光温影响方程，是实现低温灾害对水稻茎蘖动态、籽粒增重过程和最终产量影响模拟的基础。

以下几个小节将以 ORYZA2000 为基础，在现有模型框架下介绍相应的功能模块的改进、补充和完善。

5.1.5.2 基于 BETA 函数的生育期模型

ORYZA2000 模型将每日热效应与对应生育阶段的发育速率常数相乘计算每日发育速率 DVR。当逐日累积的 DVR 达到下个生育阶段开始的 DVS 值后，则开始新的生育阶段的水稻模拟。对于光周期敏感的品种，从光周期敏感始到幼穗分化期，当日长超过水稻临界日长后，开花期推迟。但从当前水稻品种的发展趋势看，对光周期不敏感或敏感性弱的品种成为培育新品种的主要方向。因此,日长对当前主栽品种生育期的影响远远小于温度对生育进程的影响。

在 ORYZA2000 模型中,每日热效应由温度响应函数计算。该函数为双线性函数(BILINEAR),函数中包含了三个具有生理意义的参数,即上限温度(T_{bs})、下限温度(T_{mx})和最适温度(T_{op})。该函数在模拟水稻生育期进程上具有较好的普适性。同样作为温度响应函数的还有 BETA 函数。该函数为非线性函数形式,如下所示:

$$P_{HU}(T_h) = \left\{ \left(\frac{T_h - T_{bs}}{T_{op} - T_{bs}} \right) \left(\frac{T_{mx} - T_h}{T_{mx} - T_{op}} \right)^{(T_{mx} - T_{op})/(T_{op} - T_{bs})} \right\}^a \tag{5.7}$$

式中,P_{HU} 为温度响应系数,T_h 为小时温度,a 为曲线参数。有相关研究显示(Yin *et al.*,1997),BETA 函数与 BILINEAR 函数在水稻生育期模拟结果上具有相似的精度,但 BETA 函数为连续函数,在参数定标中具有较高的稳定性。为此,选用 BETA 函数形式作为温度响应方程。在模型中,对于感光性弱的或无感光性的品种,将 BVP 和 PSP 阶段合并为 BSP,即在抽穗开花前共两个生育阶段:BSP 和 PFP。这两个阶段共享一套温度参数值,而 GFP 阶段独自拥有一套温度参数值。因此,整个水稻生育阶段拥有两套温度参数值。对 GFP 阶段独自进行参数标定是依据现有的研究结果。研究认为,该阶段发育对温度的要求与抽穗前有一定差异,如果使用相同的温度参数值,可能会加大成熟期模拟的误差。

为此,结合 2011—2013 年分期播种试验数据,采用 PEST 参数优化方法,对试验主栽品种进行了温度参数、发育速率常数、移栽停滞系数等参数的标定。在标定过程中,T_{mx} 始终固定为 42℃。优化后获取的参数值如表 5.20 所示。从表中可以看出,大多数主栽品种抽穗前生长发育的下限温度在 7～10℃,最适温度在 29～34℃;抽穗后的下限温度在 4～7℃,最适温度在 25～31℃。图 5.9 给出了参数优化后 3 个主栽品种的验证结果。从结果看,该模型模拟的开花期与观测值吻合最好,相关系数达到 0.93,幼穗分化期模拟误差较大,相关系数为 0.85。幼穗分化期模拟误差大的主要原因是幼穗分化期的试验观测误差较大。

表 5.20 研究区主栽品种 BETA 发育期模型参数

品种	发育阶段	T_{bs}	T_{op}	a	R_{DVRJ-I}	R_{DVRP}	R_{DVRR}	X_{SHCKD}
陵两优 268	BSP	7.9	31.0	1.6	0.00105	0.00079	—	0.38
	GFP	6.3	30.7	1.0	—	—	0.00151	—
两优培九	BSP	7.7	34.1	0.6	0.00075	0.00059	—	0.46
	GFP	5.6	26.1	0.8	—	—	0.00134	—
9311	BSP	9.8	29.4	1.1	0.00087	0.00066	—	0.38
	GFP	5.2	28.8	1.3	—	—	0.00101	—
金优 458	BSP	8.3	32.0	1.5	0.00126	0.00089	—	0.41
	GFP	4.9	27.3	0.9	—	—	0.00142	—
南粳 45	BSP	7.1	33.8	0.8	0.00070	0.00070	—	0.0
	GFP	5.5	25.9	1.0	—	—	0.00124	—

R_{DVRJ-I} 为 BSP 阶段的发育速率常数;R_{DVRP} 为 PFP 阶段的发育速率常数;R_{DVRR} 为 GFP 阶段的发育速率常数;X_{SHCKD} 为移栽停滞系数。

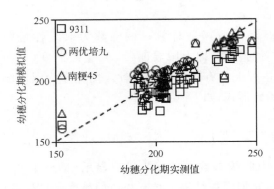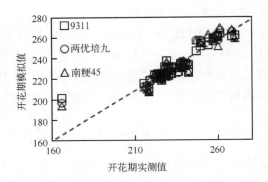

图 5.9 生育期模拟验证

5.1.5.3 水稻光合作用的温度影响参数

ORYZA2000 模型采用光效率模型模拟水稻单叶光合作用。然后,从叶片尺度到冠层尺度,从瞬时到逐日,采用高斯积分法计算一天冠层阴叶和阳叶总光合同化量。对于单叶光合作用同化速率的计算,采用如下形式:

$$A_L = A_m(1 - \exp(-\varepsilon I_a / A_m) \tag{5.8}$$

式中,A_L 为单叶总 CO_2 同化速率($kg \cdot CO_2 \cdot hm^{-2} \cdot h^{-1}$),$A_m$ 为光强饱和情况下的 CO_2 同化速率($kg \cdot CO_2 \cdot hm^{-2} \cdot h^{-1}$),$\varepsilon$ 为初始光能利用率,I_a 为单叶吸收的总光合有效辐射($W \cdot m^{-2}$)。A_m 受到多个因素的影响,如单叶片氮含量(S_{LNI},$g\ N \cdot m^{-2}$)、环境 CO_2 浓度(CO_2,$\mu mol \cdot mol^{-1}$)和温度。采用乘性模型建立了 A_m 的计算公式:

$$A_{maxCO_2} = 49.57/34.26 \times (1 - \exp(-0.208 \times (CO_2 - 60)/49.57)) \tag{5.9}$$

$$A_m = \begin{cases} \max(0, 68.33 \times (S_{LNI} - 0.2) \times C_{REDFT} \times A_{maxCO_2}) & S_{LNI} < 0.5 \\ 9.5 + (22 + S_{LNI}) \times C_{REDFT} \times A_{maxCO_2} & S_{LNI} \geqslant 0.5 \end{cases} \tag{5.10}$$

式中,A_{maxCO_2} 为光强饱和情况下,单叶光合同化速率随 CO_2 浓度变化的非线性函数。C_{REDFT} 为温度影响系数。该系数在不同温度区间取值不同,如图 5.10 所示。从图中可以看出,ORYZA2000 默认的 C_{REDFT} 在温度 20~37℃ 之间,影响系数为 1,即该区间温度变化对光合同化速率无影响。在 10~20℃ 和 37~42℃ 之间,影响系数随温度降低或升高呈线性降低的变化趋势。

图 5.10 还显示了维持性呼吸消耗速率随温度的变化。呼吸消耗速率随温度呈 2 的幂次方变化。根据净光合同化量的计算方法,总光合同化量减去呼吸消耗总量即为净光合同化量。因此,从图 5.10b 中可以看出,在温度约为 20℃ 时净光合同化速率最大,在 15~25℃ 之间光合同化速率要明显高于 25~30℃。然而,从研究区水稻生长季温度变化区间看,20℃ 以上的温度占双季早稻 90% 的生长期,占双季晚稻 85% 的生长期。由此可见,模型存在高估较低温度环境下,甚至不利水稻生长发育的低温环境下的光合同化速率。

为此,结合 2012 年和 2013 年人工气候控制试验下测定的不同温度条件的两优培九光响应曲线和 CO_2 响应曲线,以 Farquhar 等(1980)提出的叶片尺度光合作用机理模型为基础,参考 Leuning(2002)、Warren 和 Dreyer(2006)以及 Medlyn 等(2002)研究和总结的光合作用对温度响应的函数关系,对两优培九光合同化速率的温度响应关系进行了分析和重构。

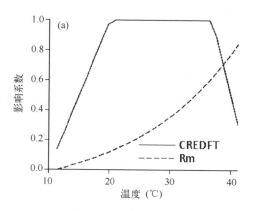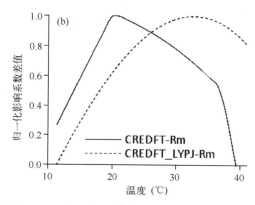

图 5.10　温度对光合同化速率的影响系数(a)和对净光合同化速率的影响系数(b)

C_{REDFT_LYPJ} 为两优培九温度影响系数，R_m 为呼吸消耗的温度影响系数

Farquhar 模型提出了叶片的光合速率(A_L)由两个限制因子的最小速率决定，即 A_C 和 A_J，分别对应受 Rubisco 活性限制时的光合作用速率和受 RuBP 再生限制时的光合作用速率。其中 A_C 和 A_J 的计算公式分别为：

$$A_L = \min(A_C, A_J)$$

$$A_C = \frac{V_{cmax}(C_i - \Gamma^*)}{\left[C_i + K_C\left(1 + \dfrac{O_i}{K_O}\right)\right]}$$

（5.11）

$$A_J = \frac{V_J}{4} \times \frac{(C_i - \Gamma^*)}{(C_i + 2\Gamma^*)}$$

$$\theta V_J^2 - (\alpha I + V_{Jmax})V_J + \alpha I V_{Jmax} = 0$$

式中，V_{cmax} 和 V_{Jmax} 分别对应 Rubisco 活性最大速率和潜在的电子传递速率。θ 是光响应曲线斜率，α 是电子传递量，C_i 和 O_i 分别是胞间 CO_2 和 O_2 浓度，K_C 和 K_O 是 CO_2 和 O_2 Rubisco 活性的 Michaelis-Menten 系数，Γ^* 是对应线粒体呼吸 CO_2 补偿点，V_J 是电子传递速率，I 为吸收的光合有效辐射。式(5.11)中 V_{cmax}、V_{Jmax}、Γ^*、K_C 和 K_O 均是温度的函数。其中，K_C 和 K_O 的温度响应函数 f_{CO} 采用 Arrhenius 方程形式，即为：

$$f_{CO} = a\exp\left(\frac{b(T_k - 298.2)}{298.2RT_k}\right)$$

（5.12）

式中，a 和 b 是参数，R 为气体常数(8.314 J·mol^{-1}·K^{-1})，T_k 为环境温度(K)。类似的，以 25℃为参考温度，V_{cmax} 和 V_{Jmax} 的温度响应函数 f_{VCJ} 采用 Arrhenius 方程的改进形式，即：

$$f_{VCJ} = k_{25}\exp\left[\frac{E_a(T_k - 298.2)}{298.2RT_k}\right]\frac{1 + \exp\left(\dfrac{298\Delta S - H_d}{298R}\right)}{1 + \exp\left(\dfrac{T_k\Delta S - H_d}{T_kR}\right)}$$

（5.13）

式中，k_{25}、E_a、H_d 和 ΔS 均为方程参数。k_{25} 为 25℃时 V_{cmax} 或 V_{Jmax} 值；E_a 为最适温度下 V_{cmax} 或 V_{Jmax} 的指数增长率；H_d 为高于最适温度时 V_{cmax} 或 V_{Jmax} 的衰减率；ΔS 为熵因子(Entropy factor)。表 5.21 列出了利用两年观测数据得到的上述方程中的参数值。方程参数的获取分为两个主要步骤。首先，采用 Farquhar 模型拟合不同温度下观测的光响应和 CO_2 响应曲线；然后，将拟合得到的方程参数建立与温度的散点关系图，采用最小二乘法，将各参数与温

度的关系用上述方程进行拟合,获取参数值。Γ^* 的计算则采用公式:

$$\Gamma^* = \frac{K_C V_{omax} O_i}{2 K_O V_{cmax}} \tag{5.14}$$

表 5.21　Farquha 模型中主要变量的温度响应方程参数值

模型变量	$a(\mu mol \cdot m^{-2} \cdot s^{-1})$	$b(J \cdot mol^{-1})$	k_{25}	$E_a(J \cdot mol^{-1})$	$H_d(J \cdot mol^{-1})$	$\Delta S(J \cdot mol^{-1})$
$K_C(\mu mol \cdot mol^{-1})$	406.3	79480	—	—	—	—
$K_O(mmol \cdot mol^{-1})$	277.2	36310	—	—	—	—
V_{cmax}/V_{cmax25}	—	—	0.8679	35440	198.7×10^3	626.3
V_{Jmax}/V_{Jmax25}	—	—	0.6914	65100	200×10^3	607.4

　　由此可见,Γ^* 也是温度的函数。将参数化后的各变量方程代入 Farquhar 模型,计算出饱和光强 1400 $\mu mol \cdot m^{-2} \cdot s^{-1}$ 和 CO_2 浓度 385 $\mu mol \cdot mol^{-1}$ 下总光合同化速率与叶温的关系曲线,在减去呼吸消耗后,得到净光合同化速率在叶温 15～42℃ 之间的变化,如图 5.11 所示。其中,呼吸消耗的模拟采用 ORYZA2000 模型中的计算方法。

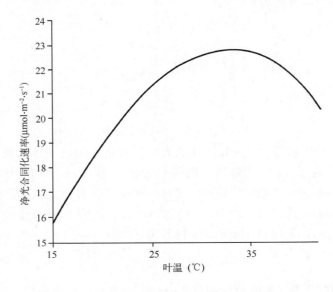

图 5.11　两优培九净光合同化速率与叶温的关系

5.1.5.4　水稻茎蘖动态模拟模型改进

　　在大田水肥管理一致的情形下,水稻群体茎蘖动态能够反映出群体水稻分蘖能力随光温环境的变化。因此,大量研究通过分析和模拟水稻群体茎蘖动态的变化,研究水稻分蘖能力随环境变化的响应机制(邵玺文等,2005;彭国照和郝克俊,2003;姚克敏和田红,1998)。水稻群体茎蘖动态通常被划分为增长和消亡两个阶段。对于移栽稻,增长阶段通常默认为从移栽开始直至最高分蘖期。该阶段被认为受光温条件的影响最大。紧接着水稻群体茎蘖密度减少直至有效分蘖终止期,该阶段水稻群体茎蘖的变化主要受群体光合产物及干物质分配的影响。因此,以群体茎蘖增长阶段茎蘖动态与光温的关系为研究对象,依托现有水稻群体茎蘖动态计算机模拟模型(黄耀等,1994),在模型改进的基础上,确立适用于水稻群体茎蘖动态监测的温度指标。

黄耀等(1994)模型主要采用乘性模型将光、温、水、肥以及自身的竞争作用影响相结合,模拟内外部环境对水稻茎蘖增长的影响。其中,光温的影响均采用非线性的分段函数来表示,函数中定义了临界光强($20\ MJ\cdot m^{-2}\cdot d^{-1}$)、下限温度(15℃)、最适温度区间(30～33℃)和上限温度(40℃)。当光强低于临界光强或温度处在非最适温度区间时,光温组合将对群体茎蘖生长产生影响;水的限制表达为烤田天数的函数,而氮肥的影响则依据土壤肥力和施氮量;自身的竞争作用由品种特性(分蘖率)、氮肥水平和移栽基本苗共同确定。上述因子直接作用于模型中的茎蘖增长系数,计算每天实际的茎蘖增长率,再累计求和模拟茎蘖增长。

总体上看,该模型在模拟茎蘖增长阶段时表现出较强的机理性,参数和变量的物理意义明确,也易于编程实现,但模型在实际应用时可能低估了光温要素的作用。例如,在模拟最高苗时,除品种特性外,仅考虑了氮素的影响。根据 2012 年和 2013 年观测的各播期最大群体茎蘖密度发现,实际的最高苗与光温组合条件关系密切。每日的光温条件不但影响茎蘖的增长速率,还影响到潜在的最大茎蘖密度。为此,根据试验数据建立了分蘖率的光温影响方程,将方程替换模型中的原有方程和相关变量。

由于光温要素之间存在较高的相关性,从大田资料中较难建立各自独立的影响方程,因此,选择光温组合因子 $K = RT/(T+R)$ 为自变量,以分蘖率 L_e 为因变量,建立光温组合影响方程。其中,L_e 是最大茎蘖数、单株理论分蘖数和移栽基本苗的函数,R 为光照强度($MJ\cdot m^{-2}\cdot d^{-1}$),$T$ 为日平均气温(℃)。对获取的方程进行归一化处理,使得光温影响系数在0～1之间。以 $F(K)$ 代表光温组合影响方程通式,则归一化影响系数 C 的计算公式为:

$$C = \begin{cases} 0 & F(K) < 0 \\ \dfrac{F(K)}{\max(F(K))} & 0 \leqslant F(K) \leqslant \max(F(K)) \\ 1 & F(K) > \max(F(K)) \end{cases} \tag{5.15}$$

式中,$\max(F(K))$ 为上下临界温度和光照范围内的最大 $F(K)$,如 T 在15～40℃和 R 在0～$20\ MJ\cdot m^{-2}\cdot d^{-1}$ 范围内的最大 $F(K)$。这里 $\max(F(K))$ 选择肥水适宜条件下的最大分蘖率 L_{e0},与品种有关。就此,形成 L_e 的归一化光温组合影响方程 $f_L(K)$,并将模型中计算肥水适宜条件下实际分蘖率 L_e 的方法修改为:

$$L_e = L_{e0} \times f_L(K) \tag{5.16}$$

式中,L_{e0} 从试验资料通过调试获取。

图 5.12 显示了陵两优 268 和两优培九的光温组合影响方程,两个方程都通过了 0.01 水平的显著性检验。经过调试,陵两优 268 的 L_{e0} 取 0.75,两优培九取 0.55。图 5.13 显示了水稻群体茎蘖增长阶段观测值与模拟结果的比较。从图中可以看出,模拟的群体茎蘖动态与观测值吻合较好,相关系数达到 0.89。上述结果表明,该模型中使用的针对茎蘖增长速率的温度影响方程具有一定的普适性,能够反映不同温度条件下水稻茎蘖增长率的变化;另一方面,改进的分蘖率的计算方法考虑了温度对最高苗的影响,提高了最大茎蘖密度的估算精度。

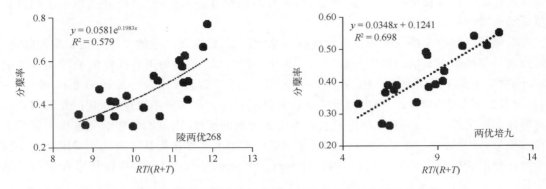

图 5.12　陵两优 268 和两优培九分蘖率与光温组合因子的关系

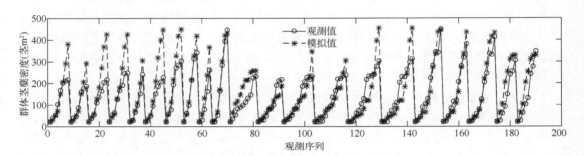

图 5.13　水稻群体茎蘖增长动态模拟值与观测值的比较

5.1.5.5　水稻籽粒灌浆动态模拟及监测指标

水稻灌浆结实期是水稻产量形成的关键期之一。在此期间,光合产物被输送至籽粒并形成产量。灌浆始于开花授精之后,其过程不仅与光合产物供应量、转运状况及籽粒库容等因素有关,还受到外界环境的影响。Yoshida(1981)较早研究了光温对粳稻籽粒灌浆的影响。研究显示,温度主要影响灌浆进程,灌浆最适温度依品种而异,而光照影响灌浆充实度和籽粒重。两个因素对水稻灌浆期光合生产、积累、运转和分配等环节的影响决定了最终产量。

本节使用 2012 年和 2013 年分期播种试验资料,通过扩展 Richards 方程获取各品种灌浆结实的光温特征参数和响应曲线,建立适用于研究区域水稻灌浆结实期的低温冷害监测指标。首先,采用 Richards 生长方程模拟籽粒灌浆过程(朱庆森等,1988;顾世梁等,2001;Yang $et\,al.$,2008)。以花后天数为自变量t(d),以籽粒生长量W(mg·粒$^{-1}$)为因变量,方程形式如下:

$$W = \frac{A}{(1 + Be^{-kt})^{1/N}} \qquad (5.17)$$

式中,A 为籽粒最终重量(mg·粒$^{-1}$),k 是生长速率参数,B 和 N 为方程曲线的定型参数。

设灌浆过程中籽粒重量达到 A 的 5% 和 95% 时所对应的天数分别为 t_1 和 t_2,定义有效灌浆期的长度为 $D = t_2 - t_1$,则籽粒灌浆的平均速率 G_m(mg·粒$^{-1}$·d^{-1})可表达为:

$$G_m = \frac{1}{D} \int_{t_1}^{t_2} G \mathrm{d}t \tag{5.18}$$

式中，G 为籽粒灌浆速率（$\mathrm{mg} \cdot 粒^{-1} \cdot \mathrm{d}^{-1}$），即为（5.18）式的一阶导数：

$$G = \frac{\mathrm{d}W}{\mathrm{d}t} = \frac{AkBe^{-kt}}{N \left(1 + Be^{-kt}\right)^{\frac{N+1}{N}}} \tag{5.19}$$

借鉴 Yu 等（2002）方法，对 Richards 方程进行扩展。本节通过引入光温订正方程将有效灌浆期内累计光温订正系数与平均灌浆速率 G_m 联系起来，即对于第 i 播期，平均光温订正系数 F_i 计算如下：

$$F_i = \frac{1}{D_i} \int_{t_1}^{t_2} f(R_t, T_t) \mathrm{d}t \tag{5.20}$$

式中，R 和 T 分为代表有效灌浆期内的日光照和日平均温度。$f(R,T)$ 为光温订正方程，定量表示每日光照和温度对平均灌浆速率的影响，取值在 $0 \sim 1$ 之间。当 $f(R,T)=1$ 时，表示光温环境适宜籽粒灌浆；当 $f(R,T)=0$ 时，则表示籽粒灌浆受光温因子胁迫。将有效灌浆期内逐日订正系数累积求和，再除以 D_i 得到平均订正系数 F_i。借鉴 Michaelis-Menten 方程形式，建立了 F_i 与第 i 播期平均灌浆速率 G_{mi} 的关系方程，形式如下：

$$G_{mi} = G_0 \frac{(1+q)F_i/F_{max}}{1+qF_i/F_{max}} \tag{5.21}$$

$$F_{max} = \max\{F_i,\ i=1,\cdots,n\} \tag{5.22}$$

式中，G_0 为 n 播期中的最大 G_m；q 为系数（>0）；F_{max} 为 n 播期中的最大订正系数。为了简化方程形式和计算，假设光温作用相互独立，则分别引入光照和温度订正方程，形式如下：

$$f(R,T) = f(R)f(T) \tag{5.23}$$

$$f(R) = \begin{cases} (R/R_0)^a & R < R_0 \\ 1 & R \geqslant R_0 \end{cases} \tag{5.24}$$

$$f(T) = \left\{ \left(\frac{T - T_{min}}{T_{op} - T_{min}}\right) \left(\frac{T_{max} - T}{T_{max} - T_{op}}\right)^{((T_{max} - T_{op})/(T_{op} - T_{min}))} \right\}^b \tag{5.25}$$

式中，$f(R)$ 为 R 对 G_m 的分段影响函数，其值在 $0 \sim 1$ 之间，并随 R/R_0 呈 a 的幂次方变化直至 $R \geqslant R_0$；R_0 为光照阈值（$\mathrm{MJ} \cdot \mathrm{m}^{-2} \cdot \mathrm{d}^{-1}$）。选取标准化的 Beta 函数（Yin $et\ al.$，1995，1997）$f(T)$ 作为 G_m 对 T 的响应函数，值域为 $0 \sim 1$。其中 T_{max}、T_{min} 和 T_{op} 分别代表上限、下限和最适温度，b 为函数的形状参数。

光温订正方程为复杂的非线性方程，含有 R_0、T_{max}、T_{min}、T_{op}、a、b 和 q 共七个参数，适宜采用全局优化算法 SCE－UA（Shuffled Complex Evolution Algorithm）（Duan $et\ al.$，1994）对参数进行优化。考虑到 $T_{max} > T_{op} > T_{min}$，用 $\Delta(T_{op} - T_{min})$ 代替 T_{op}，$\Delta(T_{max} - T_{op})$ 代替 T_{max}，以确保参数优化时温度参数之间的梯度关系。算法的系统参数按默认方法设定（Duan $et\ al.$，1994）。目标函数选择平均灌浆速率模拟值与实测值的最小二乘函数。表 5.22 列出了最大平均灌浆速率（G_0）和参数优化后的光温订正方程参数值。参数优化后的平均灌浆速率（G_{ms}）与 Richards 方程拟合后的速率（G_{mo}）之间存在较好的回归关系（$p < 0.01$），陵两优 268 和两优培九的确定系数分别为 0.34 和 0.27，一定的误差可能与试验观测误差和 Richards 方程拟合误差有关。两品种 T_{min} 均接近 $6.5\,℃$，T_{max} 接近 $33.5\,℃$，品种间差异较小，但两品种 T_{op} 和 R_0 差异较大，其中陵两优 268 的 T_{op} 和 R_0 分别约 $30.3\,℃$ 和 $18.9\ \mathrm{MJ} \cdot \mathrm{m}^{-2} \cdot \mathrm{d}^{-1}$，而两优培九则约为 $24.2\,℃$ 和 $21.7\ \mathrm{MJ} \cdot \mathrm{m}^{-2} \cdot \mathrm{d}^{-1}$。尽管两品种 T_{min} 和 T_{max} 接近，但结合图

5.14a 绘制的温度响应曲线看,两品种对相同温度范围的响应差异很大。例如,陵两优 268 平均灌浆速率对日平均温度<17℃的订正系数接近于 0,而两优培九仍维持在 0~0.6 的订正系数。这表明两优培九在温度较低的环境下仍能够维持一定程度的灌浆进程。当日平均温度超过各品种的 T_{op} 后,平均灌浆速率的温度订正系数迅速下降,说明高温环境对平均灌浆速率的影响幅度相比低于 T_{op} 的温度影响要大。两品种光照响应曲线显示出光照对平均灌浆速率的订正随光强增大迅速增大直至 R_0(图 5.14b)。仅从光照影响看,在平均灌浆速率相同的情况下,两优培九对光照的需求更大,也暗示两优培九平均灌浆速率更易受到光照减弱的影响。然而,当日光照<15 MJ·m⁻²·d⁻¹ 时,两品种对光照的响应趋于一致。另外,两品种光温因子方程中系数 q 均>1.0,但 q 越大时,在参数优化中 F_i 越小对参数估计的贡献越大。

表 5.22 最大平均灌浆速率(G_0)和参数优化后的光温订正方程参数值

品种	G_0(mg·粒⁻¹·d⁻¹)	T_{min}(℃)	T_{op}(℃)	T_{max}(℃)	R_0(MJ·m⁻²·d⁻¹)	a	b	q
陵两优 268	2.12	6.81	30.28	33.29	18.94	9.95	8.44	1.39
两优培九	1.35	6.10	24.16	33.74	21.71	6.61	2.24	3.19

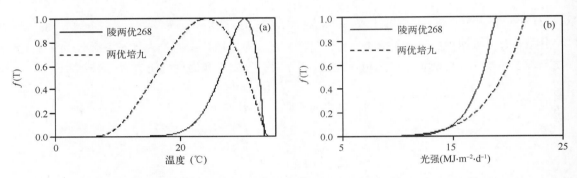

图 5.14 陵两优 268 和两优培九灌浆速率的温度响应曲线(a)和光照响应曲线(b)

图 5.15 给出了两供试品种不同播期处理下有效灌浆期内光照和温度影响的平均订正系数。从图中可以看出,2012 年陵两优 268 光照订正系数的播期变化在 0.32~0.9,2013 年为 0.37~0.87,订正系数的播期变化规律与有效灌浆期内平均光照的播期变化规律基本一致。但 2013 年第 4 期光照为 2013 年最大值(19.8 MJ·m⁻²·d⁻¹),其对平均灌浆速率的订正系数却低于第 3 期。对比同期温度订正系数发现,这与该期有效灌浆期内高温对灌浆进程抑制而导致籽粒增重受阻有关。两优培九 2012 年光照订正系数的播期变化在 0.12~0.23,2013 年在 0.19~0.34。2013 年第 6 期有效灌浆期内光照低于该年其他播期,却具有较高的订正系数,可能与有效灌浆期内温度相对适宜且日较差增大、有利于籽粒灌浆有关。然而,总体上看光照越大,对平均灌浆速率的贡献越大。

陵两优 268 温度订正系数的播期变化与有效灌浆期内平均温度的播期变化规律大体一致。但由于 2013 年 7 月底至 8 月中旬气温持续偏高,对陵两优 268 第 3 和 4 期的平均灌浆速率影响较大,温度订正系数分别为 0.59 和 0.47,明显低于前两期和第 5 期。对于 2012 年播期较晚的陵两优 268,由于受到低温的影响,温度订正系数同样偏小,如第 6 和 7 期分别为

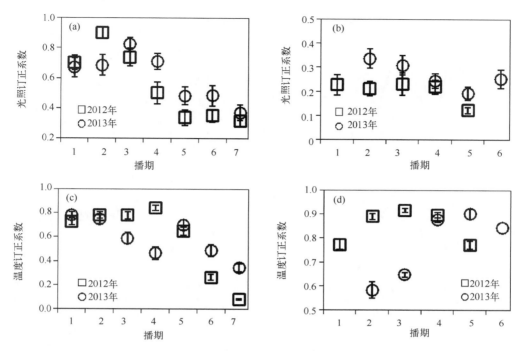

图 5.15　陵两优 268 和两优培九在 2012 和 2013 年不同播期有效灌浆期内平均光温度订正系数
（a）和（c）分别为陵两优 268 的平均光照和温度订正系数；（b）和（d）分别为两优培九的
平均光照和温度订正系数。图中竖线为标准误差

0.26 和 0.08。两优培九两年的温度订正系数变化在 0.58~0.92，其播期的变化趋势与有效
灌浆期内平均温度的播期变化规律不同。播期较早的有效灌浆期处在较高的温度环境下，
尽管对灌浆进程起到加速作用，但对籽粒灌浆充实不利。另外，从温度响应曲线看，当日平
均温度 $> T_{op}$ 时，温度订正系数随温度升高而减小，因此较早播期的平均温度订正系数偏小。
同样，2012 年第 2~4 期和 2013 年第 4~6 期平均温度订正系数较高，表明这些播期有效灌
浆期内温度相对适宜，对平均灌浆速率的贡献较大。

从上述结果可以看出，籽粒灌浆动态模拟模型中的光温影响方程能够计算出各播期籽粒
灌浆期光温条件对籽粒灌浆过程的影响。因此，以公式（5.20）和（5.21）为基础，建立评判籽粒
灌浆充实和监测光温对籽粒灌浆影响的指标 F，即：

$$f_{RT} = \frac{1}{D} \int_{t_1}^{t_2} f(R_t, T_t) \mathrm{d}t$$

$$F = \frac{(1+q) f_{RT}}{1 + q f_{RT}}$$

（5.26）

式中，q 根据品种特性选取，早稻一般取 1~3，晚稻取 2~5。将该指标用于籽粒重的监测。
图 5.16 显示了研究区域浙江洪家和湖北武汉双季早稻千粒重年际变化与指标 F 年际变化
的关系。从图中可以看出，F 指数的年际变化与实际千粒重的变化吻合较好。针对早稻，千
粒重低于常年平均值 5% 的 F 变化在 0.3~0.45；对于晚稻，F 变化在 0.1~0.25。在实际应
用中，由冷害造成千粒重较常年低 5%~10% 的为一般冷害，而较常年减少 >10% 的为严重
冷害。因此，确立的低温冷害监测指标如表 5.23 所示。

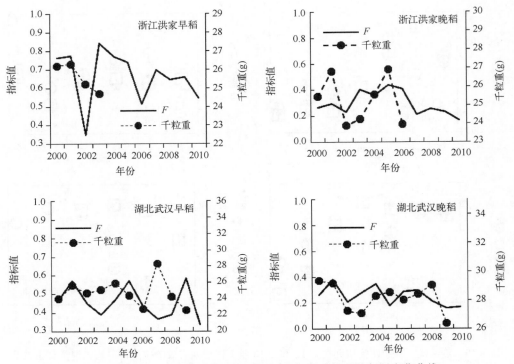

图 5.16　研究区洪家和武汉双季稻监测指标与千粒重的年际变化曲线

表 5.23　基于 F 指标的低温灾害监测指标

冷害等级	早稻		晚稻	
	F 指标	千粒重指标	F 指标	千粒重指标
一般冷害	0.3～0.45	−5%～−10%	0.1～0.25	−5%～−10%
严重冷害	<0.3	<−10%	<0.1	<−10%

5.1.5.6　水稻空秕率模拟及监测指标

空秕率是衡量水稻产量水平的重要要素之一，主要受产量形成阶段环境因素的影响。ORYZA2000 模型缺乏空秕率的模拟模块，因此，选择试验站大田水稻减数分裂—抽穗开花（MF）和抽穗开花—灌浆 20 天（FG2）内的平均温度和日较差作为自变量，以两年所有品种水稻空秕率为因变量，采用主成分回归方法建立具有较强普适性的水稻空秕率模拟模型。该模型模拟的空秕率作为低温冷害监测指标的补充，与早晚稻障碍型冷害监测指标对应，划分 5%～15% 为轻度冷害、15%～25% 为中度冷害、>25% 为重度冷害。

将 MF 和 FG2 时段内平均温度和日较差作为自变量，空秕率作为因变量，进行主成分回归。主成分分析结果如表 5.24 所示。选择其中的第一主成分（$PC1$）参与建立回归方程。从图 5.17 显示的实测空秕率与 $PC1$ 的关系发现，选择双指数方程可获得较高精度的回归方程（$r^2 = 0.9246$，$RMSE = 0.0632$，$n = 34$，$p < 0.01$）。为此，建立的空秕率模拟监测指标（S）表达形式为：

$$S = 22.24 \times e^{(-0.2349 \times PC1)} + 2.29 \times 10^{-9} \times e^{(0.6802 \times PC1)} \tag{5.27}$$

其中，

$$PC1 = 0.56 \times T_{MF} + 0.53 \times T_{FG2} - 0.3 \times D_{MF} - 0.57 \times D_{FG2} \qquad (5.28)$$

式中，$PC1$ 是第 1 主成分，T_{MF}、T_{FG2} 分别是 MF 和 FG2 时段内的平均温度，D_{MF} 和 D_{FG2} 分别是两个阶段的平均温度日较差。空壳率函数的验证如图 5.18 所示，实测空秕率与模拟空秕率相关系数达到 0.9225，通过了 0.01 水平显著性检验。这里，$RMSE$ 表示均方根误差。

表 5.24　空秕率影响因子的主成分分析结果

主成分	特征值	累计百分率(%)	T_{MF}	T_{FG2}	D_{MF}	D_{FG2}
$PC1$	2.860	71.497	0.558	0.530	−0.298	−0.565
$PC2$	0.867	93.175	−0.045	0.296	0.920	−0.251
$PC3$	0.229	98.889	0.654	−0.710	0.223	−0.138
$PC4$	0.044	100.000	0.509	0.357	0.121	0.774

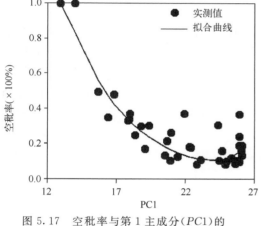

图 5.17　空秕率与第 1 主成分（$PC1$）的
非线性关系拟合

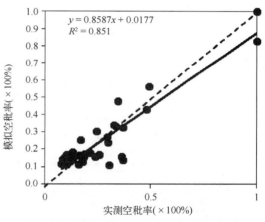

图 5.18　实测空秕率与模拟空秕率的比较

为验证空秕率模型，以 2013 年两优培九第 4 播期的气候环境为参照情景（情景Ⅰ），通过设置产量形成阶段中的低温敏感时期的平均温度，即 $DVS = 0.75 \sim 1.5$，大体对应减数分裂期—抽穗开花后 20 d 的平均温度，使该时段 22℃ 以下冷积温分别为 25℃·d 和 30℃·d，得到情景Ⅱ和情景Ⅲ。用模型分别计算三种不同冷积温情景下的空秕率，如表 5.25 所示。从中可以看出，空秕率随着冷积温的增加而增加，由空秕率可判断出三个情景的障碍型冷害均为中度。

表 5.25　结合空秕率模型监测障碍型冷害

设置	冷积温(℃·d)	空秕率模拟值(%)	障碍型冷害等级
情景Ⅰ	16	16.13	中度
情景Ⅱ	25	18.80	中度
情景Ⅲ	30	20.69	中度

PF 代表幼穗分化至抽穗开花阶段；FM 代表抽穗开花至成熟期。

5.2 立体监测技术

　　双季稻生长期的低温灾害威胁到水稻生长发育和产量形成。对于长江中下游稻区,低温灾害主要发生在双季早稻的生长初期和晚稻生长的中后期,与东北寒地水稻全生育期都可能受到低温灾害的威胁有一定差异。因此,建立适用于长江中下游稻区水稻低温灾害的监测方法对减少产量损失具有重要的作用。围绕现有的监测手段和方法,将低温冷害的地面监测方法、卫星遥感监测方法和模拟模式监测方法结合起来,形成关键发育阶段全天候、全方位、全视角的低温灾害监测技术,确保水稻低温灾害监测的快速性、全面性和准确性。本节将围绕这一目标,首先建立适用于研究区的水稻低温灾害监测方法。然后,结合具体实例探讨监测方法的可行性和可靠性。该技术方案为完善水稻低温灾害监测及提高业务能力提供了重要的参考。

5.2.1 立体监测方案

　　图 5.19 给出了集成气象站点监测、卫星遥感监测和模拟模式监测方法的立体动态水稻低温灾害监测方案流程图。该方案应用于长江中下游稻区,覆盖双季早稻和晚稻生长季(3—10 月)的关键生育阶段,从站点到区域,从逐日监测到阶段监测,实行时空全覆盖的水稻低温灾害监测。方案中使用到了气象监测指标、遥感监测指标和模拟模式监测指标,它们之间相互关联、相互补充,组成立体监测指标体系。下面将从空间上和时间上对监测方案中提及的要点进行简要的介绍。

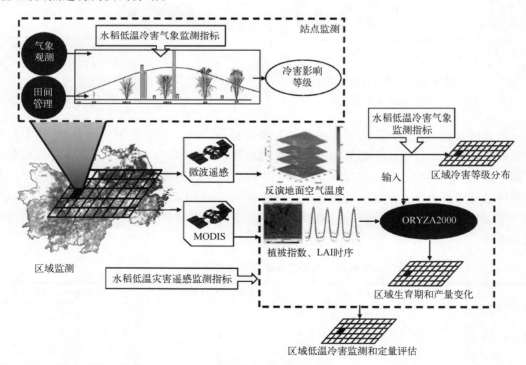

图 5.19　水稻低温灾害监测技术流程

5. 2. 1. 1　站点监测

站点监测是根据气象台站或农业气象站获得的实时资料,结合已有的水稻低温灾害气象监测指标进行灾害的动态监测。站点监测具有时效性强、准确率高的优势,但监测适用的区域受到站点地理分布的限制,其准确率随站点距离的增加而显著降低。站点监测的内容主要包括低温灾害对水稻发育期、生长量和产量的影响。对于生育期的影响,主要依据延迟型冷害指标确定灾害影响的程度或等级。对于生长量的影响,主要采用模拟模式定量计算灾害造成的变化,然后将变化量与建立的相关指标联系起来确定灾害的影响等级。对产量及产量要素的影响,主要依据水稻障碍型冷害指标实施灾害监测。已有研究显示,站点监测的精度通常能够达到 90% 以上,但准确率的高低不仅与气象资料和信息的准确性有关,还与指标的可靠性和监测点周边环境有密切联系。

5. 2. 1. 2　区域监测

相比站点监测,区域监测具有覆盖面广、信息量大、成本低的优势,信息源可来自多个方面,如多个站点的水稻长势和发育期信息、格点化的气象数据、卫星遥感影像、水稻种植分布图、地理要素分布图、农业气象灾害监测或评估产品等。这些信息通常还具备不同的时间和空间分辨率以及周期性。将这些信息融合实现水稻的低温灾害监测是当前和未来全局性监测的重要途径,也是当前研究的热门话题。

本研究针对研究区域双季稻生产和灾害发生的规律,以微波传感器和 MODIS 获取的地表信息为主要的信息源,结合气象观测资料、作物模型及确立的气象监测指标、遥感监测指标和模拟模式指标,开展水稻低温灾害的区域监测。微波遥感有主动式和被动式两种方式。其中主动式微波遥感具有全天候全天时,不受云雨影响的对地监测能力,能够用于获取区域水稻种植分布,准确掌握实际水稻的种植情况(杨沈斌,2008,2012)。被动式微波遥感通过获取来自地表发射的微波信号,反演地表温度,再根据地表温度和地表实测环境要素场反推地面空气温度。将空气温度与水稻低温灾害气象监测指标结合或作为模型的输入数据,实现区域的灾害监测。MODIS 传感器为光学传感器,每天上午和下午获取地表光谱反射信息,具有较高的时效性,同时空间分辨率从 250 m～1 km 均有产品生成。其中,MOD09A1产品能够提供 500 m 分辨率下 8 d 合成地表反射率数据,在水稻生产监测上具有明显的优势。遥感监测均在像元尺度上实现,并最终形成区域上的监测产品。

5. 2. 1. 3　逐日监测

在时间上,监测实行逐日监测和关键生育阶段监测相结合的办法。逐日监测主要根据当日天气状况和气象条件,结合水稻生育阶段的光温适宜性指标,在分析该日温度变化、光照和水汽条件等要素的基础上,判别当日气象环境是否有利于水稻的正常生长和发育。将逐日的监测情况汇集,便可以掌握一段时间水稻生长的状况。当遭遇低温灾害时,水稻生长发育会出现一定程度的延缓,但低温灾害对生长器官和光合等生理过程的作用通常要根据灾害的程度在发生后 2 d 以上才表现出来。因此,逐日监测是提高监测时效性和准确性的重要基础。

5. 2. 1. 4　关键生育期监测

关键生育阶段监测主要是针对水稻生长关键期的低温灾害影响进行动态监测。相比东北寒地水稻,南方双季稻区低温灾害通常只覆盖水稻的某些生育阶段。对于早稻,营养生长期是低温灾害发生的集中期,对早稻生长的危害主要表现为生育期延迟、生长量下降和分蘖受阻,但总体上看,随着中后期温度水平的升高,前期低温对产量的影响表现微小。对于海拔相对较高的地区,早稻的穗形成期可能遭遇"五月寒",引起空壳率的增加。例如,2006年5月下旬到6月上旬,福建部分山区出现"五月寒",对早稻幼穗分化影响较大。在广西平乐县,2009年5月份出现"五月寒"天气的威胁,直接影响到早稻幼穗分化和花粉母细胞减数分蘖期及孕穗期。2012年湖南湘乡市5月23日开始持续低温阴雨天气,最低极端气温接近17℃,出现"五月寒"灾害性天气,影响到早稻的花粉发育,引起最终产量结实率的下降。

双季晚稻低温灾害影响的关键期主要是生殖生长期。生殖生长期是低温灾害的多发期,尤其在抽穗前15 d左右的减数分蘖期是温度敏感期,把握该时期热量状况和逐日温度的变化对提高监测精度有重要的作用。生殖生长期气候条件对产量要素和产量的影响大,会影响到空秕率的高低和千粒重的大小。结合建立的空秕率监测模型,推算空秕率的高低,再结合空秕率的低温灾害监测指标便可掌握灾害的影响程度。另外,籽粒灌浆期的监测指标能够获取该时期光温要素对籽粒灌浆的影响,对掌握低温环境下籽粒灌浆动态有重要的作用。由此可见,把握关键生育期的热量条件和温度变化,结合该时期水稻生长参数的变化特征和相应的监测指标,能够实现有效、动态的灾害监测。

然而,关键生育期时间跨度通常较长,不同熟性的水稻品种对应的生育期长差异明显,给区域监测带来较大困难,并增加了监测结果的不确定性。在实际应用时应该掌握监测区域水稻种植和生产的基本情况,掌握区域上水稻品种的分布结构,以避免监测中出现较大的偏差。在光学遥感监测方面,应充分利用时间连续的地表遥感信息,通过分析植被指数或其他特征参数和指数的时序曲线变化,获取关键生育阶段生长期长度和生长量的变化,结合低温灾害监测指标确定灾害影响的等级和程度。

值得提出的是,尽管立体监测方案集成了多类监测指标,但在实际应用时以单类指标为主。考虑到遥感数据获取滞后和模型模拟误差等问题,气象监测指标成为冷害监测的主要应用指标。基于光学卫星的遥感监测指标一般在气象监测到冷害后,再应用该类指标监测冷害的区域影响程度。基于作物模型的监测指标在应用前需要对关键参数进行标定,然后根据监测要素的模拟结果确定冷害影响级别。该类指标与气象监测指标形成互补,从水稻自身生长的变化来确定冷害影响程度。

5.2.2 监测结果与验证

立体监测方案在实际应用中以单指标监测应用为主。因此,对上述各类指标分别进行了验证。最后,还验证了基于微波遥感的区域水稻低温冷害监测。

5.2.2.1 双季稻低温灾害气象监测

采用双季稻低温灾害气象监测指标对研究区内典型冷害年的水稻生产进行监测,结果见表5.26—5.27。可以看出,早稻延迟型冷害指标能够较好地反映冷害年的影响程度,能够推算早稻延迟型冷害的延迟天数,与实际延迟天数的误差≤2 d。对于晚稻障碍型冷害,监测结果同样能够较好地反映各冷害年的影响程度,幼穗分化—抽穗开花的冷积温指标判断的冷害程度与空壳率判断的受灾程度具有较好的一致性,但也存在监测误差较大的站点,如1982年安徽安庆站和2006年江西南康站。晚稻监测指标低估的原因可能是忽略了其他气象灾害或病虫害对空壳率的影响,而监测指标高估的原因可能是所建立的指标未对地形差异、区域气候差异和种植差异进行区分。实际情况下,区域热量条件存在差异,同时,水稻品种对低温的抗性不同,使得监测的结果存在一定的偏差。

表 5.26　早稻延迟型冷害监测

省份	站点	年份	计算延迟天数(d)	实际延迟天数(d)	延迟天数误差(d)
安徽	桐城	1984	3	2	1
湖北	孝感	2002	2	1	1
湖南	平江	2002	6	5	1
江西	樟树	1995	5	5	0
江西	南昌	2002	2	2	0
江西	宜丰	2002	4	2	2
浙江	金华	2006	1	1	0

表 5.27　晚稻障碍型冷害监测

省份	站点	年份	空壳率(%)	受灾程度*	PF 阶段冷积温(℃)	障碍型冷害程度
安徽	安庆	1982	24.0	中	5.6	一般
湖南	衡阳	1983	9.0	轻	7.9	一般
湖南	平江	1982	19.5	中	10.0	一般
湖南	常德	1981	35.3	重	23.1	严重
江西	瑞昌	2002	8.0	轻	5.8	一般
江西	南康	2006	21.0	中	15.0	一般
浙江	丽水	1981	29.7	重	14.8	一般

* 空壳率在 5%～15% 为轻;15%～25% 为中;＞25% 为重度受灾。

5.2.2.2　双季稻低温灾害相对气象产量模拟监测

分别以江西省玉山县和贵溪市为例,采用早、晚稻相对气象产量模拟监测指标进行低温冷害监测,结果如图 5.20 所示。从图中可以看出,早稻相对气象产量模拟值与实际值波动趋势大体一致,模拟相对气象产量与实测值相关系数达到 0.8,可以估算出模拟年份 63.8% 的产量变化。通过对数据分析发现,模型高估的年份一般为研究时段内降水较多年均值偏少年,而低估年正好相反,所以该模型对早稻移栽期—灌浆末期降水较往年变化不是很大的相对气象产量模拟比较适用。晚稻模拟值则在 20 世纪 80 年代出现几次较大偏差,虽然与实测值的线性关系通过显著性检验,但决定系数却不大,1981、1986 年是因幼穗分化期—抽穗开花期的总热效应偏小、平均最低温度偏高所以会高估,1988、1989 年则因幼穗分化期—抽穗开花期的总热效应偏大、平均最低温度偏低所以会低估。当幼穗分化期—抽穗开花期的总热效应和平均最低温度、抽穗开花期—灌浆末期内极端低温较往年偏高,即生殖生长期的热量条件过高时晚稻模型会高估,情况相反则会低估。

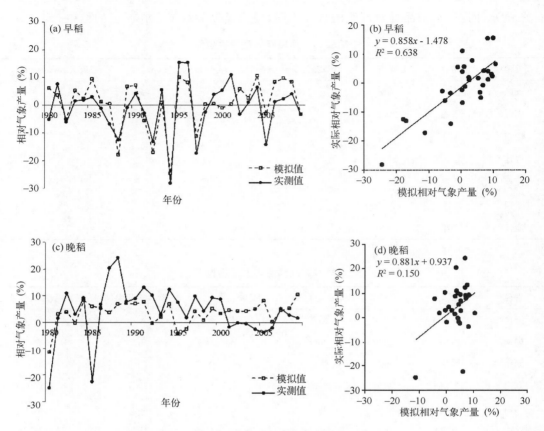

图 5.20　双季稻相对气象产量模拟值与实际值比较
(a，c)年际变化；(b，d)线性曲线

　　长江中下游地区 20 世纪 90 年代春季和梅雨期降水较为突出且降水量明显偏多,而且 1996 年和 1997 年长江中下游多地遭受了较为严重的倒春寒和寒露风天气,因此,本文以这两年为典型年份分别应用早、晚稻相对气象产量模型进行监测。图 5.21 为典型年份双季稻相对气象产量模拟值与实际值的空间分布情况。由图可知,研究区早稻产量变化具有明显的南北差异,北部的大部分区域如安徽、湖北及湖南西北地区产量都趋减少,南部的浙江、江西、湖南东南部地区产量趋于增加,产量变动幅度在 $-28\%\sim26\%$ 之间,低值中心出现在湖北嘉鱼和安徽宁国两站,高值中心则出现在江西贵溪和浙江衢州两站。晚稻产量变化则基本呈增加趋势,只在浙江、江西、湖南等地南部的小片区域有所减少,产量变动幅度在 $-14\%\sim24\%$ 之间。说明当出现低温冷害时,通过适当及时的农田管理和补救措施,也可以避免损失或将损失降低到最小。早晚稻模拟值与实际值空间分布都基本一致,但值域范围相对缩小,且高低值中心稍有偏差,说明了建立的模型能够对早晚稻相对气象产量进行模拟,但对极端值的模拟效果不理想。总体来说,建立的模型能够有效地模拟双季稻相对气象产量,在研究区内模拟和预测双季稻相对气象产量具有较强的适用性。

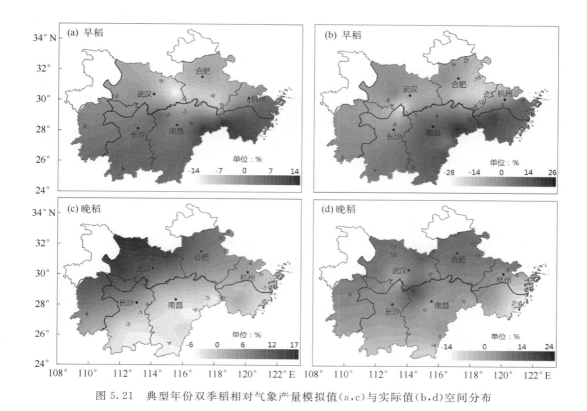

图 5.21 典型年份双季稻相对气象产量模拟值（a,c）与实际值（b,d）空间分布

5.2.2.3 双季稻低温灾害的 MODIS 遥感监测

以光学卫星传感器 MODIS 获取的时序地表反射率产品 MOD09A1 为例,对研究区内水稻延迟型冷害和障碍型冷害进行监测。首先获取了 2001—2012 年 MOD09A1 产品数据,数据包含 H27V05、H27V06、H28V05 和 H28V06 轨道面共 1288 景（每年 46 景）影像,覆盖整个南方稻区和整个双季稻生长季。在软件"基于多时相 MOD09A1 产品数据的水稻制图系统"中对获取的影像进行了预处理,包括拼接、投影转换、EVI 植被指数计算。然后,结合产品数据自带的 QA（quality assurance）波段,选定 QA 前两位的标志值大于或等于 1,且后 4 位的标志值大于 7 作为 EVI 数据不可用的标准（刘新圣等,2010）。如果遇 EVI 不可用,则标记为缺测。随后,结合 QA 标记,将植被指数序列在 TIMESAT3.1.1 软件（Jönsson and Eklundh,2004）中进行去云和曲线平滑处理。使用的算法为 Savitzky-Golay 滤波算法。处理后,对研究区域每个水稻像元 EVI 序列进行分析,并结合 CVI 指数和遥感监测指标确定灾害程度。

本研究以长江中下游稻区为例,使用的水稻种植分布图源自 Liu 等（2003）研究成果。然而,该水稻种植分布图未区分单双季稻。从水稻种植面积的统计数据看,近 20 年来,江苏全省和安徽中北部地区以单季稻为主,其他省份双季稻面积占各省水稻种植面积的 60% 以上。因此,需要对该水稻分布图进行适当的处理,使分析和监测的区域符合实际双季稻的种植分布。处理的方法为:从研究区水稻面积占 1 km² >50% 的像元中剔除江苏省全境和安徽省中北部地区的水稻像元,将剩余区域的水稻像元作为研究区双季稻像元,并对这些像元进行低温冷害的监测。图 5.22 显示了研究区双季稻 30 年平均播种和抽穗日数的空间分布。从图中看出，早稻播种时间由南至北逐渐推后，差异最大达到 20 d。抽穗期的南北差异较小，相比而言，东西差异较大，最大达到 10 d。晚稻播种时间集中在 165～185 d，南北向差异小于东西向差异，与地形变化有一定联系。对于抽穗时间，东西向上存在一定的差异，但相差不超过 10 d。上述 30 年双季稻平均播种和抽穗日数的空间分布图将为应用 EVI 时序数据提供水稻生产的基础信息。

对每一年每个水稻像元的 EVI 时序曲线进行去云平滑处理。处理使用 TIMESAT 3.1.1 软件中提供的 Savitzky-Golay 滤波算法。该算法对由于云雨或缺测出现的时序噪点进行平滑和填补，减少上述问题对水稻 EVI 时序的影响。图 5.23 显示了双季稻像元在平滑处理前后的对比。可以看出，平滑处理后，原始曲线中的噪点得到了有效的抑制，能够较好地反映水稻 EVI 时序的变化规律。图 5.24（另见彩图 5.24）显示了部分研究区所有像元 EVI 时序平滑前后的比较。从图中看出，受云等噪声影响的区域在平滑后得到了消除，还原出地表的本质信息。但是，平滑后像元的原始值不再保留，使得一些"真值"被低估或高估，引入了新的误差。

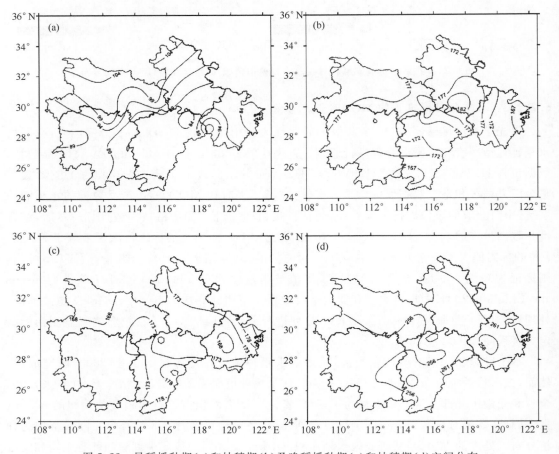

图 5.22　早稻播种期（a）和抽穗期（b）及晚稻播种期（c）和抽穗期（d）空间分布

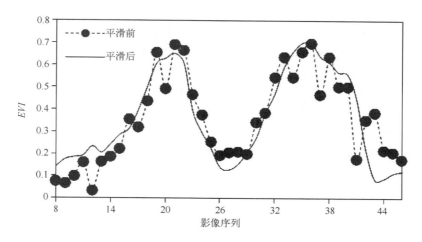

图 5.23　某双季稻像元 2010 年 EVI 时序在平滑处理前后的比较

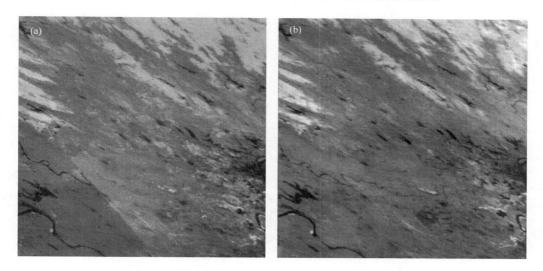

图 5.24　湖北部分地区 2010 年 EVI 时序平滑前后对比

红色:第 14 景;绿色:第 20 景;蓝色:第 28 景

　　TIMESAT 3.1.1 在去云平滑 EVI 时序同时,还输出了从平滑后曲线中获取的波峰和波谷在序列中的位置。例如,从图 5.26 中识别出曲线三个波谷和二个波峰对应的影像序列号,与双季早稻移栽、抽穗和成熟以及晚稻移栽、抽穗和成熟的日数吻合。根据获取的这些关键生育期点的 EVI 指数和两个生育阶段的时间间隔,便可计算出 CVI 指数。然而,在实际应用中,发现由 TIMESAT 3.1.1 推算的关键生育期点时常出现较大的偏差,因此,参考相关研究(闫峰等,2008)进行关键生育期提取的改进。首先,根据 TIMESAT 3.1.1 识别水稻像元的波峰和波谷次数,如果识别出的波峰数少于或多于 2 个,则忽略该序列;如果波峰数等于 2 个,则根据区域晚稻平均播种期＋20 d 对应的影像序列区别早稻和晚稻生长季,并对两个生长季的 EVI 时序曲线分别进行再分析。具体实现为:水稻移栽后水稻群体迅速生长,对应的叶面积指数迅速增大,所以利用移栽后两个 EVI 第一次连续增长来确定水稻的移栽期 t,即:$EVI_{t-1}<EVI_t<EVI_{t+1}$ 或者 EVI 时序曲线函数 $f(EVI)$ 的一阶导数＞0。抽穗

期水稻 LAI 增长到最大，EVI 也达到了整个生育期内的最大值。因此，在水稻抽穗期进行提取时，采用整个生育期内 EVI 最大值对应的时刻 t 定义水稻的抽穗期。对于成熟期，水稻叶片逐渐衰老干死，EVI 曲线急剧下降，即使是水稻收获后实行冬小麦等高效轮作，短期内作物发育也是较为迟缓的，在大面积的裸露地背景中，其对应的 EVI 也将处于较低值区。因此，定义水稻的成熟期 t 为生育期内最后的 EVI 曲线连续降低部分，且成熟期位于曲线波谷处，对应着 EVI 的最小值，即：$EVI_{t+1} < EVI_t < EVI_{t-1}$ 或 EVI 时序曲线函数 $f(EVI)$ 的一阶导数 < 0。

结合双季稻低温灾害遥感监测指标，对 2002、2006 和 2010 年湖南、湖北和江西三省早稻 TF 阶段和 FM 阶段的水稻延迟型冷害进行了冷害监测，确定了灾害的程度和等级，分别如图 5.25 和图 5.26 所示。从图 5.25 可以看出，低温冷害影响主要集中在湖北中部和湖南北部稻区，这里在早稻抽穗前主要遭遇"倒春寒"和"五月寒"等低温天气，对生育期和幼穗形成有一定影响。从 3 年各等级低温灾害的区域统计结果看（图 5.27），早稻 TF 阶段遭受严重冷害的面积占三省双季稻面积的比例在 5%～15%，遭受一般冷害的比例较高，但均不超过 20%。其中 2006 年遭受冷害比例最高，与实际调查情况相符。2010 年早稻遭受一般冷害的面积也较大，与该年早稻生长前期普遍低温有密切联系。相比早稻 TF 阶段，晚稻 FM 阶段遭受严重冷害的面积比例较小，2010 年最大，约为 13%，其他两年均低于 3%。然而，晚

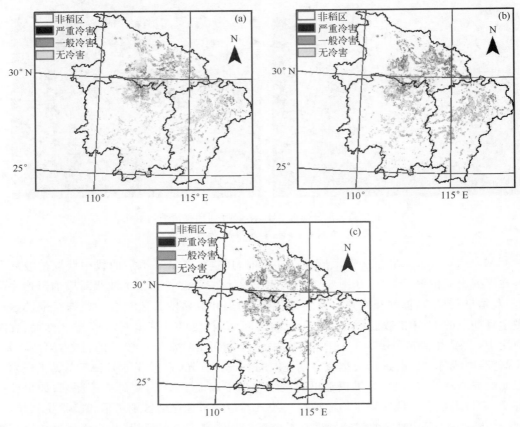

图 5.25　湖南、湖北和江西早稻 TF 阶段延迟型冷害监测

(a)2002 年；(b)2006 年；(c)2010 年

稻 FM 阶段遭受一般冷害的面积比较高,大约在 15%~30%之间,其中 2010 年晚稻一般冷害和严重冷害的比率均较 2002 年和 2006 年高,与该年为三省秋冬季典型低温年有关。

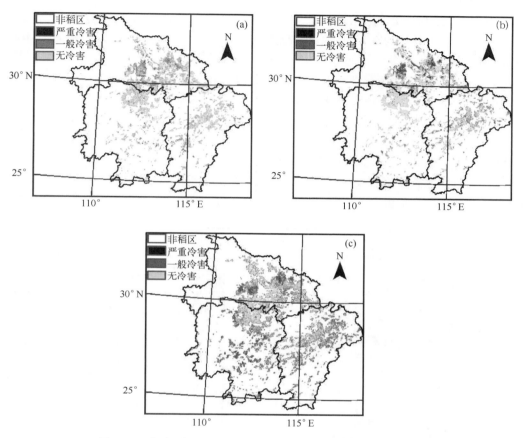

图 5.26 湖南、湖北和江西双季晚稻 FM 阶段延迟型冷害监测

(a)2002 年;(b)2006 年;(c)2010 年

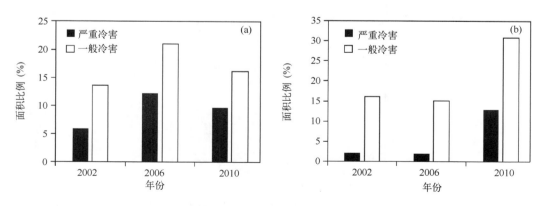

图 5.27 湖南、湖北和江西双季稻严重和一般延迟型冷害致灾面积占水稻面积比

(a)早稻 TF 阶段;(b)晚稻 FM 阶段

　　同样,根据晚稻FM阶段CVI指数与结实率的关系,对湖北、湖南和江西三省双季晚稻FM阶段结实率进行了模拟。将区域模拟结果与结实率的低温冷害判别指标对照,确定了区域低温冷害的影响范围和程度,结果如图5.28所示。从图中可以看出,2002年结实率<30%的区域,即达到严重冷害的地区主要集中在湖北省中部地区,而一般冷害,即结实率<50%的区域在三个省份均有分布,但仍以湖北面积最大。相比2002年,2006和2010年晚稻FM阶段遭受低温影响的区域明显减小,大多数区域结实率处在正常的温度影响波动范围内。图5.29显示了双季晚稻严重和一般障碍型冷害致灾面积占总水稻面积比,可以看出,2002年出现严重冷害的区域占整个水稻面积的比率在6.15%,而2006年和2010年均<2%。2002年出现一般冷害的区域占整个水稻面积的比率达到60.51%,而2006年和2010年分别为9.78%和13.18%,影响面积不到2002年的1/4。上述结果显示,2002年为典型的区域低温灾害年,对大范围的水稻产量形成造成了一定的影响。从已有报道看,2002年湖北出现区域性的轻度到重度低温灾害,其中与前5年相比单产减少百分率在5%~7%,2006年为3%~8%,低温灾害多发和影响较大的地区包括湖北的江夏、蕲春和荆州,湖南的长沙、衡阳、资兴和常德,以及江西的湖口、龙南、南康和樟树等地。

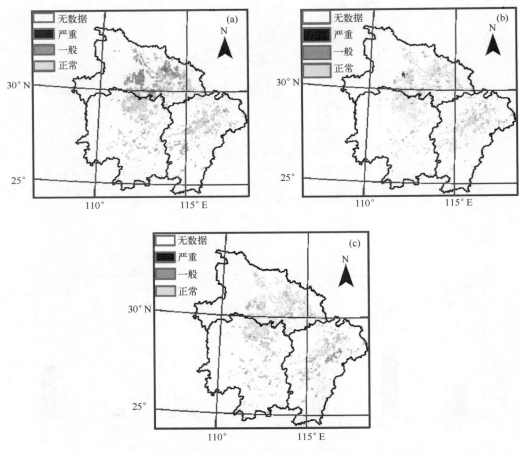

图5.28　湖南、湖北和江西双季晚稻FM阶段障碍型冷害监测
(a)2002年;(b)2006年;(c)2010年

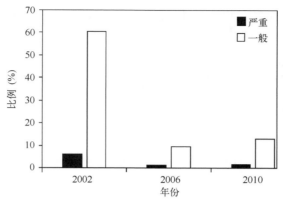

图 5.29　湖南、湖北和江西双季晚稻严重和一般障碍型冷害致灾面积占总水稻面积比

5.2.2.4　双季稻低温灾害的模型模拟监测

参考文献(杨沈斌等,2010)获取了研究区各省主栽品种的作物参数。然后,结合模拟年份的逐日气象观测资料,以潜在生产模式模拟水稻生物量、LAI、生育期、产量和空秕率等。本节结合生育期模拟模型对早稻的延迟型冷害进行了站点和区域的监测和验证,同样,依据建立的空秕率模拟模型进行双季晚稻的监测和验证。

根据获取的农业气象观测资料,选取浙江省存在延迟型冷害的一些站点和年份,对早稻移栽—幼穗分化的延迟型冷害进行站点上的模拟监测和验证。将模拟的幼穗分化期与实测幼穗分化期进行比较,再根据延迟型冷害生育期延迟天数的判别指标,确定延迟型冷害等级,结果见表 5.28 所示。模型模拟的 $RMSE=1.7$,$NRMSE=35.7\%$,误差均≤3 天。这里 $NRMSE$ 为归一化均方根误差。依据表 5.6 中确立的早稻延迟型冷害等级指标,确立了不同地方各年份的延迟型冷害等级。从结果看,判别结果与实际情况基本吻合。

表 5.28　早稻延迟型冷害的 ORYZA2000 模型站点监测结果

站点	年份	实际延迟天数	模拟延迟天数	模拟误差	实际等级	模拟等级
金华	1997	4	4	0	轻	轻
	2004	4	6	2	轻	中
衢州	1982	6	7	1	中	中
	1987	8	8	0	中	中
丽水	1999	6	4	2	中	轻
	2000	3	4	1	轻	轻
	2004	4	6	2	轻	轻
	2005	3	6	3	轻	轻

根据研究区典型灾害年的统计,1994、1997、2002 和 2006 年湖北省晚稻出现过不同程度的低温冷害。因此,对这几年孝感、蕲春、阳新等地晚稻障碍型冷害开展台站模拟监测和验证,并以空秕率 5%~15% 为轻度冷害、15%~25% 为中度冷害、>25% 为重度冷害判别指标,结果见表 5.29 所示。空秕率模拟值的 $NRMSE=35\%$,与实测值存在一定差异,在将实际情况与模拟空秕率判断的冷害等级对比发现,对中、重度冷害,模型模拟的空秕率判断准

确率为 78%，NRMSE 也减小为 29%，但对轻度冷害，模型往往会出现高估，这说明模型存在高估轻度低温冷害影响的现象。

表 5.29　晚稻障碍型冷害的 ORYZA2000 模型站点监测结果

站点	年份	实际空秕率(%)	实际监测等级	模拟空秕率(%)	模拟监测等级
孝感	1994	19	轻	19	中
	1997	16	轻	19	中
	2002	14	轻	25	中
	2006	26	中	32	重
蕲春	1994	38	重	31	重
	1997	32	重	26	重
	2002	37	中	17	中
	2006	25	中	22	中
阳新	1994	22	中	16	中
	1997	23	中	17	中
	2002	33	重	27	重
	2006	36	重	19	中

　　图 5.30 为改进的 ORYZA2000 模型模拟的 30 年空秕率均值与实际空秕率的 30 年均值的空间分布比较，由图 5.30a 可知，长江中下游稻区晚稻空秕率的 30 年实际均值在 20%以上，低值中心出现在江西、浙江两省，多数地区不超过 40%，仅在安徽、江西等地个别站点出现 40%以上的高值区。模拟值与实际值的空间分布、低值区和高值区分布基本一致，但模拟结果未能呈现出江西省的高值区，模拟值值域范围也较实际值范围要小，NRMSE＝37.5%，这主要是因为本研究加入的空秕率模型主要是模拟低温环境下的空秕率，并未考虑高温热害等其他农业气象灾害和病虫害等因素对空秕率的影响。

　　选择 2005 年的数据，利用空秕率模拟模块对该年低温冷害的影响进行区域验证，模拟值与实际值对比如图 5.31 所示。长江中下游稻区 2005 年晚稻实际空秕率为 11%～37%，80%的区域在 12%～30%，浙江、江西等省出现个别高低值中心。模拟空秕率为 10%～30%，值域在 12%～30% 范围内的区域达到 90%以上，高低值中心与实际值稍有偏差，NRMSE＝46.3%，误差较大的原因主要是除冷害外的其他气象因素造成的空秕率会使模拟值与实际值相比产生低估。去掉实际空秕率在 30%以上的偏大点后，模拟误差 NRMSE 减小到 26.4%。

　　上述结果显示，无论站点监测还是区域监测模拟，其结果与实际情况均比较吻合，表明提出的监测方案具有一定的可靠性。然而，根据推算，当日平均温度过低(＜20℃)或过高(＞30℃)时，空秕率模拟模型存在高估晚稻障碍型冷害程度的可能。同时，在穗和产量形成阶段，其他气象灾害(如高温热害、连阴雨)同样会导致结实率下降，使得模拟的空秕率与实际情况存在较大偏差，增加了障碍型冷害监测等级的不确定性。

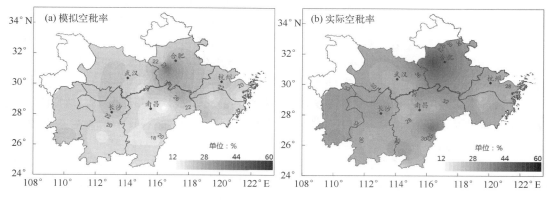

图 5.30   双季晚稻 30 年平均空秕率模拟值与实际值对比

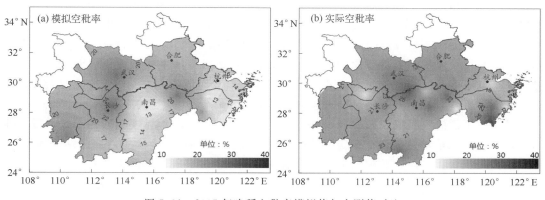

图 5.31   2005 年晚稻空秕率模拟值与实测值对比

5.2.2.5   双季稻低温灾害的微波遥感监测

研究将微波遥感数据与地面数据相结合通过混合建模反演逐日气温,该方法充分利用了微波遥感受天气影响小的特点,克服了南方常年多云的天气条件,为南方双季稻冷害监测提高了可靠的温度数据(程勇翔等,2012a、b,2014)。

选择 AMSR_E AE_L2A 数据集为研究对象。该数据包括传感器 12 个通道、6 个频率,分别是 6.925、10.65、18.7、23.8、36.5 和 89.0 GHz 的水平和垂直极化亮温。它们的空间分辨率分别为 56 km、38 km、21 km、24 km、12 km、5.4 km。每个条带由相关地理位置区域的数据打包而得,数据用 HDF 的格式存储。对于 AE_L2A 数据而言,除了极地地区外,在不到两天的时间内,升轨和降轨都可以将全球覆盖一次。

相关研究结果表明(毛克彪等,2006;刘曾林等,2009)AE_L2A 中的 89.0 GHz 垂直极化亮温与地表温度关系最为密切,另外该频率的空间分辨率也是 6 个频率中最高的。结合微波数据受大气影响小的特点,研究选择 89.0 HV-RES. 5B-TB (not-resampled)亮温作为数据源用于气温估算。通过数据集提供的相应经纬度坐标,利用 ENVI Build GLT 工具对每一条带的数据生成相应的 GLT 文件,在此基础上用 Georeference form GLT 工具对每一条带的数据进行几何校正。将校正好的数据用 Georeferenced 工具完成逐日 89.0 GHz 升轨和降轨的拼接。对升轨每日缺失的数据分别用该日前后两天的升轨数据的平均值进行插补,降轨数据的处理方法与升轨数据相同。将两幅完整的升轨和降轨数据值进行平均,结果作为日平均亮温数据。对结果进行单位换算成摄氏度((亮温×0.01)+327.68−273.15)。利用前面已获取的研究区范围进行裁剪,通过 Output ROI to ASCII 工具获取地面气象站点地理坐标对应的亮温值,将该值用于后续逐日气温模型的构建。

通过日平均温度与地理因子和微波亮温的相关性分析,找出了 2010 年冷害监测逐日气温方程的构建因子。对 2010 年日平均温度与其相关因子作图可知,日平均温度与纬度、海拔和微波亮温的关系最为密切,其平均相关系数分别为−0.53、−0.48 和 0.42。日平均温度和经度、坡度和坡向的相关性稍差,其平均相关系数分别为−0.07、−0.06 和−0.11,但它们在全年个别时段和气温的关系相对比较密切。如经度与气温在 3—5 月 8—9 月关系比较密切。坡向在 8 月和气温的关系比较密切。以上 6 种因子和气温的关系都有比较明显的变化规律。

在气温与相关因子分析的基础上,构建了 2010 年南方 9 省逐日平均气温推算方程。通过建立的 2010 南方 9 省逐日气温推测方程,利用已建立的纬度图、经度图、海拔图、坡度图、坡向图和微波亮温图推算出每日平均气温图。对模拟结果利用未参与建模的 90 个气象站实测数据与模型模拟结果进行比较,模拟平均气温和站点观测平均气温 RMSE 为 1.57℃。对模拟平均温度和站点观测平均温度的残差作图,其平均值为 0.01,结果完全符合正态分布。证明该研究方法基本能满足冷害监测精度需求,结果可以用于冷害监测。

从双季稻低温灾害气象监测指标中选择一套组合判定指标(表 5.30)用于微波遥感监测。其中南方双季早稻播种至育秧期低温冷害动态结果如表 5.31 所示。监测结果表明,双季早稻播种至育秧期冷害监测结果与已报道的冷害在发生空间和时间上相一致。根据 2011 年农业气象灾害统计年鉴记录,在 2010 年 4 月 11—16 日,江南大部和华南北部出现了 3～5 d 日平均气温≤12℃的低温天气,造成湖南、江西、浙江、等地部分早稻出现"烂种烂秧"现象,这与监测的结果相吻合(表 5.31,图 5.32,另见彩图 5.32)。

表 5.30　南方双季稻低温冷害监测指标表

类别	生育期	冷害指标		冷害等级
		日平均气温	持续日数(d)	
双季早稻	播种—育秧期	$\overline{T_{3\sim4\,d}}\leqslant12.0℃$	3～4	轻度
		$\overline{T_{5\sim6\,d}}\leqslant12.0℃$	5～6	中度
		$\overline{T_{7\,d}}\leqslant12.0℃$	≥7	重度
	分蘖期—孕穗期	$18.0℃\leqslant\overline{T_{5\,d}}\leqslant20.0℃$	5	轻度
		$15.6℃\leqslant\overline{T_{5\,d}}\leqslant17.9℃$	5	中度
		$\overline{T_{5\,d}}\leqslant15.5℃$	5	重度
双季晚稻	抽穗开花期	$\overline{T_{3\sim4\,d}}\leqslant20.0℃$	3～4	轻度
		$\overline{T_{5\sim6\,d}}\leqslant20.0℃$	5～6	中度
		$\overline{T_{7\,d}}\leqslant20.0℃$	7	重度

表 5.31 双季早稻播种至育秧期低温冷害监测结果

日期	轻度($10^3 hm^2$)	中度($10^3 hm^2$)	重度($10^3 hm^2$)	备注
2010-3-9	857.41			附图
2010-3-10	1513.48			附图
2010-3-11	455.4	763.09		附图
2010-3-12	5.74	17.13		
2010-3-26	737.51			附图
2010-3-27	1507.65			附图
2010-3-28	138.77	428.91		附图
2010-3-29	32.61	296.74		附图
2010-3-30	32.53	10.8	213.52	
2010-4-3	116.21			
2010-4-4	1519.75			附图
2010-4-5	38	5.28		
2010-4-6		10.73		
2010-4-7		5.45	5.28	
2010-4-8	237.06		10.73	附图
2010-4-9	155.61			附图
2010-4-13	754			附图
2010-4-14	1801.07			附图
2010-4-15	15215.43	754		附图
2010-4-16	16799	1631.93		附图
2010-4-17		58.22		
2010-4-24	95.49			
总计	42012.72	3982.28	229.53	

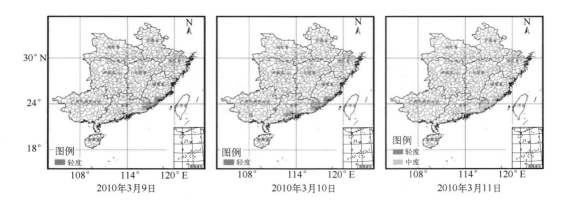

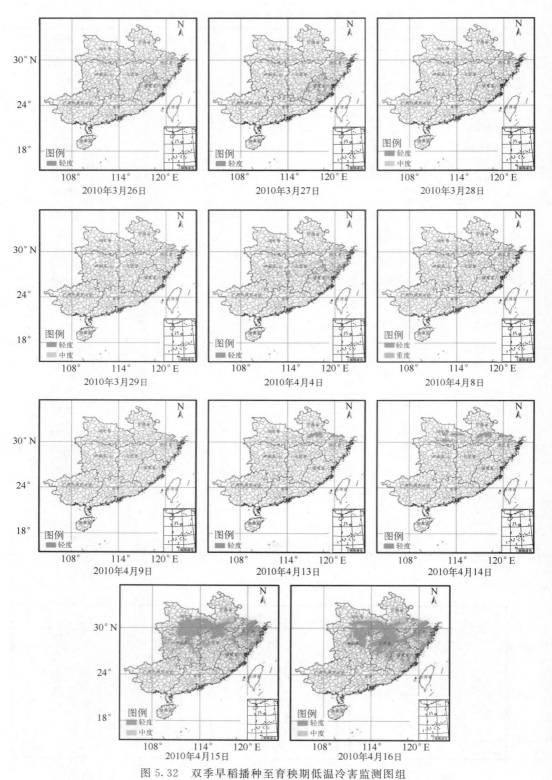

图 5.32　双季早稻播种至育秧期低温冷害监测图组

通过分析,2010 年南方 9 省双季早稻分蘖期至幼穗分化期内基本没有发生大范围的冷害,与事实相符合。只在湖南、湖北、江西、浙江、福建等地零星发生冷害(表 5.32,图 5.33,另见彩图 5.33)。

表 5.32　双季早稻分蘖至幼穗分化期低温冷害监测结果

日期	轻度(10^3 hm^2)	中度(10^3 hm^2)	重度(10^3 hm^2)	备注
2010-4-27	11.69			
2010-5-22	5.45			
2010-5-23	27.30	5.35		附图
2010-6-1	47.94	5.39		附图
2010-6-2	95.19	5.39		附图
2010-6-5	64.24	27.00	5.42	附图
2010-6-6	15.87	16.05	5.42	
2010-6-7	5.55	5.55		
2010-6-8	10.36			
2010-6-12	20.86			
2010-6-13	66.87	50.03		附图
2010-6-14	45.55			附图
2010-6-15	5.86			
总计	422.72	114.75	10.84	

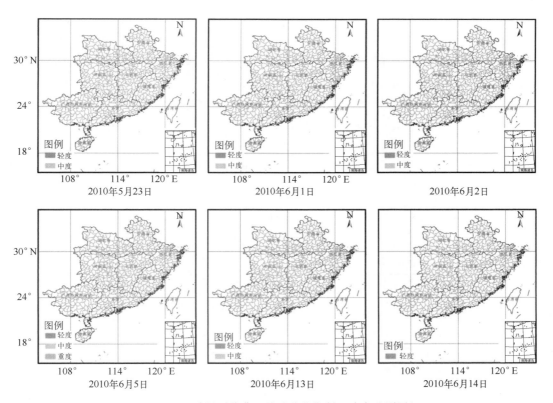

图 5.33　双季早稻分蘖至幼穗分化期低温冷害监测图组

类似地,研究了南方双季晚稻抽穗开花期低温冷害动态监测。结果显示,双季晚稻抽穗扬花期冷害监测结果与已报道的冷害在发生空间和时间上相一致。9 月下旬湖南中南部、江西北部、苏皖南部、湖北南部等地晚稻区出现了 3~6 d 日平均气温≤22℃、日最低气温低于 17℃ 的轻至中度"寒露风"天气,导致部分仍处于抽穗扬花期的晚稻授粉不良、空壳率增加,这与本文监测的结果相符合(表 5.33,图 5.34,另见彩图 5.34)。

表 5.33 双季晚稻抽穗开花期低温冷害监测结果

日期	轻度($10^3 hm^2$)	中度($10^3 hm^2$)	重度($10^3 hm^2$)	备注
2010-8-29	27.49			
2010-8-30	10.98			
2010-9-3	27.69			
2010-9-4	5.42			
2010-9-23	27.59			
2010-9-24	2407.33			附图
2010-9-25	9561.25	21.88		附图
2010-9-26	4821.84	1283.1		附图
2010-9-27	5.86	1086.11	21.88	附图
2010-9-28		518.67	99.6	附图
2010-9-29	30.58		534.52	附图
2010-9-30	554.22		440.25	附图
2010-10-1	59.87		94.19	附图
2010-10-2	34.5		47.98	
2010-10-3	17.7	11.23	47.98	
2010-10-4	26.05	23.3	15.88	
2010-10-5	69.1	17.7	21.48	
2010-10-6	289.23	20.97	22.75	附图
2010-10-7	96.97	37.8	17.7	附图
2010-10-8		50.15	23.51	
2010-10-9		11.48	17.51	
总计	18073.67	3082.39	1405.23	

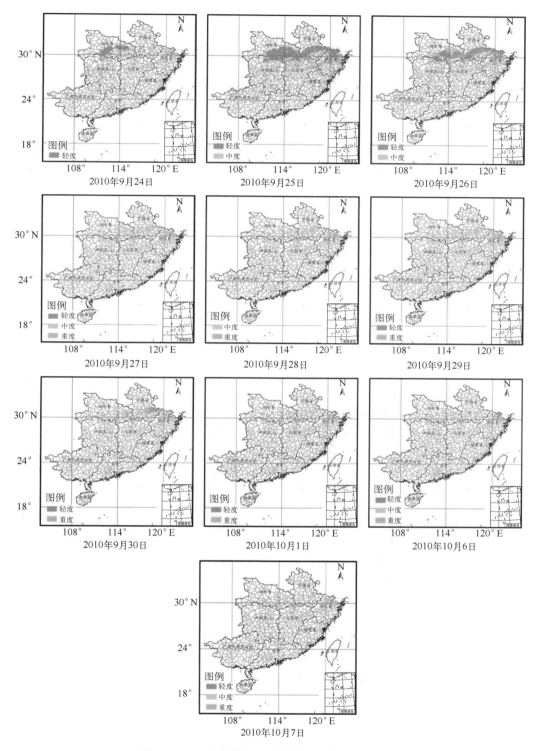

图 5.34　双季晚稻抽穗开花期低温冷害监测图组

5.3　小　结

本研究将气象、遥感和作物模型相结合,探讨从站点到区域的立体监测技术在水稻低温冷害监测中的可行性和可靠性。气象监测指标主要适用于站点尺度的低温冷害监测,监测结果覆盖范围局限于观测站附近。与此相比,遥感监测指标适用于大范围的低温冷害监测,不受空间的限制,但监测结果受到数据源的时间分辨率、空间分辨率和辐射分辨率的影响,不能够具体到某一个时段或某一个点。尽管 MODIS 数据一天有上午和下午两次过境,但南方稻区水稻生长季多云多雨,出现无效数据的概率较大。根据 MODIS 时序 EVI 指数来进行低温监测具有一定的理论意义,但在实际操作中,因去云平滑算法不同或算法参数变化都可能会影响到平滑后曲线的线形,曲线的变化可能会改变 CVI 指数,进而影响到监测结果。对于空间分辨率高的光学影像,因其时间分辨率低,可能会错过低温过程,再加上低温影响通常不会瞬时表现出来,这些问题都增加了光学卫星进行低温监测的不确定性。

通过被动式遥感反演地表温度实现监测的方法主要受空间分辨率的限制,另外,被动式微波信号与地表温度的关系还受到地表类型、地表面植被特征、地表含水量等因素的影响,不确定性较大。研究将遥感数据与地面数据相结合通过混合建模反演逐日气温,该方法充分利用了微波遥感受天气影响小的特点,克服了南方常年多云的天气条件,通过与地表温度显著相关的 AMSR_E_L2A 89.0 GHz 亮温趋势面信息有效提高了气温反演精度,使模拟日气温均方根误差在 1.57℃,保证了冷害监测结果的准确性。通过地面数据和微波数据的实时获取,借助 IDL 计算机编程语言,该方法能够实现对大范围不同级别的冷害进行同步监测,指导生产者对灾害做出及时响应,减少冷害损失。相比以往的冷害监测研究在监测方法上有所改进,但研究在日平均气温获取技术上仍属于统计学范畴,没能从原理上攻克遥感大气温度反演这一理论难题,相关问题还有待于今后深入研究。

作物品种参数需要结合区域主栽品种观测资料进行定标,以代表该区域水稻品种的普遍特性。杨沈斌等(2010)通过参数优化方法,结合农业气象观测资料建立了长江中下游稻区双季稻的品种参数,但随着品种的更新换代,这些参数已无法代表新品种的特性。另外,模型在区域应用上需要假设区域的田间管理方案,包括播种期、移栽期、种植密度、水肥管理等。本研究模拟早稻时假设播期为每年日平均温度稳定通过 13℃ 的初始日期(采用 5 日滑动平均法),秧田期默认为 25 d,种植密度采用模型默认输入,且忽略水肥限制。双季晚稻播种日期比早稻成熟期提前 15 d,秧田期、种植密度等均采用模型默认。对于网格内早稻模拟出错的,双季晚稻播种期设定为 6 月 22 日。然而,这些都会影响到模拟的结果,增加监测的不确定性。生育期模型在延迟型冷害监测应用中存在参数定标困难的问题,这主要是水稻光周期敏感始无法从实际观测中获取,因此,幼穗分化前水稻发育速率的变化可能无法分清是温度还是光周期的作用。例如,发育速率减缓,可能是温度低的原因,也可能是该品种对光周期敏感,在日长大于品种临界日长的情况下,发育延迟,开花推后。

另一个值得注意的问题是,部分指标的建立依据来自农业气象观测资料。从这些资料中记录的水稻生长期灾害情况看,低温冷害不是唯一一种可能导致生育期和产量变化的灾害。多数站点还受到高温热害、连阴雨和低温寡照的影响,因此,在无法提取各灾种独自作用的情况下,将观测的生育期、产量要素及产量变化归咎为低温冷害,可能高估了低温灾害的作用,在指标上反映为温度指标值偏低。

立体监测方案在实际应用中可能存在误差放大的问题,即不同指标、方法和数据源的监测都存在不同程度的误差。将这些方法联合起来,可能会造成误差在方法中传递,进而增加监测结果的不确定性。然而,立体监测方案具有较高的可行性,在监测验证中表现出较好的效果。

参考文献

陈斐,杨沈斌,申双和,等.2014.基于主成分回归法的长江中下游双季早稻相对气象产量模拟模型.中国农业气象.**35**(5):522-528.

程勇翔,王秀珍,郭建平,等.2012a.农作物低温冷害监测评估及预报方法评述.中国农业气象.**33**(2):297-303.

程勇翔,王秀珍,郭建平,等.2012b.中国水稻生产的时空动态分析.中国农业科学.**45**(17):3473-3485.

程勇翔,王秀珍,郭建平,等.2014.中国南方双季稻春季冷害动态监测.中国农业科学.**47**(24):4790-4804.

房世波.2011.分离趋势产量和气候产量的方法探讨.自然灾害学报,**20**(6):13-18.

高亮之,金之庆,黄耀.1992.水稻栽培计算机模拟优化决策系统.北京:中国农业科技出版社,21-40.

顾世梁,朱庆森,杨建昌,等.2001.不同水稻材料籽粒灌浆特性的分析.作物学报.**27**:7-14.

郭建平,马树庆,等.2009.农作物低温冷害监测预警理论和实践.北京:气象出版社,4-62.

黄耀,高亮之,金之庆,等.1994.水稻群体茎蘖动态的计算机模拟模型.生态学杂志.**13**(4):27-32.

霍治国,李茂松,王丽,等.2012.降水变化对中国农作物病虫害的影响.中国农业科学.**45**(10):1935-1945.

刘新圣,孙睿,武芳,等.2010.利用 MODIS-EVI 时序数据对河南省土地覆盖进行分类.农业工程学报.**26**(Sup.1):213-219.

刘曾林,唐伯惠,李召良.2009.Amsr-E 微波数据反演裸地地表温度算法研究.科技导报.**27**(4):24-27.

陆魁东,罗伯良,黄晚华,等.2011.影响湖南早稻生产的五月低温的风险评估.中国农业气象.**32**(2):283-289.

毛克彪,施建成,李召良,等.2006.一个针对被动微波 Amsr-E 数据反演地表温度的物理统计算法.中国科学(D辑:地球科学).**36**(12):1170-1176.

彭国照,郝克俊.2003.四川盆地杂交水稻茎蘖动态及气象模拟模型.西南农业大学学报(自然科学版).(3):243-247.

邵玺文,阮长春,赵兰坡,等.2005.分蘖期水分胁迫对水稻生长发育及产量的影响.吉林农业大学学报,(1):6-10.

孙卫国,程炳岩,杨沈斌,等.2011.区域气候变化对华东地区水稻产量的影响.中国农业气象.**32**(2):227-234.

王连喜,吴敏先,张峰,等.1996.利用卫星遥感资料对宁夏水稻低温冷害的初步分析.宁夏气象.(4):28-31.

王绍武,马树庆,陈莉,等.2009.低温冷害.北京:气象出版社,23-71.

闫峰,史培军,武建军,等.2008.基于 MODIS-EVI 数据的河北省冬小麦生育期特征.生态学报.**28**(9):4381-4387.

杨沈斌.2008.基于 ASAR 数据的水稻制图与水稻估产研究.南京:南京信息工程大学,1-80.

杨沈斌,江晓东,王应平,等.2014.基于 Richards 扩展方程提取水稻灌浆结实光温特性参数.作物学报.**40**(10):1792-1802.

杨沈斌,景元书,王琳,等.2012.基于 MODIS 时序数据提取河南省水稻种植分布.大气科学学报.**35**(1):113-120.

杨沈斌,申双和,赵小艳,等.2010.气候变化对长江中下游稻区水稻产量的影响.作物学报.**36**(9):1519-1528.

姚克敏,田红.1998.我国籼型杂交稻分蘖的生态类型及其利用.南京气象学院学报.**4**:443-453.

袁继超,刘从军,朱庆森,等.2004.播期对水稻籽粒灌浆特性的影响.西南农业学报.**17**(2):164-168.

朱庆森,曹显祖,骆亦其.1988.水稻籽粒灌浆的生长分析.作物学报.**14**:182-192.

邹江石，吕川根，王才林，等. 2003. 两系杂交稻"两优培九"的选育及其栽培特性. 中国农业科学. 36：869-872.

Bouman B A M, Kropff M J, Tuong T P, *et al.* 2001. ORYZA2000：*Modelling Lowland Rice*. Los Banos：International Rice Research Institute；Wageningen：Wageningen University and Research Center，3-235.

Duan Q Y, Sorooshian S, Gupta V K. 1994. Optimal use of the SCE-UA global optimization method for calibrating Watershed Models. *Journal of Hydrology*. **158**：265-284.

Farquhar G D, von Caemmerer S, Berry J A. 1980. A biochemical model of photosynthetic CO_2 assimilation in leaves of C_3 species. *Planta*. **149**：78-90.

Horie T, Nakagawa H, Centeno H G S. 1995. *The Rice Crop Simulation Model SIMRIW and Its Testing*. Modeling the impact of climate change on rice production in Asia. Wallingford (UK)：CAB International，and Manila (Philippines)：International Rice Research Institute，51-66.

Jiang Z Y, Huete A R, Didan K, *et al.* 2008. Development of a two-band enhanced vegetation index without a blue band. *Remote Sensing of Environment*. **112**(10)：3833-3845.

Jönsson P, Eklundh L. 2004. TIMESAT—a program for analyzing time-series of satellite sensor data. *Computer & Geosciences*. **30**(8)：833-845.

Leuning R. 2002. Temperature dependence of two parameters in a photosynthesis model. *Plant, Cell & Environment*. **25**(9)：1205-1210.

Liu, J, Liu, M, Zhuang, D, *et al.* 2003. Study on spatial patterns of land use change in China during 1995—2000. *Science in China*. **46**：373-384.

Medlyn B E, Dreyer E, Ellsworth D, *et al.* 2002. Temperature response of parameters of a biochemically based model of photosynthesis. II. A review of experimental data. *Plant, Cell & Environment*. **25**(9)：1167-1179.

Peng D L, Huete A R, Huang J F, *et al.* 2011. Detection and estimation of mixed paddy rice cropping patterns with MODIS data. *International Journal of Applied Earth Observations and Geoinformation*. **13**(1)：13-23.

Ritchie J T, Alocilja E C, Singh U, *et al.* 1987. *IBSNAT and the CERES-Rice model in Weather and rice*. Manila：IRRI, 271-281.

Warren C R, Dreyer E. 2006. Temperature response of photosynthesis and internal conductance to CO_2：Results from two independent approaches. *Journal of Experimental Botany*. **57**(12)：3057-3067.

Yang S, Zhao X, Li B, *et al.* 2012. Interpreting RADARSAT-2 Quad-Polarization SAR Signatures From Rice Paddy Based on Experiments. *Geoscience and Remote Sensing Letters*. *IEEE*. **9**(1)：65-69.

Yang W, Peng S B, Dionisio-Sese M L, *et al.* 2008. Grain filling duration, a crucial determinant of genotypic variation of grain yield in field-grown tropical irrigated rice. *Field Crops Research*. **105**：221-227.

Yin X Y, Kropff M J, Horie T, *et al.* 1997. A model for photothermal responses of flowering in rice：I. Model description and parameterization. *Field Crops Research*. **51**：189-200.

Yin X Y, Kropff M J, McLaren G, *et al.* 1995. A nonlinear model for crop development as a function of temperature. *Agriculture and Forest Meteorology*. **77**：1-16.

Yoshida S. 1981. *Fundamentals of rice crop science*. Los Banos：International Rice Research Institute，70-76.

第6章 西南农业干旱的立体监测技术

本章主要介绍西南地区农业干旱立体监测指标、立体监测技术构建方法及其在西南地区农业干旱监测中的应用与验证。

6.1 立体监测指标

干旱监测指数多种多样，各有优劣。根据不同的建立途径，将气象类干旱指数分为两类，第一类是统计分析降雨量的分布来反映干旱持续时间和发生强度的监测指数，第二类是力图细致反映干旱形成机理的监测指数。前者数据获取容易，模型简单，计算便捷，加之不涉及任何干旱机理，具有较强的时空适宜性。但这类干旱指数的缺点是虽然采用了干旱的主要影响因素，但是不能全方面地反映出导致干旱形成的复杂性。后者又分为简单多因素综合监测指数和复杂多因素综合监测指数。其中，简单多因素综合监测指数一般考虑导致干旱形成的两个或多个因素，表现为降水量与蒸发量或作物需水量或蒸发－土壤水分盈亏量之间的比值、差值等形式，需要的参量容易收集，不足之处是这种干旱指数往往具有较强的针对性和区域性，缺乏普适性。复杂多因素综合监测指数对数据要求较高，计算繁杂，与区域气候、土壤等多方面因素相关，不具有普适性。因此，完全有必要把多种干旱监测指标综合到一起，发展基于多源数据的农业干旱立体监测技术，克服单一监测方法的局限性，增强对地形复杂的西南地区的适应性，提高对西南地区干旱监测的精确性（刘宗元，2015）。本节主要是构建集降水量距平指数、作物水分亏缺指数、土壤相对湿度以及遥感方法为一体的西南农业干旱立体监测指标指标，研发适合西南丘陵山地的立体监测技术。

6.1.1 基于气象数据的农业干旱监测指标

6.1.1.1 降水距平率

（1）计算方法

降水距平百分率（Pa）指数是一个传统的干旱监测指标，更是单因素指数类方法中的典型代表。它是某时段内的降雨量与同期多年（至少30年）平均降雨量之差与同期多年平均降雨量的比值，表示某时段的降雨量较同期常年降雨量的偏离程度，直观地反映出由于降水异常引起的干旱情况。Pa 在日常气象业务中多用于对月、季、年时间尺度的干旱进行评估（杨绍锷等，2010）。Pa 指数资料获取容易，简单直观，计算公式如下：

$$Pa = \frac{P - \overline{P}}{\overline{P}} \times 100\% \tag{6.1}$$

$$\overline{P} = \frac{1}{n}\sum_{i=1}^{n} P_i \tag{6.2}$$

式中，P 为某时段的降雨量（mm）；$\overline{P}$ 为同期计算时段内的平均降雨量（mm）；n 为51，即文中取1960至2010年共51年，$i=1,2,3,4,\cdots,51$。

以从 1960 年到 2010 年共计 51 年间的月降雨量数据为历史数据,计算每月同期的平均降雨量 $\overline{P}$,然后以 2008 年到 2010 年每年 1—4 月间的月降雨量数据为观测样本数据,对西南地区干旱易发时段进行干旱监测。由于该数据为点数据,非区域面上的数据,需要将点数据进行空间插值。为方便后面的分析应用,这里统一采用 ARCGIS 软件空间分析模块中反距离权重插值(IDW,inverse distance weighted interpolation)方法进行空间插值,设定像元大小为 1000 m,生成降水距平百分率指数空间栅格分布图。

(2)干旱等级划分

依据西南地区农田墒情及农业干旱特点,结合国家干旱等级标准,划分出降水距平百分率的干旱等级,如表 6.1 所示。

表 6.1　降水距平百分率干旱等级

干旱等级	Pa 值
无旱	$-40 \leqslant Pa$
轻旱	$-60 \leqslant Pa < -40$
中旱	$-80 \leqslant Pa < -60$
重旱	$Pa < -80$

6.1.1.2　标准化降水指数

(1)计算方法

标准化降水指数(SPI)与降水距平百分率指数不同,它是表征某个时段降雨量出现概率大小的指标。研究表明降雨量呈现偏态分布,采用 Γ 概率分布函数描述降雨量的变化情况更为合理。SPI 采用 Γ 概率分布表示降雨量的变化,再将呈偏态概率分布的降雨量进行正态标准化处理,最后用标准化降雨累计频率分布划分干旱等级(黄晚华等,2010)。SPI 指数仅涉及降雨量一个参量,资料获取容易,计算方法简单,对干旱变化敏感性较强,可消除降水的时空差异,适用于月及以上时间尺度的干旱监测,计算公式如下:

$$SPI = S \frac{t - (c_2 t + c_1)t + c_0}{[(d_3 t + d_2)t + d_1]t + 1.0} \tag{6.3}$$

$$t = \sqrt{\ln \frac{1}{G(x)^2}} \tag{6.4}$$

式中,S 为概率密度的正负系数;c_0、c_1、c_2 和 d_1、d_2、d_3 为 Γ 分布函数转换为累积频率简化近似求解公式的计算参数,取值为 $c_0 = 2.515517$,$c_1 = 0.802853$,$c_2 = 0.010328$,$d_1 = 1.432788$,$d_2 = 0.189269$,$d_3 = 0.001308$;x 为降雨量,单位 mm;$G(x)$ 是与 Γ 函数有关的降雨分布概率,计算公式如下式所示;当 $G(x) > 0.5$ 时,$S = 1$;当 $G(x) \leqslant 0.5$ 时,$S = -1$。

$$G(x) = \frac{1}{\beta^\gamma \Gamma(\gamma)_0} \int_0^x x^{\gamma-1} e^{-x/\beta} dx, x > 0 \tag{6.5}$$

式中,β,γ 为 Γ 函数的尺度和形状参数。

根据上述公式,以月为时间尺度,计算出研究区域各站点 1960—2010 年逐月降雨量的 SPI 值。与降水距平百分率指数保持一致,也采用 ARCGIS 软件空间分析模块中反距离权重插值(IDW,inverse distance weighted interpolation)方法进行空间插值,设定像元大小为 1000 m,生成 SPI 空间栅格分布图。

（2）干旱等级划分

依据西南地区土壤墒情及农业干旱特点，结合国家干旱等级标准，划分出 SPI 干旱等级标准，如表 6.2 所示。

表 6.2　标准化降水指数干旱等级

干旱等级	SPI 值
无旱	$-0.50 \leqslant SPI$
轻旱	$-1.00 \leqslant SPI < -0.50$
中旱	$-1.50 \leqslant SPI < -1.00$
重旱	$SPI < -1.50$

6.1.1.3　相对湿润度指数

（1）计算方法

相对湿润度指数综合考虑降水、温度、蒸散量对水分平衡的作用，在监测典型干旱区域时效果较好，是一个理想的干旱监测指标。它表征气候的干湿程度，是某段时间内的降雨量与可能蒸散量之差与同时段内可能蒸散量的比值，反映某时段内土壤水分平衡特征，用于旬以上尺度的干旱监测（姚玉璧等，2014）。具体计算公式如下：

$$M = \frac{P - E_0}{E_0} \qquad (6.6)$$

$$E = \frac{0.408\Delta(R_n - G) + \gamma \dfrac{900}{T + 273} U_2 (e_a - e_d)}{\Delta + \gamma(1 + 0.34U_2)} \qquad (6.7)$$

式中，M 为某时段的相对湿润指数，P 为降雨量，mm；E_0 为可能蒸散量，mm；R_n 为到达作物表面的净辐射，MJ·$(m^2 \cdot d)^{-1}$；G 为土壤热通量密度，MJ/$(m^2 \cdot d)$；γ 为湿度计常数，kPa/℃；T 为平均气温，℃；U_2 为离地 2 m 高处风速，m/s；e_a 为空气饱和水汽压，kPa；e_d 为空气实际水汽压，kPa；Δ 为温度与饱和水汽压关系曲线的斜率。

据上述计算公式，以月为时间尺度，计算出研究区域各站点 1960－2010 年逐月的相对湿度值 M 值，同样采用 ARCGIS 软件空间分析模块中反距离权重插值（IDW，inverse distance weighted interpolation）方法进行空间插值，设定像元大小为 1000 m，生成 M 空间栅格分布图。

（2）干旱等级划分

依据西南地区农业干旱及土壤实测墒情，结合国家干旱等级标准，划分出相对湿润指数 M 的干旱等级标准，如表 6.3 所示。

表 6.3　相对湿润度指数干旱等级

干旱等级	M 值
无旱	$-0.40 \leqslant M$
轻旱	$-0.65 \leqslant M < -0.40$
中旱	$-0.80 \leqslant M < -0.65$
重旱	$M < -0.80$

6.1.2 基于遥感数据的农业干旱监测指标

干旱的发生导致植被根部土壤供水不足,造成植被蒸腾作用减少,叶面气孔关闭,温度升高,进而导致叶片叶绿素含量降低或枯萎。因此,植被指数、地面温度或近红外波段反射率的变化可作为干旱监测指数的指示因子(闫峰等,2006)。

由于特殊气候条件和地形地貌,西南地区常年植被覆盖状况良好,因此在选择遥感干旱监测指数时,应选用适宜于植被覆盖度较高的干旱监测指数,同时还需考虑监测指数在整个西南地区范围内计算的难易程度。单纯地使用植被指数如归一化植被指数、距平植被指数等会导致监测具有滞后性,且考虑因子过于单一片面;作物缺水指数法精度很高,但计算因子太多比较复杂,用于大范围区域不太实际。本文选择能有效反映植被水分含量信息的植被水分指数 NDWI、综合考虑植被指数和地表温度的植被供水指数 VSWI 以及遥感蒸散指数 SEBS-DSI 为例,介绍各遥感干旱监测指数的计算方法及各模型在西南地区农业干旱监测中的适用性。

6.1.2.1 植被供水指数

(1)计算方法

植被供水指数是利用植被指数与冠层温度的比值构建起来的综合指数。国家气象卫星中心定义的植被供水指数为归一化植被指数(NDVI)与冠层温度的比值。由于 NDVI 存在没有处理低植被覆盖区域的土壤背景问题,在高植被覆盖区域时具有饱和性,对大气影响纠正不彻底等缺点(王正兴和刘闯,2003),本文选择对 NDVI 继承和改进后的增强型植被指数(EVI)来计算 VSWI。研究表明基于 EVI 和冠层温度的 VSWI 干旱监测效果更好(易佳,2010),其计算公式为:

$$VSWI = \frac{EVI}{Ts} \times 100 \tag{6.8}$$

$$EVI = 2.5 \times \frac{\rho_2 - \rho_1}{\rho_2 + 6.0 \times \rho_1 - 7.5 \times \rho_3 + L} \tag{6.9}$$

式中,ρ_1、ρ_2、ρ_3 分别是 MODIS 传感器的第 1 波段、第 2 波段、第 3 波段反射率。L 为传感器系数,其值为 1000。T_s 为地表温度,单位为 K。VSWI 值越小,表明受旱程度越大,反之,受旱程度越小。

(2)干旱等级指标的划分

根据上述方法计算出 VSWI 指数值,并与地面实测 10 cm 土壤湿度站点数据作相关性分析,图 6.1 显示了 10 cm 土壤湿度数据(Y)与 VSWI 指数之间的对应关系,并进行线性拟合,得到线性拟合方程为:$Y = 76.31 \times VSWI + 62.523 (R^2 = 0.326)$。

由土壤水分数据与植被供水指数值的回归方程,可以得出植被供水指数的干旱等级划分标准,如表 6.4 所示。

表 6.4 植被供水指数(VSWI)干旱分级标准

干旱等级	VSWI 值
无旱	$0.13 \leqslant VSWI$
轻旱	$0.12 \leqslant VSWI < 0.13$
中旱	$0.11 \leqslant VSWI < 0.12$
重旱	$VSWI < 0.11$

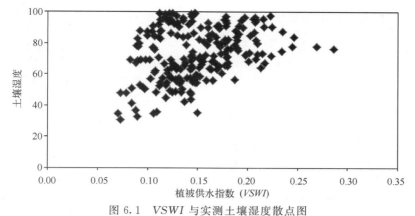

图 6.1　*VSWI* 与实测土壤湿度散点图

6.1.2.2　植被水分指数

（1）计算方法

植被冠层的水分含量是植被的生理指标之一，植被冠层受水分胁迫是干旱导致的直接结果，因此植被冠层水分含量与水分胁迫直接相关，可用来表征受旱情况的指标。在 0.98 μm，1.2 μm，1.4 μm，1.9 μm，2.7 μm 这五处的波谱对植被水分含量的变化十分敏感，基于波普组合的植被水分指数被大量提出，并利用植被水分指数量化植被水分信息来反演植被受旱情况（Gao，1996）。有研究表明植被水分指数（*NDWI*）可客观地体现地表植被水分信息，对植被冠层受旱能及时地响应（宋小宁和赵英时，2004）。因此本文也选用植被水分指数（*NDWI*），其计算公式如下：

$$NDWI = \frac{b_n - b_m}{b_n + b_m} \tag{6.10}$$

式中，b_n 和 b_m 分别为近红外光谱波段和中红外光谱波段。*NDWI* 值越大表示植被冠层水分含量越高。

（2）干旱等级划分

同植被供水指数一样，根据上述方法计算出 *NDWI* 指数值，并与地面实测 10 cm 土壤湿度站点数据作相关性分析，图 6.2 显示了 10 cm 土壤湿度数据（*Y*）与 *NDWI* 指数之间的对应关系，并进行线性拟合，得到线性拟合方程为：$Y = 55.56 \times NDWI + 60.506$（$R^2 = 0.416$）

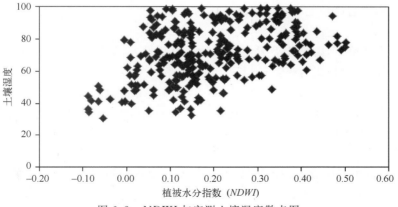

图 6.2　*NDWI* 与实测土壤湿度散点图

结合土壤湿度与植被水分指数拟合方程,可以得到植被水分指数 $NDWI$ 的干旱等级划分标准,如表 6.5 所示。

表 6.5　**NDWI 干旱等级划分标准**

干旱等级	NDWI 值
无旱	$0.13 \leqslant NDWI$
轻旱	$0.09 \leqslant NDWI < 0.13$
中旱	$0.04 \leqslant NDWI < 0.09$
重旱	$NDWI < 0.04$

6.1.2.3　遥感蒸散指数模型

遥感蒸散模型 SEBS 发展了一个适用于大区域尺度的地表能量通量估算的热传输粗糙度长度物理模型(Su et al.,2001,2002),在区域蒸散估算中获得了较广泛应用。本研究在前期对 SEBS 遥感模型进行模型验证的基础上(何延波等,2006),计算遥感观测时次的各地表能量通量,进而获得蒸发比并定义干旱程度指数 DSI($SEBS$-DSI)。

(1)计算方法

在近地面,假定净辐射等于感热通量、潜热通量和地面热通量之和,则任意一时刻的地表能量平衡方程为:

$$R_n = G_0 + H + \lambda E \tag{6.11}$$

式中,R_n 为净辐射;G_0 为土壤热通量;λE 为潜热通量(其中 λ 为水的汽化潜热,E 为水蒸散通量);H 为感热通量。利用原 SEBS 模型中的相关方法估算式中的净辐射、感热通量和土壤热通量;同时利用地表能量平衡指数(SEBI,Surface Energy Balance Index)来估算蒸发比并进而推算潜热通量。

1)地表能量平衡指数 $SEBI$

SEBS 模型利用地表能量平衡指数 $SEBI$ 来估算蒸发比:

$$SEBI = \frac{H - H_{wet}}{H_{dry} - H_{wet}} \tag{6.12}$$

式中,H、H_{wet}、H_{dry} 分别为地表感热通量、土壤水分供给充分的湿润地表环境(简称"湿润地表环境")下的感热通量和土壤水分严重亏缺的干燥地表环境(简称"干燥地表环境")下的感热通量。

在干燥地表环境下,由于几乎无土壤水分供给蒸发,潜热通量约为零,这时的感热通量达到最大值,即由(6.11)式可得:

$$H_{dry} = R_n - G_0 - \lambda E_{dry} \cong R_n - G_0 \tag{6.13}$$

式中,λE_{dry} 为干燥地表环境下的潜热通量($\lambda E_{dry} \cong 0$);而在湿润地表环境下,潜热通量达到最大值,这时感热通量则为最小值,即由(6.11)式有:

$$H_{wet} = R_n - G_0 - \lambda E_{wet} \tag{6.14}$$

式中,λE_{wet} 是湿润地表环境下的潜热通量,由于有充足的土壤水分供应,地表以潜在蒸发速率蒸发并可由 Penman-Monteith 方法求得。

2）蒸发比

相对蒸发 Λ_r 是实际蒸发与潜在蒸发的比值：

$$\Lambda_r = \frac{\lambda E}{\lambda E_p} \tag{6.15}$$

根据在湿润地表环境下，地表是以潜在蒸发速率进行蒸散的特点，则上式可改写为：

$$\Lambda_r = \frac{\lambda E}{\lambda E_{wet}} = 1 - \frac{\lambda E_{wet} - \lambda E}{\lambda E_{wet}} \tag{6.16}$$

将式（6.11）、（6.13）和（6.14）代入上式，并根据 SEBI 定义（6.12 式）可得：

$$\Lambda_r = 1 - \frac{H - H_{wet}}{H_{dry} - H_{wet}} = 1 - SEBI \tag{6.17}$$

蒸发比 Λ 可定义为潜热通量与可利用能量的比值，即：

$$\Lambda = \frac{\lambda E}{R_n - G} \tag{6.18}$$

将（6.16）、（6.17）代入（式 6.16）则可得：

$$\Lambda = \frac{\lambda E}{R_n - G} = \frac{\Lambda_r \cdot \lambda E_{wet}}{R_n - G} = (1 - SEBI)\frac{\lambda E_{wet}}{R_n - G} \tag{6.19}$$

获得蒸发比后，利用上式可获得潜热通量或求得干旱程度指数。

3）干旱程度指数

由蒸发比定义可知，蒸发比是潜热通量与可利用能量的比值，同时根据潜热通量的定义，则蒸发比实际上是将土壤中的水分转移到空气中所消耗的能量（包括植被蒸腾与裸露地表的直接蒸发）与整个可利用能量的比值。因此在土壤水分亏缺的干燥地表环境下（极度干旱情形下），由于无可用土壤水分供给蒸发，潜热（或蒸发）通量将会约为零；相反，在土壤水分充分供应的湿润地表环境下（水分供应充足的农田或水面、湿地等），潜热（或蒸发）通量将会达到最大值。由此分析，我们可以通过蒸发比来定义如下的一个干旱程度指数 DSI：

$$DSI = 1 - \Lambda = 1 - \frac{\lambda E}{R_n - G} \tag{6.20}$$

干旱程度指数 DSI 指数的物理意义是，当其值为 1.0 时，表示为有最为严重的干旱发生，此时土壤中无任何的水分供给蒸发或蒸腾；但指数的值为 0 时，表示为土壤中有充足的水分供给蒸发或蒸腾，无干旱或水分胁迫现象出现。

4）SEBS-DSI 指数 10 d 合成图

通过对西南地区 2010 年上半年 SEBS-DSI 指数逐日计算结果分析后发现，由于西南地区云日较多，受其影响，基于可见光—热红外波段的 SEBS 模型计算的逐日 SEBS-DSI 指数计算结果中大部分区域无有效计算结果值。为构建尽可能全面覆盖西南地区的 SEBS-DSI 指数图，采用过去 10 d 有效 SEBS-DSI 指数值的滚动均值合成方法，以获得最近 10 d 的平均 SEBS-DSI 指数图。计算方法为：

$$Val_i = \frac{\sum_{j-1}^{10} Val_{ij}}{Cnt_i} \tag{6.21}$$

式中，Val_i 为像素 i 的合成结果，Val_{ij} 为像素 i 在第 j 日的有效 SEBS-DSI 值，Cnt_i 为像素 i 在合成时段内有效 SEBS-DSI 值数目，i 为像素点序号，j 为合成日序号，取值 1，2，3，…，10。

（2）干旱等级划分

依据现行国家气象中心基于土壤水分相对湿度的干旱程度划分标准，结合实测土壤湿度，得到 *SEBS-DSI* 的干旱等级，见表6.6。

表6.6　基于 *SEBS-DSI* 的农业干旱等级划分

干旱等级	SEBS-DSI 值
无旱	<0.4
轻旱	$0.4\sim0.6$
中旱	$0.6\sim0.8$
重旱	$0.8\sim0.9$
特旱	$\geqslant0.9$

6.2　立体监测技术

前面提到干旱监测指数多种多样，各有优劣。基于气象数据的干旱监测指数数据获取容易，模型简单，计算便捷，加之不涉及任何干旱机理，因此具有较强的时空适宜性，这类干旱指数的缺点是虽然采用了干旱的主要影响因素，但是不能全方面地反映出导致干旱形成的复杂性。而反应干旱形成机理的多因素监测模型对数据要求较高，计算繁杂，与区域气候、土壤等多方面因素相关，具有较强的针对性和区域性。因此，完全有必要把多种干旱监测模型融合到一起，发展基于多源数据的综合干旱监测指数，克服单一监测方法的局限性，增强对地形复杂的西南地区的适应性，提高对西南地区干旱监测的精确性（刘宗元，2015）。

6.2.1　立体监测方案

6.2.1.1　两指标综合

（1）参量研究

植被生长状况、降雨量、地表温度等因素均能不同程度地反映地表干旱情况，然而干旱是一个复杂、缓慢的过程，以单一类型的指数监测干旱只能得到片面的结论。气象类干旱监测指数主要反映受温度、降雨量和蒸散量等因素引发的干旱，而遥感类干旱监测指数主要以植被状况来反映干旱，二者具有互补性，因此建立一个以气象类干旱监测指数和遥感类干旱监测指数为参量的综合干旱监测指数能弥补单一类型监测指数的缺陷，丰富干旱监测机理，提高干旱监测指数在西南地区复杂地形中的适应性。

不论是气象类监测指数还是遥感类监测指数，均与土壤水分含量关系密切。探讨土壤水分含量与各类干旱监测指数间的关系，通常采用的是简单线性相关关系统计指标。统计学家 Pearson 设计了可以反映不同变量之间的相关关系的统计指标，包括相关系数、非线性相关系数和复相关系数，其中相关系数能够反映两变量间线性相关关系。所以本研究以两变量间的简单相关性为依据，挑选出与土壤水分含量数据相关性高的气象干旱监测指数和遥感干旱监测指数，用以作为建立综合干旱监测指数的参量。

为使各个干旱监测指数具有可比性，采用相同的土壤墒情站点与各指数以及各指数间进行相关性分析。剔除掉分布于受云雪覆盖区域的部分土壤墒情站点外,还有 50 个有效站点,包括芒市、丽江、蒙自、西昌、陆良、兴义、兴仁、盘县、望谟、罗甸、习水、惠水、独山、榕江、三穗、铜仁、桐梓、思南、巴中、简阳、名山、洪雅、酉阳、平武、仁怀、东兴区、苍溪、北碚、安岳、丰都、奉节、汉源、赫章、汇川等。统计的结果如表 6.7 所示。

表 6.7　土壤站点、各干旱指数间相关性

	土壤	MI	Pa	SPI	VSWI	NDWI
土壤	1.000					
MI	0.477**	1.000				
Pa	0.311**	0.421**	1.000			
SPI	0.392**	0.672**	0.692**	1.000		
VSWI	0.326**	0.347**	0.021	0.207**	1.000	
NDWI	0.416**	0.477**	0.216**	0.338**	0.630**	1.000

注释:MT 为相对湿润指数;Pa 为降水距平百分率;SPI 为标准化降水指数;VSWI 植被供水指数;NDWI 为植被水分指数。

从表中可以看出,以月为时间尺度,不论是土壤墒情数据与各干旱监测指数间,还是各干旱监测指数之间,基本上通过了 0.01 的双侧性显著检验,而且均成正相关。气象类干旱监测指数中,Pa 与 SPI 相关性最高,相关系数为 0.692;其次为 SPI 与 MI,相关系数为 0.672。遥感干旱监测指数中 VSWI 与 NDWI 相关系数为 0.630。气象类干旱监测指数与遥感类干旱监测指数中,NDWI 与 MI 相关性最高,相关系数为 0.477,其次为 NDWI 与 SPI,相关系数为 0.338。由此可见,同一类型的干旱监测指数之间的相关性高于不同类型指数之间的相关性,进一步说明不同类型指数进行干旱监测的机理和反映的干旱信息不同,二者具有互补性。

此外还可得出,在月时间尺度下,各干旱指数与土壤相对湿度之间均有良好的相关性。其中,气象类干旱指数与土壤相对湿度的相关性分析中,MI 与土壤相对湿度的相关性最高,相关系数为 0.477,其次为 SPI,相关系数为 0.392。遥感干旱指数与土壤相对湿度分析中,NDWI 与土壤相对湿度的相关性最高相关系数为 0.416。这在一定程度上定量地说明了在研究的几个旱情监测指数中,MI 指数监测干旱效果最好,其次为 NDWI 指数。

综上所述,为使新构建的模型既能反映气象类干旱指数的降雨、温度和蒸散量信息,又能反映出遥感干旱监测指数的植被生理特征信息,以与土壤相对湿度相关性最高为原则,选择气象类干旱监测指数中的 MI 和遥感类干旱监测指数中的 NDWI 作物新建模型的指数参量。

(2)模型构建

根据气象类干旱监测指数和遥感空间干旱监测指数,可发现各监测指数对干旱均有一定程度的反映,但单个指数对干旱反映存在着不足,绝大部分原因在于数据本身的局限性和考虑干旱成因侧重点不同,因此为突破数据自身的缺陷和丰富干旱监测机理,干旱监测研究更加趋向于多源信息的综合方法研究。本研究利用与干旱紧密相关的土壤墒情信息、降水和温度信息以及植被信息,分析选取与站点土壤相对湿度相关性好的指数,发展以遥感干旱监测指数和气象干旱监测指数为驱动因子,构建与土壤相对湿度相应的统计模型,并应用该模型对土壤相对湿度进行反演,进而对干旱进行监测,该方法可用于弥补站点数据缺失和单

个指数不足等问题。

采用相对湿润度指数 MI 和植被水分指数 NDWI 作为模型构建的基础。整个研究区域共有 50 个有效土壤墒情站点，考虑到后续模型的验证问题，选择 35 个站点作为建模站点，15 个站点作为验证站点，同时保证这 15 个站点分布在不同海拔高度上。用专业数据分析处理软件 SPSS17.0 对 35 个有效站点数据进行分析，以土壤相对湿润度为因变量，MI 和 NDWI 两个指数为自变量，进行多元线性回归，以普通最小二乘法确定系数，建立综合干旱监测指数模型，见下式。

$$DI = 0.14 \times MI + 0.32 \times NDWI + 0.71 \tag{6.22}$$

式中，DI 为综合干旱监测指数值，值越大表示越湿润，值越小越干旱。

6.2.1.2 四指标综合

(1)降水量距平指数

降水量距平指数是表征某时段降水量较气候平均状况偏少程度的指标之一，能直观地反映降水异常引起的农业干旱程度，尤其适宜于雨养农业区。

某时段降水量距平(P_a)按下式计算：

$$P_a = \frac{P - \overline{P}}{\overline{P}} \times 100\% \tag{6.23}$$

式中，P_a 为某时段(本标准取 30 天)降水量距平百分率(%)；P 为某时段降水量(mm)；$\overline{P}$ 为计算时段同期气候平均降水量。

$$\overline{P} = \frac{1}{n} \tag{6.24}$$

式中，n 为 30 年，$i=1,2,\cdots,30$。降水量距平指数农业干旱等级划分如表 6.8 所示。

表 6.8 降水量距平指数农业干旱等级

等级	类型	降水量距平指数(%)
0	无旱	$-40 < P_a$
1	轻旱	$-60 < P_a \leqslant -40$
2	中旱	$-80 < P_a \leqslant -60$
3	重旱	$-90 < P_a \leqslant -80$
4	特旱	$P_a \leqslant -90$

(2)作物水分亏缺指数距平

作物水分亏缺指数为水分盈亏量与作物需水量的比值，但由于不同季节、作物种类，差别较大，很难统一标准，因此，选用作物水分亏缺指数距平以消除季节差异。某时段作物水分亏缺指数距平($CWDI_a$)按下式计算：

$$CWDI_a = \left| \frac{CWDI - \overline{CWDI}}{\overline{CWDI}} \right| \times 100\% \tag{6.25}$$

式中，$CWDI_a$ 为某时段作物水分亏缺指数距平(%)；CWDI 为某时段作物水分亏缺指数(%)；$\overline{CWDI}$为所计算时段同期作物水分亏缺指数平均值(%)。

$$\overline{CWDI} = \frac{1}{n} \sum_{i=1}^{n} CWDI_i \tag{6.26}$$

式中，n 为 30 年，$i=1,2,\cdots,30$。

$$CWDI = a \times CWDI_j + bCWDI_{j-1} + cCWDI_{j-2} + dCWDI_{j-3} + eCWDI_{j-4} \quad (6.27)$$

式中，$CWDI_j$ 为第 j 时间单位（本标准取 10 天）的水分亏缺指数（%）；$CWDI_{j-1}$ 为第 $j-1$ 时间单位的水分亏缺指数（%）；$CWDI_{j-2}$ 为第 $j-2$ 时间单位的水分亏缺指数（%）；$CWDI_{j-3}$ 为第 $j-3$ 时间单位的水分亏缺指数（%）；$CWDI_{j-4}$ 为第 $j-4$ 时间单位的水分亏缺指数（%）；a、b、c、d、e 为权重系数，a 取值为 0.3；b 取值为 0.25；c 取值为 0.2；d 取值为 0.15；e 取值为 0.1。各地可根据当地实际情况确定相应系数值。$CWDI_j$ 由下式计算：

$$CWDI_j \begin{cases} \left(1 - \dfrac{P_j + I_j}{ET_{cj}}\right) \times 100\% & ET_{cj} \geqslant P_j + I_j \\ 0 & ET_{cj} < P_j + I_j \end{cases} \quad (6.28)$$

式中，P_j 为某 10 d 累计降水量（mm）；I_j 为某 10 d 的灌溉量（mm）；ET_{cj} 为作物某 10 天实际蒸散量（mm），可由下式计算：

$$ET_{cj} = k_c \cdot ET_0 \quad (6.29)$$

ET_0 为某 10 d 的作物可能蒸散量，采用联合国粮农组织（FAO）1998 年推荐的 Penman-Monteith 公式（Allen *et al*.，1998）计算，k_c 为某 10 d 某种作物所处发育阶段的作物系数或多种作物的平均作物系数。作物水分亏缺指数距平的农业干旱等级划分如表 6.9 所示。

表 6.9　作物水分亏缺指数距平农业干旱等级

等级	类型	作物水分亏缺指数距平（%）
0	无旱	$CWDI_a \leqslant 15$
1	轻旱	$15 < CWDI_a \leqslant 25$
2	中旱	$25 < CWDI_a \leqslant 35$
3	重旱	$35 < CWDI_a \leqslant 50$
4	特旱	$CWDI_a \geqslant 50$

（3）土壤相对湿度

土壤相对湿度直接反映了旱地作物可利用水分的状况，它与环境气象条件、作物生长发育关系密切，也与土壤物理特性有很大关系。土壤相对湿度的计算如下式：

$$R_{sn} = \left(\sum_{i=1}^{n} \frac{w_i}{f_{ci}} \times 100\%\right)/n \quad (6.30)$$

式中，R_{sn} 为土壤相对湿度（%）；w_i 为第 i 层土壤湿度（%）；f_{ci} 为第 i 层土壤田间持水量（%）；n 为作物发育阶段对应土层厚度内（以 10 cm 为划分单位）各观测层次土壤湿度测值的个数（在作物播种期和苗期 $n=2$，其他生长阶段 $n=5$）。土壤相对湿度的农业干旱等级划分如表 6.10 所示。

表 6.10　土壤相对湿度（R_{sn}）农业干旱等级

等级	类型	土壤相对湿度（%）		
		砂土	壤土	黏土
0	无旱	$R_{sn} \geqslant 55$	$R_{sn} \geqslant 60$	$R_{sn} \geqslant 65$
1	轻旱	$45 \leqslant R_{sn} < 55$	$50 \leqslant R_{sn} < 60$	$55 \leqslant R_{sn} < 65$
2	中旱	$35 \leqslant R_{sn} < 45$	$40 \leqslant R_{sn} < 50$	$45 \leqslant R_{sn} < 55$
3	重旱	$25 \leqslant R_{sn} < 35$	$30 \leqslant R_{sn} < 40$	$35 \leqslant R_{sn} < 45$
4	特旱	$R_{sn} < 25$	$R_{sn} < 30$	$R_{sn} < 35$

（4）遥感指标

①遥感土壤热惯量法

土壤热惯量随土壤密度、热传导率、热容量的增加而增加，在一定条件下取决于土壤含水量的变化。此外，土壤湿度控制着土壤表层温度日较差，土壤日较差与土壤含水量之间呈负相关关系，土壤日较差可以利用卫星遥感数据获得。因此，对于裸土和低植被覆盖区域，可利用气象卫星数据和实测土壤墒情资料，运用热惯量模型反演土壤表层湿度。用统计方法建立土壤湿度遥感模型，主要有线性模型和幂函数模型，在业务应用中为了简化计算直接使用日校差，拟合公式为：

$$S_w = a + b\Delta T \tag{6.31}$$
$$S_w = a\Delta T^{-b} \tag{6.32}$$

其中 S_w 为 0～10 cm 或 0～20 cm 土壤湿度，a,b 为拟合系数，ΔT 为卫星观测白天和夜间亮温差。先计算出每日昼夜温差，在计算各点一旬的最大昼夜温差，然后根据土壤湿度数据进行拟合，建立统计模型，计算出各点旬土壤湿度，综合分析卫星遥感地表温度产品、植被监测产品的监测结果，并根据农业气象观测规范，给出干旱等级，见表 6.11。

表 6.11　遥感模型农业干旱等级

序号	干旱等级	土壤湿度 S_w
1	轻旱	$50\% \leqslant S_w < 60\%$
2	中旱	$40\% \leqslant S_w < 50\%$
3	重旱	$30\% \leqslant S_w < 40\%$
4	重旱	$S_w < 30\%$

②植被供水指数

此处定义植被供水指数为：

$$VWSI = \frac{NDVI}{LST} \tag{6.33}$$

为了清除云的影响，取每个象元 10 d 的最大值来代表一旬的平均状态，即：

$$TVWSI = MAX[NDVI(t)], t = 1, 2, 3, \cdots 10 \tag{6.34}$$

$VWSI$ 为植被供水指数，$NDVI$ 为归一化植被指数，LST 为旬最大植被指数 $TNDVI$ 对应的亮温（无云情况下）。植被供水指数干旱等级划分见表 6.12。

表 6.12　植被供水指数农业干旱等级

序号	干旱等级	植被供水指数 $VWSI$
1	轻旱	$0.69 < VWSI \leqslant 0.73$
2	中旱	$0.66 < VWSI \leqslant 0.69$
3	重旱	$0.64 < VWSI \leqslant 0.66$
4	重旱	$VWSI \leqslant 0.64$

（5）四指标综合集成

上述各单一指标各有优缺点，反映的干旱各有侧重。因此，完全有必要将上述几种干旱

指标进行集成,形成新的综合干旱监测指标,其集成方法如下式:

$$DRG = \sum_{i=1}^{n} f_i \times w_i \tag{6.35}$$

$$\sum_{i=1}^{n} w_i = 1 \tag{6.36}$$

式中,DRG 为综合农业干旱指数,f_1、f_2、$\cdots$、f_4 分别为降水距平指数、土壤相对湿度、作物水分亏缺指数距平、综合遥感干旱指数等,w_1、$w_2 \cdots w_4$ 为各指数的权重值且 $\sum_{i=1}^{n} w_i = 1$。各指数权重可采用层次分析方法确定,按照系统分析的思想,将评价干旱过程的各指数按其关联隶属关系建立递阶层次模型,构造两两比较的判断矩阵,并据此求解各指标重要性的排序权值和检验判断矩阵的一致性,将定性与定量分析相结合,得到各分区内各干旱指标的权重系数,见表 6.13。

表 6.13　各分区内四种农业干旱监测指数的权重系数

分区及权重系数	降水量距平指数	土壤相对湿度	作物水分亏缺指数距平	遥感干旱指数
Ⅰ 区	0.3	0.3	0.3	0.1
Ⅱ 区	0.3	0.3	0.3	0.1
Ⅲ 区	0.3	0.2	0.4	0.1
Ⅳ 区	0.3	0.3	0.3	0.1
Ⅴ 区	0.3	0.1	0.3	0.3
Ⅵ 区	0.2	0.2	0.3	0.3

农业干旱立体监测指标等级划分如表 6.14 所示。

表 6.14　综合农业干旱等级

序号	干旱等级	综合农业干旱指数
1	轻旱	1＜DRG≤2
2	中旱	2＜DRG≤3
3	重旱	3＜DRG≤4
4	特旱	DRG＞4

6.2.2　监测结果与验证

6.2.2.1　主要单指标的监测结果与验证

(1)降水距平百分率

采用 1960—2010 年的降水量数据,得到 2008—2010 年逐月的降水距平百分率,以西南地区干旱高发时段(1—4 月)为例,根据降水距平百分率干旱等级划分标准,得出各月的降水距平百分率干旱分布图,如图 6.3 所示。

从降水距平百分率指数的干旱监测结果分布图看出,西南地区的干旱随时间的变化在空间分布上有很大的差异。2008 年 1 月干旱主要分布在云南南部和东南部地区,以轻旱和中等程度干旱为主,贵州中北部局部地区有轻旱分布;2 月和 3 月旱情解除,基本不受干旱影

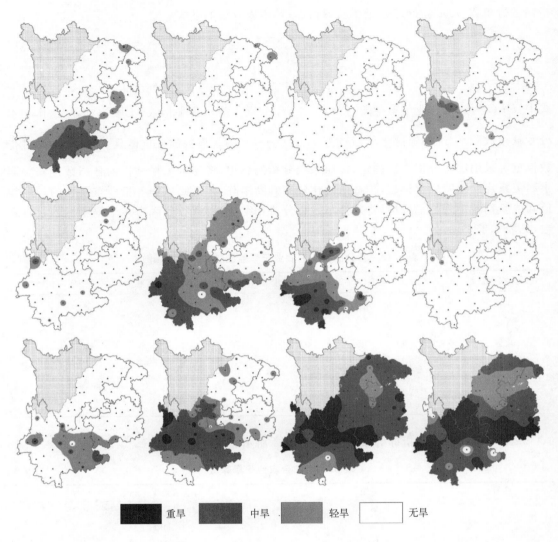

重旱　　中旱　　轻旱　　无旱

图 6.3　基于 Pa 指数的 2008—2010 年 1—4 月干旱监测结果

（自上而下三行依次表示 2008 年、2009 年与 2010 年；自左向右四列依次表示 1 月、2 月、3 月与 4 月，下同）

响；4 月旱情有新的发展，云南西北部出现干旱，以轻旱为主，个别地区出现中等程度干旱。2009 年 1 月基本不受干旱影响，仅小部分地区有轻旱发生；2 月旱情加重，四川中偏东部和南部地区受轻旱影响，云南大部分地区受干旱影响，其中云南西部、南部边缘地区和东南边缘地区以中旱为主，其余地区均为轻旱，贵州西南部边缘地区出现中旱；3 月干旱影响范围缩小，但是受旱程度增加，四川南部个别地区出现重旱，云南西南部均为中旱，且局部地区出现重旱；4 月干旱基本解除，除云南西北部个别地区出现轻旱，其余地区基本无旱情发生。2010 年 1 月干旱出现在云南东部偏南地区，并以轻旱为主；2 月干旱范围扩大，受旱程度增加，四川南部地区以轻旱为主，云南北部以中旱为主，西北部局部地区出现重旱；3 月旱情进一步加重，整个西南地区均有干旱发生，其中四川南部、云南北部和东部、贵州西南部以重旱为主，其余绝大部分地区以中旱为主；4 月部分地区旱情有所缓解，云南和贵州全省仍以重旱和中旱为主,重旱分布于云南中部、东部、西部局部地区以及贵州南部地区,轻旱分布于四川和重庆大部地区。

（2）标准化降水指数

根据标准化降水指数的干旱等级划分标准,得到西南地区 2008—2010 年 1—4 月的干旱监测结果分布图,如图 6.4 所示。

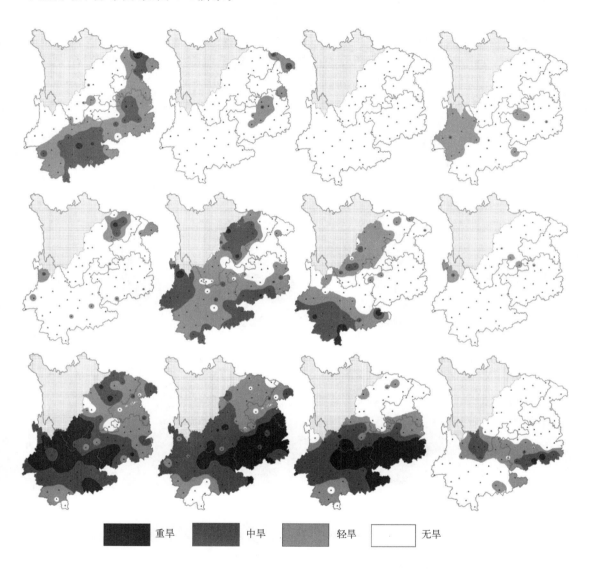

| 重旱 | 中旱 | 轻旱 | 无旱 |

图 6.4　同图 6.3,但为基于 SPI 指数的 2008—2010 年 1—4 月干旱监测结果

从标准化降水指数干旱监测结果分布图可以看出,干旱空间分布随时间的变化具有一定的连续性。2008 年 1 月整个西南地区干旱分布呈现"东南—西北"趋势,东南部以轻旱和中旱为主,中旱分布在云南东南部、贵州中北部以及川渝东北部边缘地区,西北部除局部地区出现轻旱,其余大部分不受干旱影响;2 月旱情解除,除贵州中北桐梓—黔西一带以及川渝东北边缘地区出现轻旱,其余地区均不受干旱影响;3 月整个西南地区未发生干旱;4 月旱

情有新的发展,云南西北部和个别地区出现轻旱。2009年1月四川东北部出现中旱和西部局部区域出现轻旱,其余地区不受干旱影响;2月旱情加剧,四川中旱范围扩大,出现在中部偏东地区,四川南部出现轻旱,云南全省受干旱影响,西北部边缘地区、南部边缘地区以及东南部边缘地区以中旱为主,贵州南部以轻旱和中旱为主;3月旱情有所缓解,四川干旱以轻旱为主,分布于中南部,云南以轻旱和中旱为主,分布于南部地区;4月旱情解除,个别地区有轻旱出现。2010年1—2月旱情严重,整个西南地区出现"南—北"划分,南部即四川南部、云南北部和贵州大部,以重旱和中旱为主,北部即四川北部和重庆大部以轻旱为主;3月旱情有所缓解,西南地区南部旱情分布与前两月基本一致,但西南地区北部旱情解除,基本不受干旱影响;4月旱情进一步缓解,云南中东部以及贵州西南部以轻旱和中旱为主,其余地区不受干旱影响。

(3)相对湿润指数

根据相对湿润度指数的干旱等级划分标准,同样得到西南地区2008—2010年1—4月干旱空间分布图,如图6.5所示。

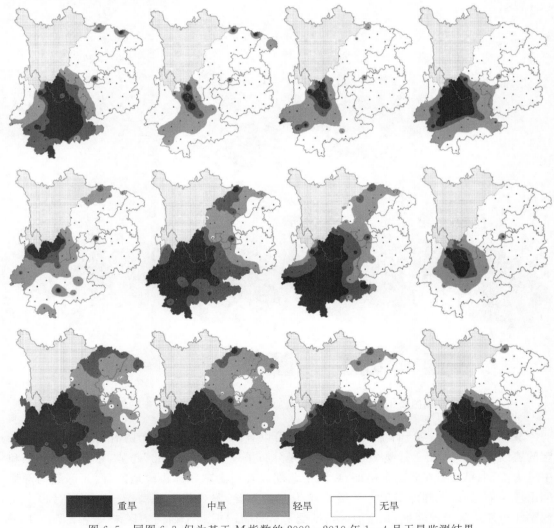

| ■ 重旱 | ■ 中旱 | ■ 轻旱 | □ 无旱 |

图6.5　同图6.3,但为基于 M 指数的2008—2010年1—4月干旱监测结果

从图中可以看出,干旱的发展过程具有连续性,并且研究区域内的高海拔地区,即川南和滇中、北地区,受旱程度最重,原因在于这些区域降水少,蒸散量较大,且气候干燥,加之土壤持水力较低,干旱极易发生。2008 年 1 月旱情严重,干旱分布于四川南部和云南中部、东南部,以中旱和重旱为主;2 月旱情明显缓解,仅四川南部和云南中北部个别地区有重旱,其余地区基本不受干旱影响;3 月受旱程度减小,旱情有所缓解,干旱分布与 2 月基本一致,但轻旱范围扩大;4 月旱情加重,主旱区分布于云南中部,以重旱为主。2009 年 1 月干旱分布于四川南部边缘和云南西北部,且以重旱为主;2 月旱情急剧加重,受旱范围扩大,分布于四川南部和云南大部,以重旱为主;3 月旱情有所缓解,干旱分布于 2 月基本一致;4 月旱情明显缓解,重旱分布于云南中北部,轻旱分布于云南中部地区。2010 年 1 月旱情严重,干旱分布于四川和云南全省,重庆北部以及贵州中偏西部地区,其中四川南部和云南中部和西部以重旱为主;2 月旱情进一步加剧,重旱范围扩大,分布于云南大部和四川西部;3 月重庆和四川大部旱情缓解,但是云南大部和贵州西南部仍以重旱为主;4 月旱情进一步缓解,重旱分布于云南中北部和东部以及贵州西部边缘地区。

(4)植被供水指数

根据植被供水指数干旱等级划分标准,得到西南地区 2008—2010 年 1—4 月的植被供水指数干旱分布图,如图 6.6 所示(另见彩图 6.6)。

可以看出:2008 年 1—3 月干旱发生范围和受旱程度均逐月递减,且以轻旱为主,在 4 月份时旱情有所反弹;2009 年 1 月旱情以轻旱和中等程度干旱为主,分布于云南东部、贵州西北部、四川南部偏东地区以及重庆西部地区,2 月和 3 月云南旱情分布区域扩大,而四川和重庆受旱范围缩小,4 月旱情缓解,主要分布于云南北部和东部地区以及云贵交界地区;2010 年 1 月到 3 月旱情逐月加重,以中旱和重旱为主,主要分布于云南大部、贵州西部、四川南部地区和四川盆地东部地区,4 月受旱范围缩小,但重旱仍在持续。

将植被供水指数的旱情监测结果与历史资料对比发现,植被供水指数反映出的旱情发展和空间分布与实际情况基本一致,3—4 月监测结果良好,但在 1—2 月监测出的旱情程度偏轻,原因在于植被供水指数由植被指数和温度共同决定,1—2 月部分地区温度低,导致指数值偏大,受旱程度偏轻,产生误差。

(5)植被水分指数

根据植被水分指数干旱等级划分标准,得到西南地区 2008—2010 年 1—4 月的植被水分指数干旱分布图,如图 6.7 所示(另见彩图 6.7)。

从图中可以看出,西南地区的干旱高发区主要分布于云南北部和东部,贵州西部,以及四川南部山区。2008 年 1 月四川南部和云南东北部受中旱影响,2—4 月受旱程度以轻旱为主,西南地区大部不受干旱影响;2009 年 1—2 月干旱分布于云南东北部、东南部和四川南部,出现重旱,3 月干旱旱情缓解,以轻旱为主,4 月旱情明显缓解;2010 年 1—4 月旱情严重,且以中旱和重旱为主,1—3 月旱情逐月加重,4 月部分区域旱情有所缓解,但旱情仍在持续中。

将植被水分指数的旱情监测结果与历史资料对比分析,发现植被水分指数反映出的旱情受旱程度、范围变化和空间分布与实际情况基本一致,能对干旱作出响应,但是对于云南中部如大理市、楚雄市的监测效果没有体现出"干旱一大片"的特征,原因在于植被水分指数是提取植被冠层水分信息来反映干旱,不能及时反映出受旱程度较轻或未受干旱长时间影

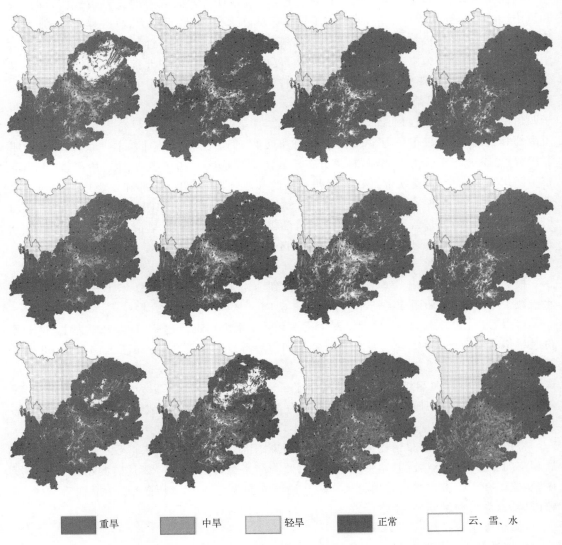

重旱　　　中旱　　　轻旱　　　正常　　　云、雪、水

图 6.6　基于 *VSWI* 指数的 2008—2010 年 1—4 月干旱监测结果

响地区的干旱情况。

(6)遥感蒸散模型

根据 *DSI* 定义,当 *DSI* 值高于 0.4 时则存在干旱现象,分析方法是检验 *DSI* 监测结果中大于 0.4 的区域是否与实际干旱分布范围一致。为验证 *SEBS-DSI* 指数干旱监测结果,从中国气象局灾情直报网中下载了相应的干旱灾情数据并制作了散点分布图。需要指出的是,灾情上报数据提供的经纬度是县市级气象站点经纬度,代表了该行政(县市级)区域内出现了干旱事件,无具体的灾情空间位置和分布信息。因此在对比分析时,应该将灾情点视为一定范围的一个干旱面而不是一个独立的干旱点;同时,由于干旱上报站点的点状属性特性和上报信息中干旱程度描述空间位置的不确定性,在分析时,仅进行干旱分布范围的对比分析,而不进行干旱程度对比分析。

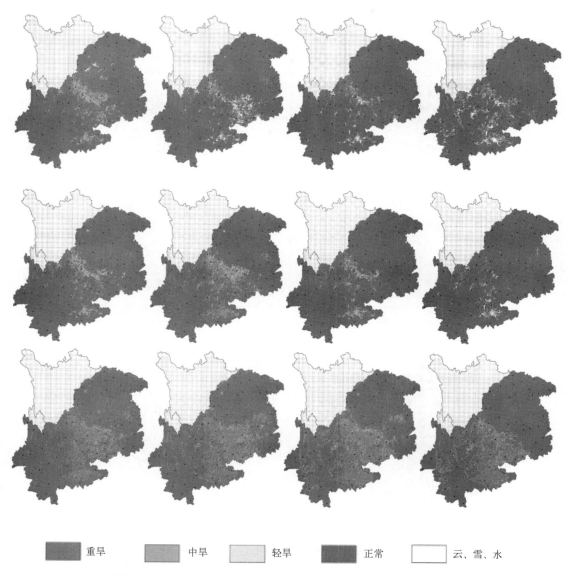

重旱　　中旱　　轻旱　　正常　　云、雪、水

图 6.7　基于 *NDWI* 指数的 2008—2010 年 1—4 月干旱监测结果

　　自 2009 年 4 月下旬至 2010 年 3 月下旬,西南地区除主汛期 2009 年 7 月 1 候前后和 2009 年 8 月 1 候前后 2 个阶段降水偏多外,大部时段均较常年异常偏少,并且 2009 年西南地区雨季 8 月上旬提早结束,秋雨期(8 月中旬至 11 月中旬)降水也明显偏少(王晓敏等, 2012);加之气温偏高,云南、贵州、四川南部、广西西北部等地出现有气象记录以来最为严重的秋冬春连旱,农牧和经济林果遭受重创。

　　西南地区 *SEBS-DSI* 指数干旱监测也显示,自 2010 年 1 月上旬始,*DSI* 指数值大于 0.4 值的区域逐步扩大,西南地区干旱呈现出逐步发展势态,西南地区干旱自云南的北部和东部、贵州西部逐步向南、向东发展,到 3 月上中旬干旱发展为程度最为严重、范围最为广泛。同时,西南地区干旱上报站点分布图也显示,自 2010 年 1 月至 3 月,干旱上报站点数也是逐步增加,干旱站点也是由云南北部和东部、贵州西部逐步扩展到云南、贵州大部,至 3 月上报站点数为最多。因此,西南地区 SEBS-DSI 干旱监测发展趋势与干旱站点上报的变化趋势是一致的,二者的空间分布也基本一致(图 6.8—图 6.10)。

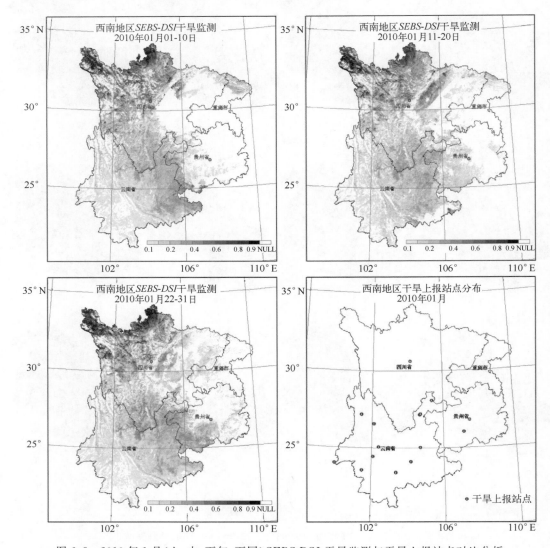

图 6.8　2010 年 1 月(上、中、下旬,下同)SEBS-DSI 干旱监测与干旱上报站点对比分析

自 2010 年 3 月下旬开始,西南地区开始出现有效降水过程,干旱逐步缓和、缓解。2010 年 3 月下旬至 4 月上旬,云南西南部和西北部累计降水量达 50～100 mm,旱情有所缓解;但云南中部和东部降水量为 10～25 mm,云南北部和贵州西部降水量为 1～10 mm,不足以缓解长期以来的旱情,特别是 5 月上中旬,西南地区大部降水偏少,旱情持续发展,但进入 5 月下旬,西南地区降水增多,干旱逐步缓解(图 6.10—图 6.12)。从 4、5 月西南地区 SEBS-DSI 干旱监测图和干旱站点上报分布图上看,干旱的缓解势态也表现得十分明显。3 月底开始出现有效降水后,4 月 SEBS-DSI 监测图中 DSI 值大于 0.4 的区域有所缩小,分布范围也较 3 月明显变小,旱情明显较 3 月减轻,干旱站点上报数也明显减少。5 月中上旬,因降

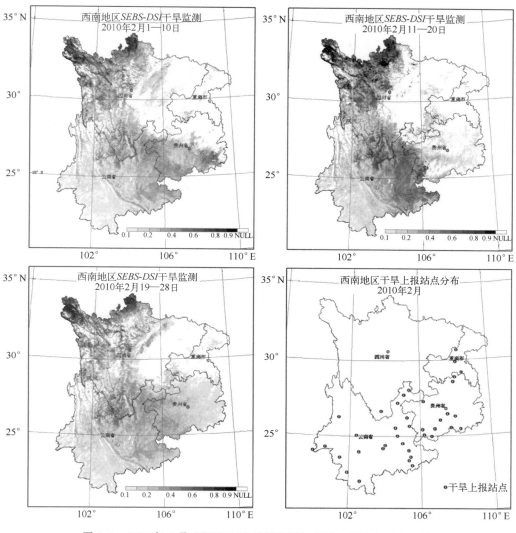

图 6.9　2010 年 2 月 SEBS-DSI 干旱监测与干旱上报站点对比分析

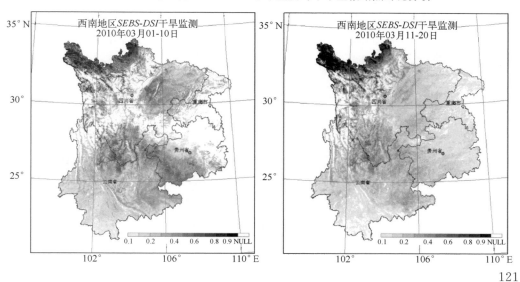

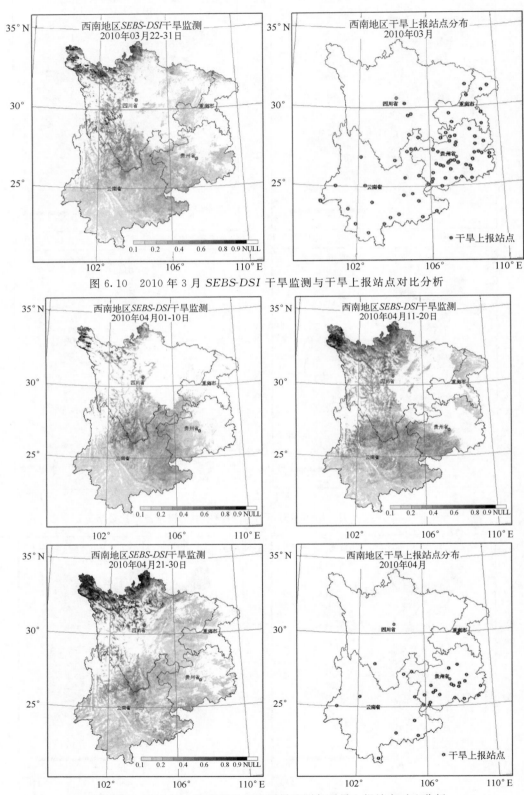

图 6.10　2010 年 3 月 *SEBS-DSI* 干旱监测与干旱上报站点对比分析

图 6.11　2010 年 4 月 *SEBS-DSI* 干旱监测与干旱上报站点对比分析

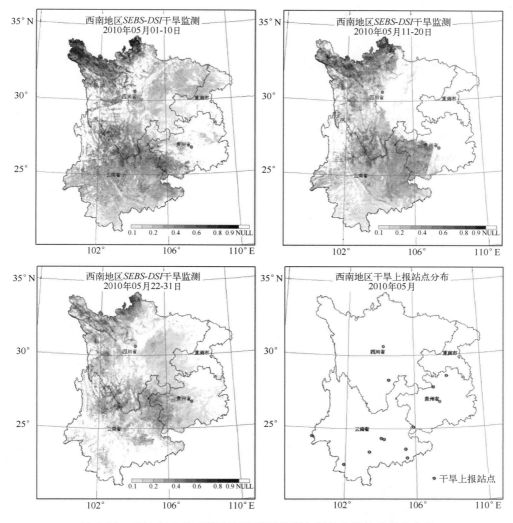

图 6.12　2010 年 5 月 SEBS-DSI 干旱监测与干旱上报站点对比分析

水偏少,云南北部和东部、四川南部、贵州西部等地旱情再次发展西南地区 SEBS-DSI 图中大于 0.4 的区域再次扩大,干旱程度和范围有所加重和扩大;5 月下旬中后期,西南地区大部出现明显降水过程,旱情大部解除,干旱站点上报数再次明显减少。但由于 SEBS-DSI 是10 d 有效值的均值合成,5 月下旬前期的 SEBS-DSI 监测的干旱信息在合成图上依然会有所体现,故在 5 月下旬的 SEBS-DSI 干旱监测图上显示云南北部和东部等地的 DSI 值依然大于 0.4,仍有旱情存在,合成的 SEBS-DSI 干旱监测信息对实际旱情的演变存在一定的滞后性。实际上至 5 月底,仅云南中北部、四川南部等部分地区存在旱情外,大部地区旱情业已解除。总体上,SEBS-DSI 干旱监测信息能够反映出干旱的缓解趋势和过程,也与西南地区干旱上报站点分布图显示的站点变化趋势一致。

另外,SEBS-DSI 干旱监测信息显示 2010 年上半年四川的西部也存在旱情,这与实际情况也是吻合的,但因其属于川西高原牧区,没有相应的站点上报信息加以对比分析,故本文未对这部分旱情的演变进行分析。

综合来看,无论是干旱的持续发展过程还是干旱的逐步缓解过程,SEBS-DSI 监测的干旱信息均能很好体现,监测的信息与西南地区干旱站点上报信息也一致,监测的空间分布范围也与实际情况基本吻合。

6.2.2.2 综合指标的监测结果与验证

(1)两指标

利用没有参与模型构建的 15 个有效站点土壤相对湿度实测值对新建模型模拟得到的土壤水分进行精度验证,结果如表 6.15 所示。

表 6.15 综合干旱监测指数土壤水分模拟结果验证

站名	高度	实测值	模拟值	精度
北碚	240.80	0.88	0.83	94.97%
奉节	299.80	0.63	0.70	88.33%
汉源	1098.00	0.98	0.84	86.06%
赫章	1535.10	0.73	0.79	91.91%
凯里	720.30	0.99	0.82	83.24%
隆昌	373.40	0.69	0.72	96.81%
芒市	913.80	0.86	0.82	95.92%
蒙自	1300.70	0.62	0.67	92.58%
盘县	1800.00	0.80	0.87	91.22%
荣县	384.10	0.54	0.63	82.65%
石阡	467.50	0.70	0.77	89.90%
思茅	1302.10	0.48	0.61	71.90%
威宁	2237.50	0.48	0.59	77.49%
玉溪	1716.90	0.79	0.80	98.62%
昭觉	2132.40	0.68	0.79	84.15%

从表中可以看出,在 0～10 cm 土壤表层,综合干旱监测指数模拟值与实测值的相关系数为 0.816,精度均在 70% 以上,最高精度为 98.62%,最低精度为 71.90%,平均精度为 88.38%,整体反演精度较好。

由于土壤墒情站点均分布在海拔低于 2500 m 的地区,此处以 500 m 高程为间隔划分为 5 个不同海拔高度段,在各高度段内选择 1～2 个站点作为代表站(荣县站点代表 500 m 以下区域、凯里站点代表 500～1000 m 区域、蒙自和思茅站点代表 1000～1500 m 区域、玉溪和盘县站点代表 1500～2000 m 区域、昭觉和威宁站点代表 2000～2500 m 区域),对比分析各个区域内模型拟合前(相对湿润度指数 MI、植被水分指数 NDWI)和模型拟合后(综合干旱监测指数 DI)结果与站点土壤相对湿度实测结果的相关系数。从图 6.13 中可知,不同海拔高程内,MI、NDWI 和 DI 与土壤相对湿度拟合结果均较好,其中 DI 模拟值与实测值的相关系数均高于 MI 或 NDWI 与实测值的相关系数。

可见,构建的综合干旱监测指数估算值与土壤相对湿度实测值拟合效果较好,说明综合干旱监测指数 DI 能较好地反映出地表土壤水分信息,表征干旱情况;此外不同海拔高度内地 DI 与土壤相对湿度的拟合效果明显优于 MI 或 NDWI 与土壤相对湿度的拟合效果,说明基于气象和遥感类的多数据源的拟合效果比单一数据源的拟合效果要好,更能适应不同地形的干旱监测。由此可证明该综合干旱监测模型精度较高,可用来监测西南地区的干旱发展情况。

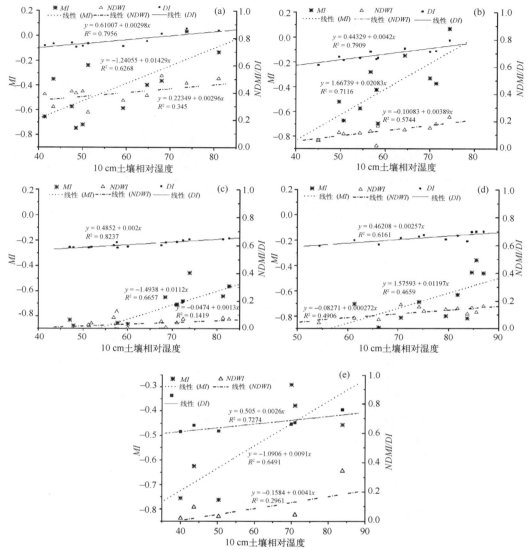

图 6.13　各海拔高程内 *MI*、*NDWI*、*DI* 与土壤相对湿度数据的拟合关系
(a)500 m 以下区域；(b)500～1000 m 区域；(c)1000～1500 m 区域；
(d)1500～2000 m 区域；(e)2000～2500 m 区域

(2)四指标

　　采用西南干旱立体监测方法对 2010(图 6.14)、2011(图 6.15)、2012(图 6.16)连续三年的秋冬春连旱过程进行监测，并在监测结果上叠加了气象站点观测上报干旱信息。具体做法是每月逢 5 制作西南地区农业干旱综合监测图并在其上叠加从上月 6 日至本月 5 日间中国气象局灾情直报网提取的干旱上报灾情信息(站点)。

　　2010 年西南地区遭遇秋冬春连旱的特大旱灾，此次影响范围广、程度重、持续时间较长，导致云南、贵州、广西、四川部分地区出现人畜饮水困难、土壤缺墒以及江河塘库蓄水不足，对春播以及作物后期生长影响较大。此次干旱过程自 2009 年 9、10 月部分地区旱象显现，至 2010 年 1 月开始有干旱站点上报信息。2、3 月发展至最强，此时干旱站点信息上报数

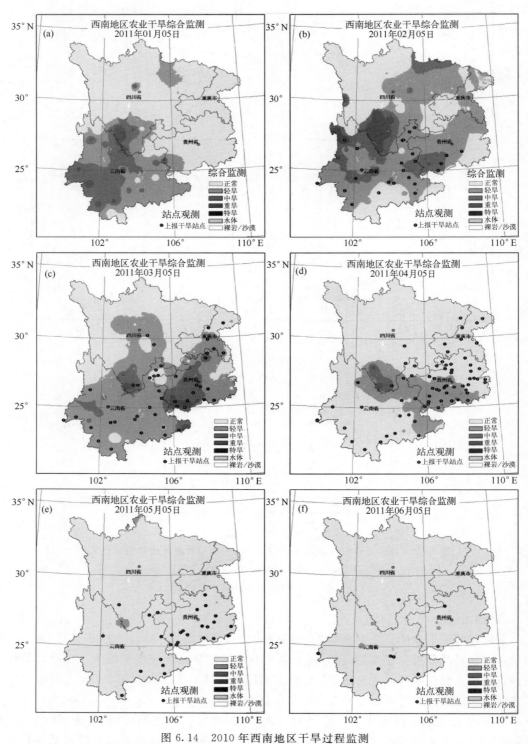

图 6.14　2010 年西南地区干旱过程监测

(a)2010 年 1 月；(b)2010 年 2 月；(c)2010 年 3 月；(d)2010 年 4 月；(e)2010 年 5 月；(f)2010 年 6 月

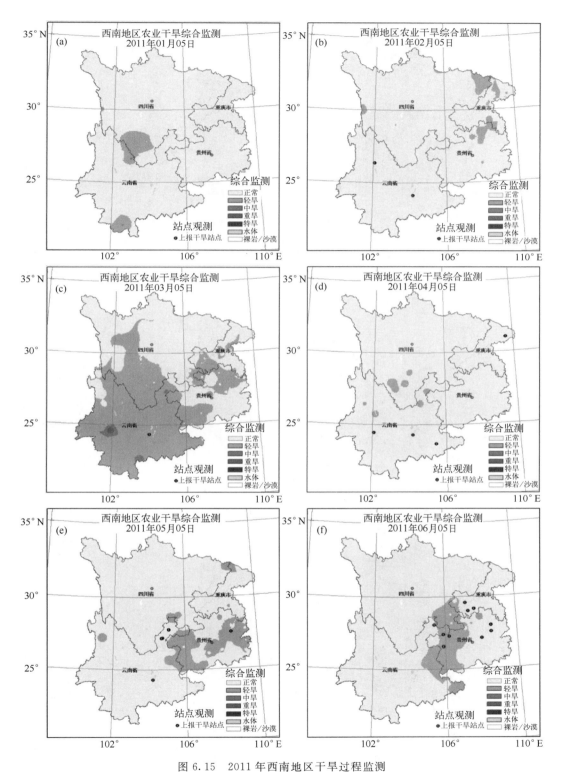

图 6.15 2011 年西南地区干旱过程监测

(a)2011 年 1 月；(b)2011 年 2 月；(c)2011 年 3 月；(d)2011 年 4 月；(e)2011 年 5 月；(f)2012 年 6 月

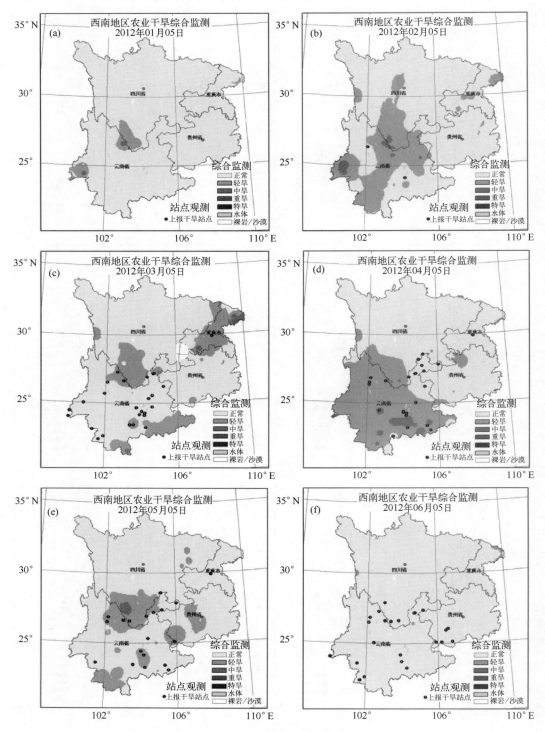

图 6.16　2012 年西南地区干旱过程监测

(a)2012 年 1 月;(b)2012 年 2 月;(c)2012 年 3 月;(d)2012 年 4 月;(e)2013 年 5 月;(f)2012 年 6 月

量逐步增多,且大部分落在综合监测的旱区内,二者显示出较高的空间一致性;但由于上报站点灾情有一定的滞后性,故站点干旱灾情上报高峰期在 4 月,而此时因旱区降水干旱灾情已有所缓解,农业干旱综合监测显示干旱范围较 2、3 月已经明显缩小,但上报灾情站点分布范围最为广泛,且部分站点落在综合监测显示干旱已经解除的区域。5、6 月,旱区降水,干旱逐步缓或解除,此时综合监测显示仅有零星旱区分布,而此时站点上报干旱信息也逐步减少,且主要分布在旱区已经解除的落区上,进一步显示出站点上报干旱信息的滞后性。

2011 年 1、2 月旱象露头,农业干旱综合监测已有干旱分布,但此时未见有站点上报信息;至 3 月发展至最强,农业干旱监测信息显示出云南大部、四川南部和贵州北部出现旱情,上报站点干旱信息业已出现且落在干旱分布区内,二者分布是一致的;4 月,旱区降水,大部旱情缓解,农业干旱综合监测显示仅存在局部干旱,但因上报站点的滞后性,尽管上报站点增多,且均落在干旱已经解除的区域内,但上报实况站点分布范围较综合监测范围偏小。5、6 月农业干旱综合监测显示贵州东部和西部、四川东南等地旱情再次发展,上报站点信息也与监测范围基本一致。总体上,2011 年西南地区干旱特点是范围小,持续时间短。虽然上报的实况范围明显偏小,但说明短暂的农业干旱影响明显偏轻,表明干旱动态监测结果能基本反映出实际情况。

2012 年主旱区在云南、重庆。1 月旱象露头,此时也无站点上报干旱信息;2、3、4 月干旱发展,农业综合监测干旱范围也逐步变大,至 4 月干旱范围为最大;除 3、4 因部分上报站点干旱观测信息的滞后,落在了干旱解除区域而与综合监测干旱范围稍有误差外,大部分综合监测的干旱范围落有上报站点干旱观测信息,二者的空间分布是一致的。5 月农业干旱综合监测范围缩小,6 月农业干旱综合监测显示干旱已经基本解除,但滞后的站点上报干旱信息落在干旱解除区域的现象更加明显。总之在充分考虑站点上报信息的滞后性后,农业综合监测干旱范围和站点上报观测信息二者的空间分布是完全一致的。

通过 2010、2011、2012 年三年的对比分析表明,在充分考虑站点上报信息的滞后性后,农业综合监测干旱范围和站点上报观测信息二者的空间分布是完全一致的。这也说明,建立的西南地区干旱立体监测方法能够很好地反映出干旱的发生发展及缓和解除过程,体现出该方法对西南地区农业干旱具有较强的监测能力。

6.3　小结

降水距平百分率干旱监测结果表明,2008—2010 年 1—4 月的干旱空间分布与同期历史资料基本一致,但干旱发生程度和过程与历史资料存在差异,对干旱的响应较慢,并存在一定的突变性,不能很好地反映出干旱发生的渐变性。

标准化降水指数干旱监测结果表明,2008—2010 年 1—4 月的干旱发展过程和空间分布与同期历史资料基本一致,能较好地反映出月时间尺度上干旱变化的连续性,但受旱程度偏轻,与历史资料有一定出入。

相对湿润度指数干旱监测结果表明,2008—2010 年 1—4 月的干旱发展过程和空间分布与同期历史资料基本一致,对干旱反应敏感,能较好地反映出月时间尺度上干旱变化的连续性,但在 1—3 月的干旱监测中局部地区受旱程度偏重,而 4 月的监测效果良好,主要是由于 1—3 月这个时间段内某些站点的温度偏低,接近零度,导致相对湿润度指数异常。总体上而言,该指数监测对干旱的监测效果良好。

植被供水指数和植被水分指数进行遥感旱情监测,以西南地区 2008—2010 年 1—4 月为监测时段,以研究区域历史旱情资料为基准,对旱情监测结果进行对比分析,发现二者对干旱发展过程的监测与实际旱情均具有较好的一致性。植被供水指数由植被指数和温度共同决定,1—2 月部分地区温度低,导致指数值偏大,受旱程度偏轻,但对 3—4 月的旱情监测效果较好。植被水分指数是提取植被冠层水分信息来反映干旱,能对干旱做出响应,但不能及时反映出受旱程度较轻或未受干旱长时间影响地区的干旱情况。

由此可见,不同的遥感干旱监测指数对旱情均有响应,但存有差异,此外均不能真实地反映出受云、雪覆盖区域的干旱信息,进一步说明单纯依靠一种数据源或单一指数对干旱监测有偏差。

将地面监测数据、遥感数据相结合,构建出了西南地区农业的综合干旱监测指数,在西南地区进行了干旱监测应用。由于该综合监测指数融合了地表植被信息、降雨、温度、蒸散量信息,克服了单一方法监测干旱时出现的不确定性,使得干旱监测更具稳定性、连续性和真实性。

参考文献

何延波,Zong bo Su,Li Jia,王石立. 2006. SEBS 模型在黄淮海地区地表能量通量估算中的应用. 高原气象,**25**(6):1093-1100.

黄晚华,杨晓光,李茂松,等. 2010. 基于标准化降水指数的中国南方季节性干旱近 58 a 演变特征. 农业工程学报,**26**(7):50-59.

刘宗元. 2015. 基于多源数据的西南地区干旱监测指数研究及其应用. 重庆:西南大学.

宋小宁,赵英时. 2004. 应用 MODIS 卫星数据提取植被-温度-水分综合指数的研究. 地理与地理信息科学,**20**(2):13-17.

王晓敏,周顺武,周兵. 2012. 2009/2010 年西南地区秋冬春持续干旱的成因分析. 气象,(11):1399-1407.

王正兴,刘闯. 2003. 植被指数研究进展:从 AVHRR-NDVI 到 MODIS-EVI. 生态学报,**23**(5):979-987.

杨绍锷,吴炳方,熊隽,等. 2010. 基于 TRMM 降水产品计算月降水量距平百分率[J]. 遥感信息,**10**(5):62-66.

姚玉璧,王劲松,尚军林,等. 2014. 基于相对湿润度指数的西南春季干旱 10 年际演变特征. 生态环境学报,**23**(4):547-554.

易佳. 2010. 基于 EOS-MODIS 的重庆市干旱遥感监测技术研究. 重庆:西南大学.

闫峰,覃志豪,李茂松,等. 2006. 农业旱灾监测中土壤水分遥感反演研究进展. 自然灾害学报,**15**(6):114-121.

Gao B C. 1996. NDWI-A Normalized Difference Water Index for remote sensing of vegetation liquid water from space. *Remote Sensing of Environment*,**58**(3):257-266.

Su Z,Schmugge T,Kustas W P et al. 2001. An evaluation of two models for estimation of the roughness height for heat transfer between the land surface and the atmosphere. *Journal of Applied Meteorology*,**40**:1933-1951.

Su Z. 2002. The Surface Energy Balance System (SEBS) for estimation of turbulent heat fluxes. *Hydrology and Earth System Sciences*,**6**(1):85-99.

第 7 章　黄淮海冬小麦干热风的立体监测技术

目前的干热风监测基本以气象台站为单元进行,但气象台站分布离散,空间插值结果存在很大不确定性;通过现场调查了解的冬小麦受灾情况只能获得有限的点资料,且小麦受灾后的表现往往不易用肉眼判别,因此,开展干热风宏观遥感监测研究,以取得连续而准确的大面积灾害监测结果,可以为开展灾后影响评估提供支撑。

干热风对小麦的原生伤害以降低功能叶片的叶绿素含量、导致叶片蛋白质破坏、造成细胞膜系统受损等为主,次生伤害则以作物蒸腾失水、光合速率降低、根系活力减弱等为主,这一系列危害改变了作物的生理过程和生理状态,而叶绿素含量、水分含量、细胞结构等作物生理改变体现为光谱上的差异,这为遥感技术用于干热风灾害监测提供了理论基础。近些年,已有一些利用 3S 技术开展的冬小麦灾害遥感监测方面的研究,如:刘静等(2012)利用 Unispec-SC 单通道光谱仪采集了 2011 年宁夏部分地区春小麦干热风发生前后的高光谱数据,获取了春小麦对不同程度干热风危害的光谱响应曲线,并通过光谱模拟探究了采用 MODIS 数据监测春小麦干热风危害程度的可行性;赵俊芳等(2012)对位于河北定兴试验基地的小麦进行高光谱数据采集,分析受蚜虫危害的同时不同程度的干旱胁迫对冬小麦灌浆期冠层反射率的影响。受蚜虫危害和干旱胁迫后,冬小麦灌浆期冠层反射率在可见光和近红外波段变化显著,是识别蚜虫危害和干旱胁迫最敏感的波段;丛建鸥等(2010)采集 2006—2007 年北京师范大学试验基地不同干旱胁迫程度下的冬小麦高光谱数据和相关生理数据研究了干旱胁迫对冬小麦冠层反射率、产量等方面的影响。贺可勋等(2013)采用小区试验的方法研究了不同梯度的水分胁迫对小麦光谱反射率、红边参数以及小麦产量的影响,认为在小麦生长初期,随着水分胁迫的增加,红边幅度增大,生长后期则减小。整体而言,国内干热风危害研究中应用遥感方法的成果还相对较少,卫星遥感技术具有大面积同步监测、时效性强等优势,已在干旱、洪涝、冻害等农业气象灾害监测评估中得到广泛应用,在干热风灾害监测与评估中,也有较好的应用前景。

7.1　研究数据

植被光谱与植物品种、植株密度、冠层结构、叶片形状、叶组织结构、植物生化组分及比例、光谱测量条件(如气象条件、光谱仪分辨率、测量日期、背景)等因素有关。20 世纪 80 年代初期高光谱遥感技术的出现,为目标地物提供了丰富的光谱信息。与传统的多光谱技术相比,具有光谱响应范围广、分辨率高的特点(浦瑞良和宫鹏,2000),所以,可以应用高光谱遥感数据对重要的植物生长信息(如覆盖度、叶面积、生物量、叶绿素含量等)进行反演,从而实现对植被冠层快速、有效、非接触、无破坏的野外信息采集与处理(钱育蓉等,2013)。目前,实测高光谱数据已在精准农业的产量估测、病虫害和植被健康监测等方面有广泛应用(董晶晶等,2009)。

适用于干热风监测的高光谱植被指数研究资料主要源于地面干热风控制试验。地面干热风控制试验于 2014 年 5 月 6—8 日在郑州农业气象试验站进行。干热风处理前后利用 SVC GER1500 野外便携式光谱仪对冬小麦冠层光谱信息进行采集,该仪器的光谱测量范围在 350～1050 nm,通道数 512,全波段光谱分辨率为 3.2nm。其所有光学原件均固定安装,保证了结果的准确性和重复性。该仪器测定的光谱数据完全满足研究需求。光谱数据采集分为 A(轻度干热风)、B(重度干热风 1)、C(重度干热风 2)和 D(对照)四个试验组(两组重度干热风处理的最高气温 C 组大于 B 组),数据采集在 5 月 6 日和 5 月 8 日上午 10 时进行,分别获取干热风发生前和发生后的光谱资料,每个样区测定前分别进行白板光谱标定,每个样区测量 7 个重复,取平均值作为群体反射光谱。

基于星载植被指数的干热风卫星遥感监测技术数据,主要源于 2013 年河南省一次高温低湿型干热风过境前后的 FY3A/MERSI 影像资料。2013 年 5 月 12 日至 5 月 13 日,河南省大部分地区出现了轻—重度干热风天气,全省多达 56 个气象站台监测到了干热风。其中,5 月 12 日气象条件达到重度干热风的站点有 22 个,5 月 13 日气象条件达到重度干热风的站点有 11 个;此外,两日均发生重度干热风的站点有 5 个,而监测到两日均发生轻度干热风的气象站台多达 28 个。由于地面监测只能从气象资料角度提取离散的干热风站点信息,并不能代表大田冬小麦真实的受灾情况,因此需要利用遥感技术从宏观上对冬小麦受干热风灾害的影响情况进行监测。获取 2013 年 5 月 12 日 10:00 和 5 月 14 日 10:00 覆盖河南省全境的 FY3A/MERSI 影像,分别代表干热风发生前和发生后的作物光谱信息,对 MERSI 影像 1～5 波段进行预处理,得到空间分辨率为 250 m 的 1～5 通道地表反射率影像,各通道光谱特征见表 7.1。

表 7.1 MERSI 影像 1～5 通道光谱特征

通道序号	中心波长(μm)	光谱带宽(μm)	空间分辨率(m)
1	0.470	0.05	250
2	0.550	0.05	250
3	0.650	0.05	250
4	0.865	0.05	250
5	11.25	2.50	250

7.2 地面高光谱监测

7.2.1 干热风试验前后小麦光谱的变化特征

对干热风前后冬小麦冠层光谱数据进行分析发现(图 7.1),试验区小麦的光谱反射率曲线符合正常生长冬小麦灌浆期光谱特征,在 540～570 nm 绿光波段光谱出现较小的反射峰,660～680 nm 红光波段的强烈吸收导致出现波谷,试验前反射率最低处仅 0.02,680～760 nm 因叶片组织的散射,反射率急剧上升,反射率急剧增大到接近 0.4。760～940 nm 为近红外高反射率平台,反射率从 0.4 缓慢增高到 0.45 附近;970～990 nm 是冬小麦光谱的又一个吸收谷,此后出现第 2 个增大区,在 1084～1095 nm 处形成窄带反射峰值,随后,随着波长的继续增加,反射率急剧减小。

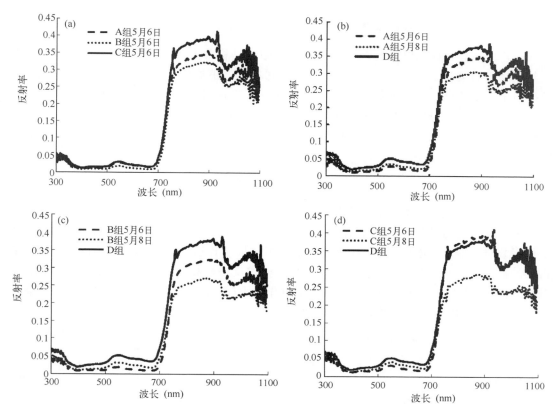

图 7.1 干热风试验前后各组冬小麦光谱反射率
(a)试验前各样方冬小麦光谱反射率;(b)A 组试验前后光谱反射率;
(c)B 组试验前后光谱反射率;(d)C 组试验前后光谱反射率

　　各试验组冬小麦在干热风发生前后的光谱响应特征表明:干热风试验前后对冬小麦冠层光谱反射率的影响很大。干热风试验后,760～940 nm 的近红外波段对干热风影响的反映最敏感,各试验组冬小麦冠层在近红外波段的反射率普遍下降。主要原因是近红外反射平台具有反射率数值随叶片水分含量减小而减小的明显特征。干热风试验后,作物的生长状况变差,植株含水量迅速下降,近红外平台反射率也因此下降。通过计算三组光谱的下降指标,发现 C 组小麦受灾程度最重,B 组次之,A 组相对较轻。根据试验后的实际观察,主要原因是挡风棚造成干热风气流在 C 组处形成回流堆积。对三组小麦在干热风前后的光谱变化进行对比分析,各组小麦近红外波段反射率的下降程度不同,且反射率下降幅度随干热风程度的增加而增加。

　　此外,与试验前相比,各试验组内冬小麦冠层光谱反射率在 540～680 nm 的绿光和红光波段均出现不同程度上升,且绿峰波长向红光方向"红移"。红边斜率均出现不同程度下降,红边在近红外的拐点波长均向短波方向"蓝移"。

　　原因在于冬小麦受干热风危害后,叶绿素遭到破坏,可见光波段的反射率升高,即对光合有效辐射的利用率降低,而近红外波段的反射率降低,反映出近红外光的热效应加剧,冠层温度升高。

7.2.2　适用于干热风监测的高光谱植被指数分析

干热风会导致作物叶绿素含量、水分含量、细胞结构等发生变化，而多种高光谱植被指数与植物中的某些生化组分含量具有较强的相关关系（王锦地，2009），因此，高光谱植被指数可用于对干热风受灾程度的判断。通过对比分析干热风发生前后地表植被指数的变化，可以有效反映出干热风对植被的影响程度，进而迅速有效地对灾害造成的影响进行分析和评估（罗亚等，2005）。在此使用光谱敏感度分析的方法考察多种高光谱植被指数对干热风灾害的敏感程度：

$$S_i = \frac{VI_{ij} - VI_i}{VI_i} \tag{7.1}$$

式中，S_i 某种高光谱植被指数对干热风灾害的敏感程度，VI_i 为正常情况下植被指数，VI_{ij} 为干热风影响后的植被指数。由于重度干热风会导致植被指数下降，因此 S_i 值越小表明该种植被指数对干热风的响应越敏感，最后根据计算结果选择适用于干热风监测的高光谱植被指数。根据 5 月 6 日和 8 日测定的冬小麦冠层光谱反射率数据计算每个试验组两天的高光谱植被指数，并以 5 月 6 日的高光谱植被指数作为 VI_i，以 5 月 8 日计算得到的植被指数作为 VI_{ij}，进而计算不同高光谱植被指数对此次干热风的敏感程度（表 7.2）。

表 7.2　多种高光谱植被指数对干热风灾害的敏感程度

高光谱植被指数	表达式	S_i			
		A 组	B 组	C 组	平均值
$NDVI_{680}$	$(\rho_{800}-\rho_{680})/(\rho_{800}+\rho_{680})$	-0.054	-0.075	-0.083	-0.071
$NDVI_{705}$	$(\rho_{750}-\rho_{705})/(\rho_{750}+\rho_{705})$	-0.136	-0.191	-0.256	-0.194
$GNDVI$	$(\rho_{750}-\rho_{550})/(\rho_{750}+\rho_{550})$	-0.074	-0.122	-0.150	-0.115
$PSSRa$	ρ_{800}/ρ_{680}	-0.348	-0.539	-0.473	-0.453
$PSSRb$	ρ_{800}/ρ_{675}	-0.355	-0.530	-0.464	-0.450
SR_{705}	ρ_{750}/ρ_{705}	-0.283	-0.427	-0.443	-0.384
SR_{550}	ρ_{750}/ρ_{550}	-0.272	-0.465	-0.443	-0.393
mSR_{705}	$(\rho_{750}-\rho_{445})/(\rho_{705}-\rho_{445})$	-0.286	-0.476	-0.487	-0.416
mND_{705}	$(\rho_{750}-\rho_{705})/(\rho_{750}+\rho_{705}-2\rho_{445})$	-0.108	-0.171	-0.228	-0.169
$SIPI$	$(\rho_{800}-\rho_{445})/(\rho_{800}-\rho_{680})$	0.010	0.024	0.020	0.018
$PSSRc$	ρ_{800}/ρ_{470}	-0.337	-0.413	-0.398	-0.383
WI	ρ_{970}/ρ_{900}	0.000	0.039	0.035	0.025
$WI/NDVI_{680}$	$(\rho_{970}/\rho_{900})/[(\rho_{800}-\rho_{680})/(\rho_{800}+\rho_{680})]$	0.057	0.124	0.129	0.103
$NDVI_{MERSI}$	$(\rho_{865}-\rho_{650})/(\rho_{865}+\rho_{650})$	-0.052	-0.079	-0.086	-0.072
RVI_{MERSI}	ρ_{865}/ρ_{650}	-0.350	-0.576	-0.491	-0.472
$ARVI_{MERSI}$	$[\rho_{865}-(2\rho_{650}-\rho_{470})]/[\rho_{865}+(2\rho_{650}-\rho_{470})]$	-0.064	-0.116	-0.120	-0.100
EVI_{MERSI}	$2.5(\rho_{865}-\rho_{650})/(1+\rho_{865}+6\rho_{650}-7.5\rho_{470})$	-0.115	-0.179	-0.258	-0.184

对 17 种高光谱植被指数 S_i 的变化分析发现：从 A 组到 C 组 S_i 的绝对值整体上逐渐上升，表明多种高光谱植被指数对干热风影响的敏感程度逐渐增加，同时说明 A 组到 C 组冬

小麦的受灾程度逐渐加剧。

对比 S_i 的平均值：RVI_{MERSI}、$PSSRa$ 和 $PSSRb$ 三种指数对干热风灾害的敏感度最好，mSR_{705}、SR_{550}、SR_{705} 和 $PSSRc$ 四种高光谱植被指数对干热风灾害的敏感度较好，此外，mND_{705}、$NDVI_{705}$、EVI_{MERSI} 和 $GNDVI$ 等多种指数对干热风灾害也有一定程度的敏感性。上述高光谱植被指数可以在干热风灾害遥感监测中得到更广泛的应用。

7.3　卫星遥感监测

干热风植被指数监测的原理是：植物叶片组织对蓝光（470 nm）和红光（650 nm）有强烈的吸收，对绿光尤其是近红外有强烈反射，这样，在可见光区只有绿光被反射，植物呈现绿色。叶片中心海绵组织细胞和叶片背面细胞对近红外辐射（700～1000 nm，nir）有强烈反射，植被覆盖越高，红光反射越小，近红外反射越大。由于植物叶片对红光的吸收很快饱和，只有对 nir 反射的增加才能反映植被增加。任何强化 red 和 nir 差别的数学变换都可以作为植被指数用以描述植被生长状况。一些植被指数及其数学方法见表 7.3：

表 7.3　常用植被指数及其数学方法

植被指数	计算方法	参考文献
归一化植被指数（NDVI）	$NDVI = \rho_{nir} - \rho_{red} / \rho_{nir} + \rho_{red}$	Rouse et al.，1974 Deering et al.，1975
比值植被指数（RVI）	$RVI = \rho_{nir} / \rho_{red}$	Birth and McVey，1968 Colombo et al.，2003
大气阻抗植被指数（ARVI）	$ARVI = [\rho_{nir} - (2 \times \rho_{red} - \rho_{blue})] / [\rho_{nir} + (2 \times \rho_{red} - \rho_{blue})]$	Kanfman，Tanré et al.，1992
差值植被指数（DVI）	$DVI = \rho_{nir} - \rho_{red}$	Clevers，1986
增强型植被指数（EVI）	$EVI = 2.5 \times \dfrac{\rho_{nir} - \rho_{red}}{L + \rho_{nir} + C_1 \rho_{red} - C_2 \rho_{blue}}$	Huete and Justice，1994
土壤调节植被指数（SAVI）	$SAVI = \dfrac{\rho_{nir} - \rho_{red}}{\rho_{nir} + \rho_{red+L}} \times (1 + L)$	Huete（1988）
修正土壤调整植被指数（MSAVI）	$MSAVI = \dfrac{2\rho_{nir} + 1 - \sqrt{(2\rho_{nir} + 1)^2 - 8(\rho_{nir} - \rho_{red})}}{2}$	Huete，Liu，1994 Running et al.，1994 Qi et al.，1995
三角植被指数（TVI）	$TVI = 0.5[120(\rho_{nir} - \rho_{green})] - 200(\rho_{red} - \rho_{green})$	Broge，Leblance，2000
可见光大气阻抗植被指数（VARI）	$VARI_{green} = \dfrac{\rho_{green} - \rho_{red}}{\rho_{green} + \rho_{red} - \rho_{blue}}$	Gitelson et al.，2002
水分胁迫指数（MSI）	$MSI = \dfrac{MidIRTM5}{nirTM4}$	Rock et al.，1986
正交植被指数（PVI）	$PVI = \sqrt{(0.355MSS4 - 0.149MSS2)^2 + (0.355MSS4 - 0.852MSS2)^2}$	Richardson，Wiegand，1977
简化的简单比值植被指数（RSR）	$RSR = \dfrac{\rho_{nir}}{\rho_{red}} \left(1 - \dfrac{\rho_{swir} - \rho_{swir\min}}{\rho_{swir\max} + \rho_{swir\min}}\right)$	Chen et al.，2002

7.3.1 干热风灾害地面监测实况

根据气象行业标准《小麦干热风灾害等级》(QX/T82—2007),利用地面四要素自动气象站监测到 2013 年 5 月 12—13 日河南省出现干热风日的站点分布见表 7.4 和图 7.2。

表 7.4　2013 年 5 月 12—13 日河南省监测到干热风的气象站台情况表

干热风发生日期及程度		站点分布
5 月 12 日	5 月 13 日	
重	重	宝丰、沁阳、渑池、新安、伊川
重	轻	新密、孟津、郑州、偃师
轻	重	舞钢、鲁山、汝州、舞阳
重		宜阳、孟州、获嘉、新乡、焦作、原阳、温县、博爱、巩义、中牟、武陟、济源、修武
	重	汝阳、嵩县
轻	轻	漯河、卢氏、郏县、确山、栾川、平顶山
轻		卫辉、登封、辉县、清丰、开封、内黄、三门峡、新郑、遂平、兰考、汤阴、禹州、淇县、长葛、西平、台前
	轻	灵宝、固始、西峡、潢川、新县、商城

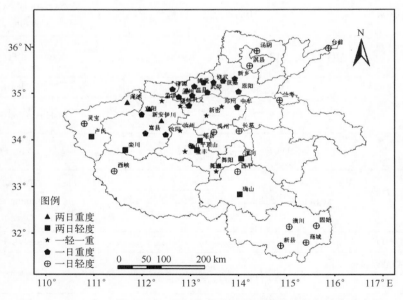

图 7.2　2013 年 5 月 12—13 日河南省监测到干热风的气象站台分布图

7.3.2　干热风发生前后遥感植被指数监测分析

相对于轻度干热风而言,重度干热风对冬小麦的产量、品质、生理生化等方面造成的影响更明显,具体表现在加速植株水分蒸发、破坏叶绿素、停止光合作用、使茎叶枯萎等。作物的叶绿素含量、含水量等生理生化特征可通过遥感技术获取冠层光谱来定量反演,这是利用遥感技术监测、评估干热风对作物影响的理论基础(申广荣和王人潮,2001;张艳楠等,2012)。

根据获取的 MERSI 影像资料,重点对 5 种常用植被指数在干热风监测方面的效果进行评价。

(1)NDVI 变化

归一化植被指数(Normalized Difference Vegetation Index,NDVI)可消除部分辐射误差,被广泛应用于植被生长状态检测,其计算公式见表 7.3。公式中,ρ_{nir} 和 ρ_{red} 分别为近红外和红光波段的反射率。一般来说,作物叶绿素含量越高,长势越好,相应 NDVI 值也越高。

由图 7.3 中可以直观看出,干热风发生后(b)NDVI 低值区的面积明显大于灾前(a)。图 7.4 为干热风发生前后 NDVI 图像的统计直方图,可以看出干热风发生后 NDVI 值下降明显。干热风发生前,像元 NDVI 值的分布呈单峰结构,峰值在 0.65 左右;干热风结束后,像元 NDVI 值的分布呈多峰结构,两处较明显的峰值在 0.55 和 0.35 处,说明冬小麦的植被指数在这两个值附近对干热风的影像更为敏感,下降幅度较大。整体来看,本次干热风对河南省冬小麦长势造成较大影响。

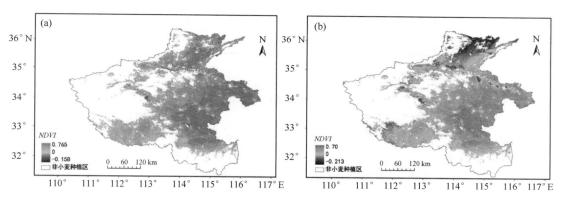

图 7.3　干热风发生前后河南省冬小麦种植区 NDVI 图像

(a)5 月 12 日;(b)5 月 14 日

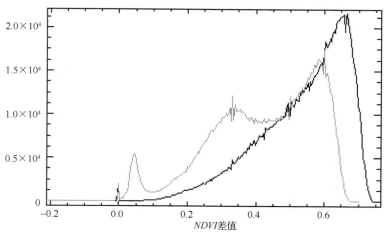

图 7.4　干热风发生前后 NDVI 图像的统计直方图

(黑:灾前;灰:灾后)

以各像元 5 月 12 日的 $NDVI$ 值减去 5 月 14 日的 $NDVI$ 值,得到每个冬小麦像元干热风发生前后 $NDVI$ 值的变化量,差值越大说明该像元处冬小麦受灾越严重。根据 $NDVI$ 差值的统计直方图(图 7.5)可知,干热风发生前后像元 $NDVI$ 值减小量的峰值在 0.1 左右,峰值右侧 1/2 降幅位置处的值为 0.15,表明受灾严重的像元 $NDVI$ 值降低 0.15 以上。干热风发生前后共 379780 个冬小麦像元 $NDVI$ 值下降量超过 0.15,占像元总数的 27.2%,即超过四分之一面积的冬小麦受灾严重。

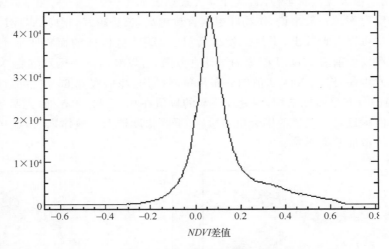

图 7.5　NDVI 差值统计直方图

图 7.6 为冬小麦长势受干热风影响的空间分布情况。图中冬小麦受灾严重地区与地面监测站点空间分布并不完全一致,这主要与冬小麦灌浆所处时期不同对灾害抵御能力不同,以及土壤墒情、作物长势、前期田间管理的差异等因素有关。

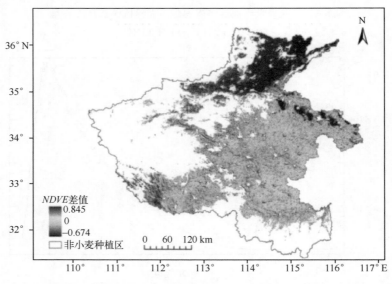

图 7.6　干热风发生前后冬小麦像元 $NDVI$ 差值图

（2）RVI 变化

比值植被指数（Ratio Vegetation Index，RVI）是一个十分简单的植被指数，用近红外波段反射率与红光波段的反射率比值来表示。该植被指数能充分表现植被在红光和近红外波段反射率的差异，能增强植被与土壤背景之间的辐射差异。绿色健康植被覆盖地区的 RVI 远大于1，而无植被覆盖的地面（裸土、人工建筑、水体、植被枯死或严重虫害）的 RVI 在1附近。植被的 RVI 通常大于2。RVI 是绿色植物的灵敏指示参数，与 LAI、叶干生物量（DM）、叶绿素含量相关性高，可用于检测和估算植物生物量。植被覆盖度影响 RVI，当植被覆盖度较高时，RVI 对植被十分敏感；当植被覆盖度＜50％时，这种敏感性显著降低。

图7.7为干热风发生前后 RVI 图像的统计直方图。在干热风发生前，河南省小麦产区像元的 RVI 值主要分布在2.5～5.0之间，该区间内的像元数占到总数的65.97％，且在2.5以上的像元占总数的79.53％。而干热风发生后，RVI 分别在1.0和2.0附近的低值区出现两个峰值，且 RVI 值大于2.5的像元数量下降到52.52％。而在高值区，干热风发生前，RVI 大于5.0的像元数约占14.29％，而干热风发生以后 RVI 大于4.0的像元数也只有10.91％。

出现上述现象的原因可能是：干热风过境后，RVI 值在低值区的变化较为显著，其频率曲线波动较大，表明干热风在不同植被指数区间对作物的影响程度不同；而在高值区的大幅下降，说明干热风过境对小麦植被指数有明显影响，能够导致作物植被指数在整体上出现大幅下降。RVI 值在1.0附近的像元数急剧增加能够充分说明干热风导致的植被枯萎现象非常严重。

此外，差值图（图7.8—图7.9）能够更好地反应干热风过境前后植被指数的差异。通过对河南省冬小麦种植区在该次干热风前后 RVI 差值的统计分析发现：其直方图中的峰值出现在0.5附近，均值约为0.95。这进一步说明干热风的过境导致了像元 RVI 值的整体下降。此外，通过对统计数据分析发现：峰值右侧1/2降幅位置处的值为1.5，且 RVI 下降幅度在1.5以上的像元约占到总像元数的22.53％。

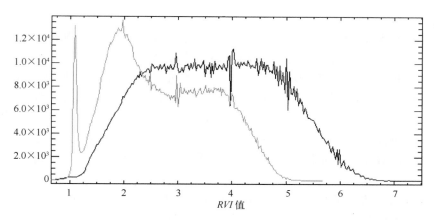

图7.7　干热风前后 RVI 图像的统计直方图
（黑：干热风发生前；灰：干热风发生后）

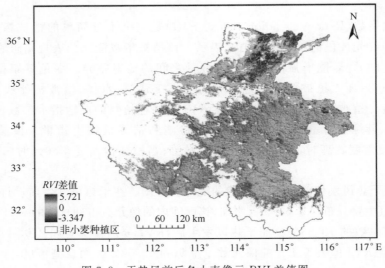

图 7.8　干热风前后冬小麦像元 *RVI* 差值图

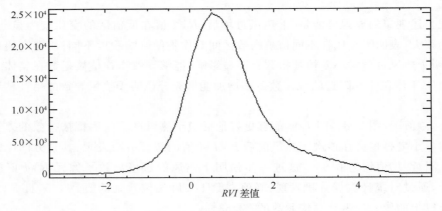

图 7.9　*RVI* 差值统计直方图

（3）*ARVI* 变化

大气阻抗植被指数（*ARVI*），是 *NDVI* 的改进，它使用蓝色波段矫正大气散射的影响（如气溶胶等）。图 7.10 为干热风发生前后 *ARVI* 图像统计直方图。

与 *NDVI* 的直方图分布类似，干热风发生前，像元 *ARVI* 值的分布呈单峰结构，但峰值升高至 0.8 左右；干热风发生后，像元 *ARVI* 值的分布呈多峰结构，两处较明显的峰值在 0.65 和 0.35 处。与 *NDVI* 的直方图分布不同的是干热风发生前后的 *ARVI* 的峰值均上移，主要原因可能在于 *ARVI* 更好地消除了大气散射的影响，在数值上有所提高。干热风发生后，*NDVI* 和 *ARVI* 值均出现大幅下降，说明干热风过境对冬小麦种植区产生了严重影响。

与 *NDVI* 分析方法类似，图 7.11 为干热风发生前后 *ARVI* 差值的空间分布，差值越大说明该像元处冬小麦受灾越严重。并统计得到差值图像的分布直方图（图 7.12），由图中可知干热风发生前后像元 *ARVI* 值减小量的峰值在 0.125 左右，中值为 0.15，峰值右侧半高位置在 0.2 附近，且 *ARVI* 值降低 0.2 以上的像元数约占总像元数的 26.36%。

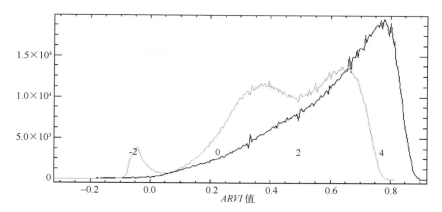

图 7.10　干热风发生前后 *ARVI* 图像统计直方图

（黑：干热风发生前；灰：干热风发生后）

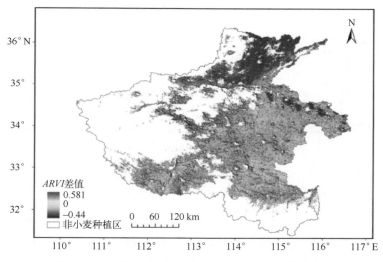

图 7.11　干热风发生前后冬小麦像元 *ARVI* 差值图

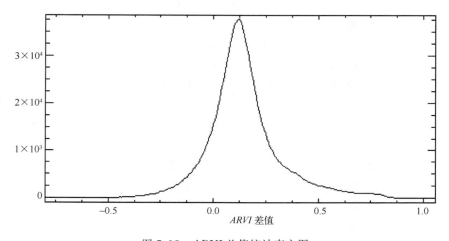

图 7.12　*ARVI* 差值统计直方图

(4)DVI 变化

差值植被指数(DifferenceVegetation Index)能很好地反映植被覆盖度的变化,但对土壤背景的变化较敏感,当植被覆盖度在 $15\%\sim25\%$ 时,DVI 随生物量的增加而增加,植被覆盖度大于 80% 时,DVI 对植被的灵敏度有所下降。内部平均法大气校正是一种基于统计学的大气校正方法,主要是基于图像,并考虑各种因素的乘积贡献进行计算。该方法可以较大程度地消除地形阴影和其他整体亮度的差异,运用内部平均法对影像红外和近红外波段进行大气校正,得到两个波段的相对反射率,并据此计算干热风前后的 DVI 值,对像元的 DVI 值分布情况进行统计分析(图 7.13)。

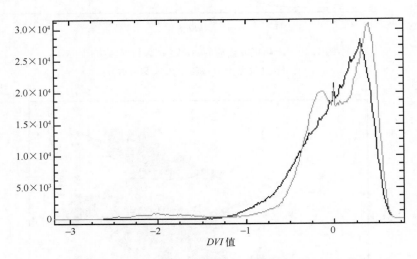

图 7.13 相对反射率计算的干热风发生前后 DVI 图像统计直方图
(黑:干热风发生前;灰:干热风发生后)

此外,为了便于分析,我们以反射率直接进行计算得到干热风发生前后 DVI 的详细变化趋势(图 7.14),同相对反射率的计算结果相比,以反射率直接计算得到的 DVI 变化趋势能够更好地反映出干热风对该种植被指数不同区间的影响情况。图 7.14 统计直方图中出现的锯齿现象是因为 DVI 对波段只进行差值计算的结果,但是并不影响对其在干热风前后不同区间变化程度的分析。

干热风发生前,像元 DVI 呈单峰分布,峰值约出现于 0.225 左右。干热风发生以后呈多峰分布,两个主要的峰值分别出现在 0.275 和 0.15 左右。

反射率和相对反射率分别计算得到的 DVI 统计直方图在分布上基本一致,但与前几种植被指数不同的是:干热风发生后 DVI 在高值区有显著增加。用 5 月 12 日的 DVI 图像减去 5 月 14 日 DVI 图像,得到两日 DVI 差值图(图 7.15),并统计其像元值的分布情况,得到图 7.16 所示干热风发生前后 DVI 差值统计直方图。

分析发现,干热风过境后 DVI 下降的像元(即差值图中正值部分)仅占小麦种植区的 25.44%。其余部分的 DVI 值均有不同程度的上升(差值图中负值部分),且 DVI 前后变化的峰值集中于 -0.5 左右,此外 DVI 变化量峰值左侧半高在 -0.75 附近,且小于此值的像元有 205118 个,约占河南省冬小麦种植区的 14.69%。

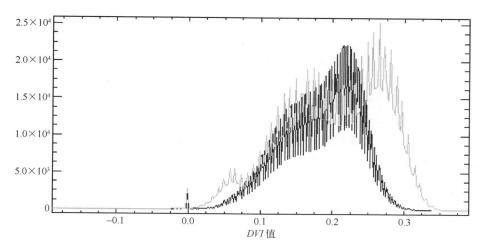

图 7.14 反射率计算的干热风发生前后 DVI 图像统计直方图
（黑：干热风发生前；灰：干热风发生后））

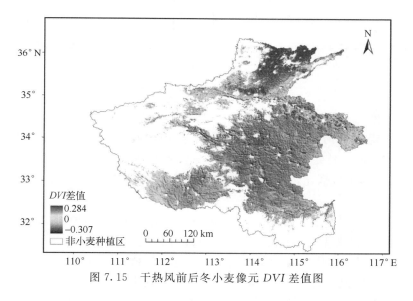

图 7.15 干热风前后冬小麦像元 DVI 差值图

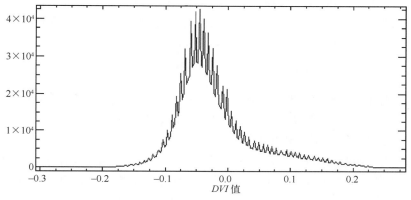

图 7.16 DVI 差值统计直方图

143

通过对影像光谱的分析来探讨其原因。根据刘静等(2012)关于宁夏春小麦干热风危害的光谱特征分析发现:小麦的红边斜率会随着干热风的加重而减小,红边在近红外的拐点波长随着干热风的加重会出现"蓝移"。说明干热风会引起植被叶片失去水分,部分枯萎的植被可能失去叶绿素,导致光谱在近红外波段的反射率较大幅度地下降,从图 7.17 可以看出,近红外波段在干热风过后的下降幅度要超出红波段的降幅。

正是由于这一光谱变化特征,干热风并没有引起 DVI 的整体下降,反而在高值区有所上升,且上升幅度越高,说明作物受灾越严重。从图 7.17 中 DVI 差值监测得到的受灾严重区域的空间分布来看,与 NDVI、RVI 和 ARVI 的检测结果相符。

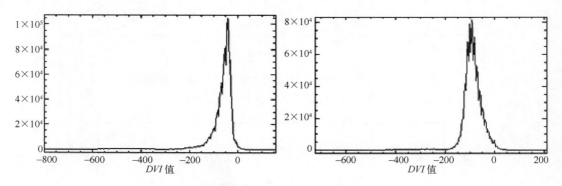

图 7.17　干热风前后近红外波段及红波段差值统计直方图

(5)EVI 变化

相关研究表明:NDVI 在植被生长旺盛期容易达到饱和,而 EVI 则能克服这一现象,比较真实地反映植被的生长变化过程;相同空间分辨率下,EVI 取值范围、标准差与变异系数均高于 NDVI,NDVI 数据比较均一,其空间相关性高于 EVI,因此 EVI 更能反映研究区域内植被的空间差异。

NDVI 指数虽然得到了广泛应用,但在观测和研究中发现:当地面植被越来越茂密时,NDVI 指数出现饱和现象,无法实现同步增长;对大气干扰处理有限,大气残留噪音对 NDVI 指数影响严重;易受土壤背景干扰,特别是中等植被覆盖区,当土壤背景变暗时,NDVI 指数有增加的趋势;同时土壤与大气相互影响,其中一个噪音的减小往往会引起另一个噪音的增加。为了克服 NDVI 指数存在的缺陷,Liu 和 Huete 引入了背景调节参数 L 和大气修正参数 C_1、C_2,在同时减少背景和大气噪音的前提下,建立了增强植被指数 EVI (Enhanced Vegetation Index),其计算公式如下:

$$EVI = 2.5 \times \frac{\rho_{nir} - \rho_{red}}{L + \rho_{nir} + C_1\rho_{red} - C_2\rho_{blue}} \tag{7.2}$$

其中,ρ_{blue} 为蓝光波段反射率,相应于 MODIS 数据的第一波段反射率;L 为土壤调节参数,数值为 1;C_1 为大气修正红光校正参数,数值为 6;C_2 为大气修正蓝光校正参数,数值为 7.5。

根据上述方法计算分别得到 2013 年 5 月 12 日和 14 日干热风发生前后FY3A/MERSI 的 EVI 图像,并统计像元 EVI 的分布直方图(图 7.18)。与上述各种植被指数类似,用 5 月 12 日的 EVI 图像减去 5 月 14 日的 EVI 图像,计算得到干热风前后河南省冬小麦种植区像元 EVI 的差值图像(图 7.19)并统计其差值的分布直方图(图 7.20)。

由图 7.18 可以看出:干热风发生前,像元 EVI 的统计图的峰值出现在 0.55 附近,干热风结束后,峰值上移到 0.65 左右。从整体来看,干热风发生后河南省冬小麦种植区的像元 EVI 有所上升,这一情况与 DVI 的检测结果类似。此外,根据图 7.20 的差值统计直方图来分析,EVI 的变化量统计图的峰值出现在 -0.5 到 -0.1 之间,且负值部分占到 71.02%,说明在干热风发生后,河南省冬小麦种植区超过 2/3 的地区 EVI 值有所上升。

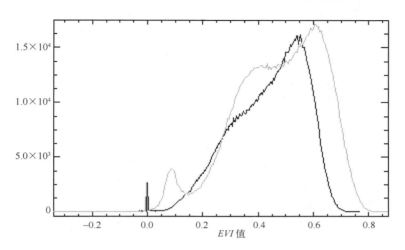

图 7.18　干热风发生前后 EVI 图像的统计直方图
(黑:干热风发生前;灰:干热风过程后)

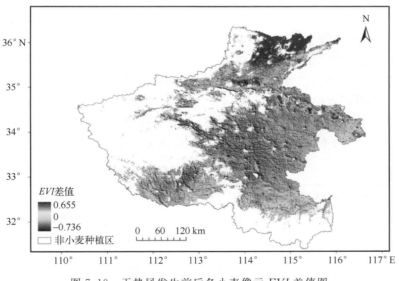

图 7.19　干热风发生前后冬小麦像元 EVI 差值图

出现这一现象的原因与 DVI 的分析结果类似,都是由于近红外波段在干热风过后的下降幅度超出红波段的降幅。而由于这两种植被指数与其他几种植被指数计算方法的差异性,导致了干热风过后植被指数的上升。因此,与 DVI 类似,EVI 可应用于干热风导致的植被指数变化的反向监测。

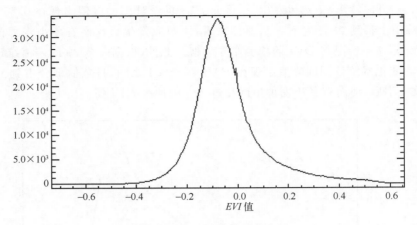

图 7.20　EVI 差值统计直方图

从上述（1）—（5）的分析可知，通过对同一次干热风过境条件下不同植被指数的变化判断，$NDVI$、RVI、$ARVI$ 在干热风灾害发生后具有明显的下降趋势，植被指数的下降量随干热风灾害程度加重而增大，植被指数的下降量级可用于区分受灾等级。此次个例分析中，$NDVI$ 降幅达 0.15 以上，或 RVI 降幅达 1.5 以上，或 $ARVI$ 降幅达 0.2 以上的像元为重度受灾区域。

7.3.3　植被指数对不同程度干热风的敏感性分析

研究干热风发生地面站点的植被指数具体变化情况，可进一步分析不同等级干热风对植被指数的影响程度。由于这次过程发生轻度干热风的站点数量要多于重度干热风的站点数，因此，本节对干热风发生站点进行分类，分别分析植被指数对不同程度干热风的敏感性。

从图 7.2 干热风发生站点的分布情况中可以看出，地面监测到此次干热风的站台情况比较复杂，两日都监测到重度干热风发生的站点数有 5 个，一日重度一日轻度的站点有 8 个；单日重度和两日轻度的站点分别有 15 个和 6 个，只有单日检测到轻度干热风发生的站点有 22 个。为了便于干热风影响的后续分析，本研究参照小麦干热风灾害等级标准将监测到干热风发生站点分为Ⅰ、Ⅱ、Ⅲ三种类型，具体分类标准见表 7.5。

表 7.5　干热风站点类型分级指标

干热风站点类型	指标
Ⅰ型	两日重度或一重一轻
Ⅱ型	单日重度或两日轻度
Ⅲ型	单日轻度

在研究中，我们首先得到距离每个站点最近的冬小麦种植区的像元，再分别提取该像元在干热风发生前后的每种植被指数，计算其前后的差值（5 月 14 日减去 5 月 12 日）。得到每个站点处冬小麦种植区像元在干热风前后植被指数的变化量，再分类计算不同干热风站点类型各指数的变化均值（表 7.6）。并提取地面站点干热风发生日的气温和风速实测数据开展统计分析。

表 7.6　多种植被指数在不同类型干热风站点发生前后变化均值

干热风类型	NDVI	RVI	ARVI	DVI	EVI
Ⅰ型	−0.0716	−0.3879	−0.0432	0.0127	0.0527
Ⅱ型	−0.0673	−0.3713	−0.0190	0.0158	0.0644
Ⅲ型	−0.1161	−0.5302	−0.1275	−0.0032	−0.0063

分析上表：Ⅰ型干热风站点中，RVI 的减少量最大，其次是 NDVI 和 ARVI，DVI 和 EVI 在干热风发生后有小幅度上升，具体原因在上一节中已进行分析。此外，考察Ⅱ型和Ⅲ型干热风的站点，发现与Ⅰ型情况类似，RVI 的下降量大于 NDVI 和 ARVI。根据上一节中的分析可知，冬小麦种植区像元的 NDVI 和 ARVI 在干热风发生后的变化具有一致性，且由上表可知Ⅰ型干热风和Ⅱ型干热风 NDVI 的变化均值均大于 ARVI 的变化均值。因此，综合上述分析发现，在 5 种植被指数类型中，RVI 和 NDVI 能够明显地反映出干热风发生后冬小麦植被指数的下降情况，对干热风的敏感程度较高（李颖等，2014）。因此，选择 NDVI 和 RVI 对三种类型的干热风气象站点进行具体分析，探讨不同类型的干热风站点处植被指数的变化情况，得出不同程度干热风导致植被受灾程度的差异。

（1）NDVI 变化量与气象要素的相关性

首先对Ⅰ型干热风站点进行分析。根据台站所处的经纬度，提取最近像元冬小麦种植区的 NDVI 值（图 7.21），并计算干热风发生前后的变化量（图 7.22）。

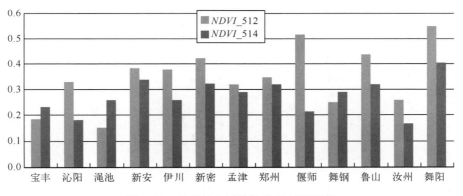

图 7.21　Ⅰ型站台干热风前后 NDVI 值

对数据进行分析可知：Ⅰ型干热风站点，干热风对 NDVI 的影响十分明显，在这 13 个气象台站中，NDVI 值下降的有 10 个，上升的仅有 3 个，NDVI 总体下降幅度远远超出上升幅度。其中，偃师站 NDVI 下降幅度达到 0.302。此外沁阳、舞阳等 5 个站点 NDVI 的下降幅度也超过了 0.1。而 NDVI 出现上升的 3 个台站中，上升幅度最高的渑池站仅为 0.108。

通过上述分析发现：重度干热风往往能够造成冬小麦 NDVI 的明显下降，特别是在冬小麦的灌浆盛期，重度干热风过境，将对冬小麦生长造成严重危害。但是 3 个 NDVI 上升的台站说明了另外一种情况，并非干热风过境就一定会引起严重的灾害，如果田间管理比较完善，若干热风过境时麦田能够得到较好的灌溉，将在较大程度上减轻作物的受灾程度，甚至由干热风引起的高效蒸腾作用可能会有助于 NDVI 值的增加。

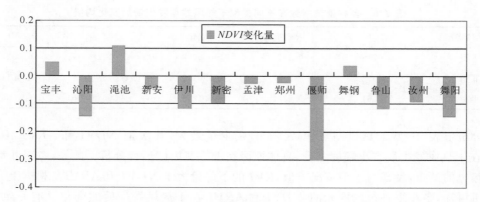

图 7.22　Ⅰ型站台干热风前后 NDVI 变化量

　　分析气象站点处干热风当天的气象因子与 NDVI 变化量之间的关系,有助于探索干热风的成灾机制,为进一步开展深入细致的灾害立体监测研究提供基础。图 7.23 为Ⅰ型干热风站点处 NDVI 变化量与干热风发生当天的日最高温度和 14 时地面 10 m 高度风速的关系。

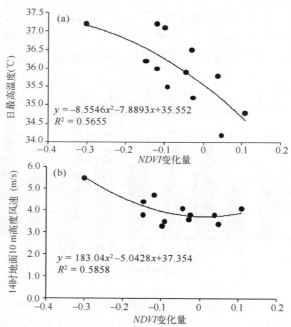

图 7.23　Ⅰ型干热风站点处干热风日气象因子与 NDVI 变化量的关系
(a)日最高温度与干热风发生前后 NDVI 变化量的关系;
(b)14 时地面 10 m 高度风速与干热风发生前后 NDVI 变化量的关系

　　分析发现重度干热风过境导致的 NDVI 降幅与这两种因子均呈正相关,二次回归曲线的 R^2 分别能够达到约 0.57 和 0.59。这说明风速越大、气温越高会导致 NDVI 值的降幅越大,主要原因在于较高的温度和风速会加速作物的蒸腾,如果此时的土壤水分供应不足甚至导致作物枯萎,进而导致植被指数的下降。

采用与 I 型干热风站点类似的方法,对 II 型站点分析,图 7.24 为 II 型干热风台站处的 *NDVI* 值,图 7.25 为 *NDVI* 的变化量。

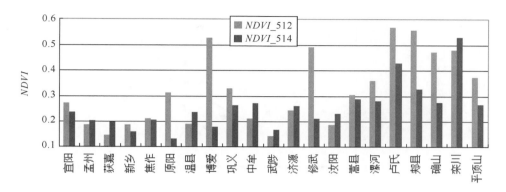

图 7.24 Ⅱ 型干热风台站处 *NDVI* 值

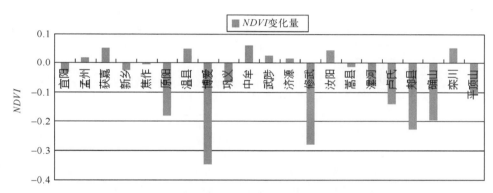

图 7.25 Ⅱ 型干热风台站处干热风前后 *NDVI* 变化量

在 21 个 II 型气象站点中,*NDVI* 下降的有 13 个,上升的 8 个,与类型 I 相比,*NDVI* 上升的站点比重出现较大幅度上升,但 *NDVI* 总体下降幅度仍超出其上升幅度。其中,博爱站 *NDVI* 的降幅度超过 0.3,修武和郏县的降幅度也超过了 0.2,这一下降量甚至超出大部分重度干热风站点的降幅。而 *NDVI* 出现上升的站点中,上升幅度最高的站点也未能达到 0.1。这一结果进一步证明干热风能够导致 *NDVI* 的普遍下降,且随着干热风等级的降低,*NDVI* 出现上升的站点比重有所增加,但存在部分站点 *NDVI* 降幅较大,并超过重度干热风类型的站点,这表明导致 *NDVI* 下降的因素并不仅仅取决于干热风的轻重程度。

图 7.26 为 II 型热风站点 *NDVI* 变化量与干热风当日最高温度和 14 时地面 10 m 高度风速的关系。

分析发现,II 型干热风处站点,干热风前后 *NDVI* 的变化量与日最高温度有一定关系,其三次拟合函数的均方根误差为 0.45。值得注意的是,当 *NDVI* 降幅大于 0.08 时,其降幅会随着日最高温度的升高而增大,但降幅小于此值以及 *NDVI* 出现增加的站点,其变化与日最高温度的关系并不明显。此外,*NDVI* 变化量与 14 时地面 10 m 高度风速的关系也不再明显。

Ⅲ型干热风站点分析方法与Ⅰ型、Ⅱ型站点类似。提取相邻冬小麦种植区像元 *NDVI* 值,并计算其前后差值,分别得到图 7.27 和图 7.28。

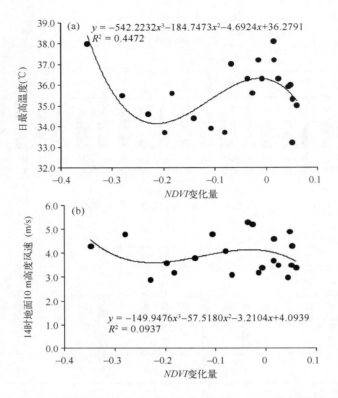

图 7.26 Ⅱ型干热风站点处干热风日气象因子与 *NDVI* 变化量的关系

(a)日最高温度与干热风发生前后 *NDVI* 变化量的关系;

(b)14 时地面 10 m 风速与干热风发生前后 *NDVI* 变化量的关系

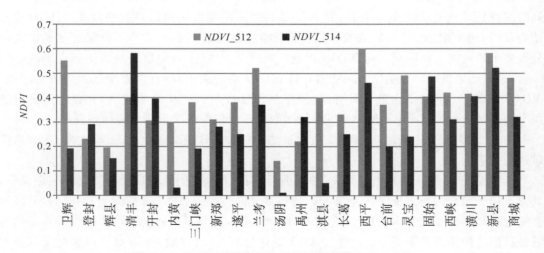

图 7.27 Ⅲ型干热风台站处干热风发生前后 *NDVI* 值

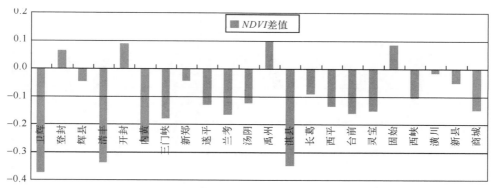

图 7.28　Ⅲ型干热风台站处干热风发生前后 NDVI 变化量

由上面两幅图的分析可知:在只有一天检测到轻度干热风的 22 个气象站点中,其附近冬小麦种植区 NDVI 的降幅整体较高,其中卫辉、清丰和淇县三站的降幅均超过 0.3。22 个站点中仅有 4 个站点的 NDVI 出现小幅上升,且升幅均在 0.1 以下。这一结果表明,冬小麦种植区的作物受灾程度并未因干热风等级的下降而出现明显降低,这与干热风过境时是否采取相应的应对措施有关。

对于Ⅲ型干热风站点,并未发现 NDVI 的下降量与这两种气象因子之间存在明显的相关关系。由此可知,随着站点处干热风等级的下降,其植被指数的降幅与温度和风速这两种气象因子之间的相关性也逐渐下降。

(2)RVI 变化量与气象要素的相关性

Ⅰ型干热风站点分析:对 RVI 变化的分析采用同 NDVI 类似的方法,分别提取站点附近冬小麦像元干热风前后的 RVI 值(图 7.29),并计算其差值(图 7.30),得到植被指数的变化量。

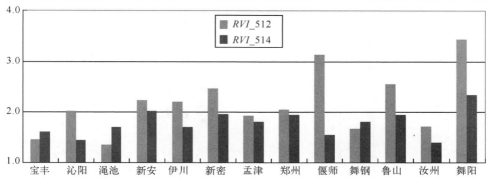

图 7.29　Ⅰ型台站处 RVI 值

分析可知:13 个Ⅰ型气象站点中,在干热风前后 RVI 下降的有 10 个,上升的有 3 个,且偃师站 RVI 的下降幅度最高,达到 1.595。此外舞阳的下降幅度也达到 1.09。与 NDVI 对比发现,站点处 RVI 这一变化趋势与 NDVI 基本一致。

分析Ⅰ型站点在干热风前后 RVI 变化量与干热风发生当天的日最高温度和 14 时地面 10 m 高度风速的关系(图 7.31)发现:重度干热风过境导致的 RVI 降幅与这两种因子也大致呈正相关,二次回归曲线的 R^2 分别达到了约 0.54 和 0.60。表明风速越大、气温越高,RVI 值的降幅越大。这一分析结果与Ⅰ型站点 NDVI 和气象因子之间的关系基本一致。

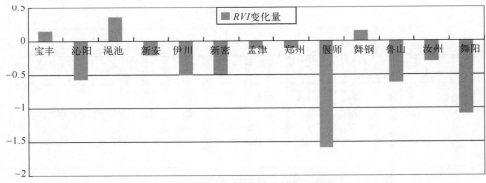

图 7.30　Ⅰ型台站处 RVI 变化量

值得注意的是,Ⅱ型站点中,RVI 上升的站点数量在这类站点中的比重有所上升,这一现象表明:如果作物生长的其他条件良好(如土壤水分充足)的情况下,较高的温度增加作物蒸腾,反而有利于作物生长。因此,轻度干热风发生时,保证田间的土壤湿度,使作物生长有充分的水源显得尤为重要。

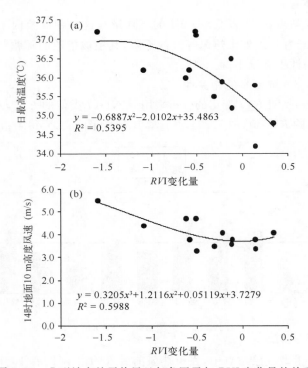

图 7.31　Ⅰ型站点处干热风日气象因子与 RVI 变化量的关系
(a)日最高温度与干热风发生前后 RVI 变化量的关系;
(b)14 时地面 10 m 高度风速与干热风发生前后 RVI 变化量的关系

Ⅱ型站点分析与 NDVI 分析方法类似,在 21 个Ⅱ型的气象站点中,干热风发生后 RVI 下降的有 13 个,上升的 8 个,RVI 的总体下降的幅度仍远远超出其上升幅度。其中,博爱站 RVI 的下降幅度超过 1.5,修武、郏县和卢氏的下降幅度也超过了 1.0。与Ⅰ型站点相比,个别Ⅱ型站点 *RVI* 的降幅均有较大幅度增加,再一次验证了上节中 *NDVI* 的分析结论:即干热风虽然能导致植被指数的普遍下降,造成作物受灾,但作物的长势是多种因素综合作用的结果,干热风等级的降低并不一定意味着作物受灾程度的减弱。

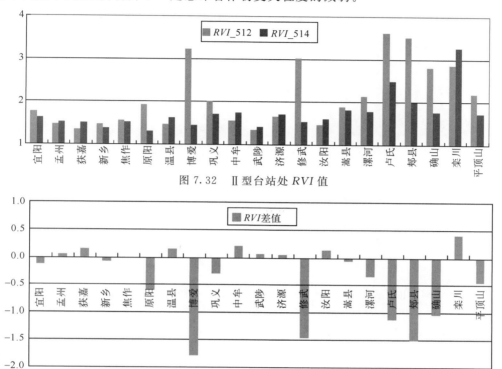

图 7.32　Ⅱ型台站处 *RVI* 值

图 7.33　Ⅱ型台站处 *RVI* 变化量

　　Ⅱ型站点在干热风前后 *RVI* 变化量与干热风发生当天的日最高温度和 14 时地面 10 m 高度风速的关系见图 7.34。

　　分析发现:干热风前后 *RVI* 的变化量与日最高温度的相关性略高于 *NDVI*,其三次拟合函数的 R^2 达到约 0.56。但是拟合曲线的走势与 *NDVI* 的分析结果基本一致,随着植被指数降幅的减小,日最高温度也是先降后升,当 *RVI* 变化量大于 0,即干热风发生后站点处 *RVI* 值上升时,随着植被指数增幅的升高,日最高温度出现下降。另外,与 *NDVI* 类似,*RVI* 变化量与 14 时地面 10 m 高度风速的关系也不明显。

　　此外,分别将干热风前后 *RVI* 变化量与干热风发生当天的日最高温度和 14 时地面 10 m 高度风速的关系进行相关分析,结果出现与 *NDVI* 类似的情况,*RVI* 的变化量与这两种气象因子之间不存在明显的相关关系。这进一步证明:随着站点处干热风等级的下降,其植被指数的降幅与温度和风速这两种气象因子之间的相关性也逐渐下降。

　　对于单日轻度干热风的站点,分别提取其附近冬小麦种植区像元在干热风前后的 *RVI* 值(图 7.35),并分别计算每个站点 *RVI* 的前后变化量(图 7.36)。

　　在单日检测到轻度干热风的 22 个气象站中,其附近冬小麦种植区 *RVI* 的整体降幅依然较高,其中卫辉站的降幅最大,降幅达到 2.08,此外,清丰、兰考、西平和淇县四站的降幅均超过 1。22 个站点中,仅有登封、开封、禹州和固始 4 站点的 *RVI* 出现小幅上升,这与 *NDVI*

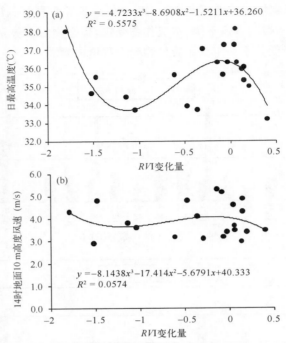

图 7.34 Ⅱ型站点处干热风当天气象因子与干热风发生前后 RVI 变化量的关系

（a）日最高温度与干热风发生前后 RVI 变化量的关系；

（b）14 时地面 10 m 高度风速与干热风发生前后 RVI 变化量的关系

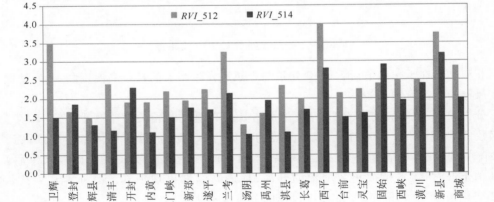

图 7.35 单日轻度干热风类型台站处 RVI 值

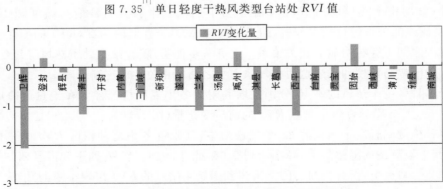

图 7.36 单日轻度干热风类型台站处 RVI 变化量

的分析结果是一致的。综合上述分析：RVI 的冬小麦种植区的作物受灾程度并未因干热风等级的下降而出现明显降低，在轻度干热风过境时采取相应的应对措施也十分必要。

对于单日轻度干热风类型的站点，分别将干热风前后 $NDVI$ 变化量与干热风发生当天的日最高温度和 14 时地面 10 m 高度风速的关系进行相关分析，结果并未发现 $NDVI$ 的下降与这两种气象因子之间存在明显的相关性。

（3）$NDVI$ 和 RVI 变化的相关性分析

虽然整个冬小麦种植区像元的 $NDVI$ 和 RVI 分布直方图差异很大，但是在分析的 5 种植被指数中，这两种植被指数对干热风的影响最为敏感，并且通过对不同程度干热风站点的分析发现，这两种植被指数都能有效反映出干热风对作物生长的影响情况及当地的受灾程度。干热风前后 $NDVI$ 和 RVI 的变化在监测植被生长状况方面各有其优势，虽然干热风发生后大部分站点处的 $NDVI$ 和 RVI 都有不同程度下降，但是从整体的变化情况看，在植被的不同长势情况下，这两种植被指数的变化程度不同。因此分析两种指数在干热风前后变化的相关性，能对这两种植被指数用于干热风监测的科学性进行验证，具有重要意义。

根据提取到的干热风站点处两种植被指数变化值，进行线性回归拟合，得到 $NDVI$ 和 RVI 变化量之间的关系（图 7.37）。

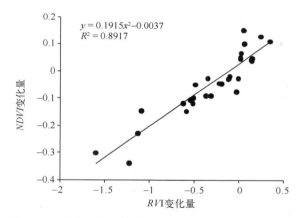

图 7.37　所有干热风站点 $NDVI$ 和 RVI 变化量的关系

分析发现：各气象站点处 $NDVI$ 和和 RVI 的变化呈正相关，其一次线性回归的 R^2 达到约 0.89，说明各站点处这两种植被指数的变化情况基本一致，所以这两种植被指数在进行植被长势监测时具有较高的一致性，均能较好地反映出干热风对植被长势的影响程度。此外，这一结果进一步表明此次干热风发生对作物生长造成了灾害性影响，大部分站点处受灾严重。

7.4　立体监测方案

干热风灾害立体监测将作物发育期、地面气象站点与卫星遥感监测相结合，形成覆盖冬小麦灌浆整个时期，包涵干热风气象站点监测实况、灾后作物受灾情况，地空结合、点面结合的灾害监测技术，确保灾情判断的有效性、准确性和全面性，立体监测技术方案见图 7.38。

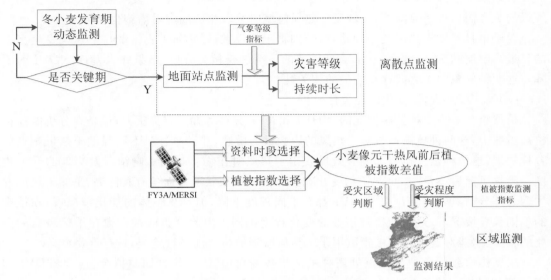

图 7.38　冬小麦干热风立体监测技术流程

干热风灾害主要威胁冬小麦灌浆,灾害立体监测首先应与冬小麦发育期动态监测相结合,判断当前是否处于冬小麦受干热风影响的关键期,如已进入关键期,则启动干热风立体监测技术方案。地面干热风站点监测利用地面四要素气象观测站观测的实时资料,结合《冬小麦干热风等级指标》,判断离散点上干热风灾害发生情况。地面站点监测时效性强、准确率高,但气象台站离散分布,不能从空间上代表冬小麦大田生产的实际情况,因此利用遥感监测技术,根据地面站点监测的干热风出现日期,选取干热风出现前后的遥感影像并进行相关校正。植被指数选择对干热风灾害敏感性较强的 $NDVI$ 或 RVI 指数,计算干热风发生前后植被指数的差值,根据植被指数变化量的等级,从空间上监测受影响区域和影响程度。由于冬小麦灌浆后期叶片逐渐衰老,叶绿素含量明显降低,该立体监测方案主要适用于灌浆前中期发生的干热风灾害。

7.5　监测结果与验证

采用干热风灾害立体监测方案对 2014 年干热风发生情况进行监测。2014 年 5 月26—29 日,山东省出现大范围干热风天气,此时正值冬小麦灌浆中期。根据地面气象资料监测,26—29 日期间共 95 个站点出现了不同等级的干热风天气,约占台站总数的78%,其中出现重度干热风的站点多达 80 个,2 日以上均出现重度干热风的站点 18个。选择 5 月 26 日和 30 日上午 10:00 的 FY3A/MERSI 影像数据,分别代表受灾前和受灾后的遥感图像,由前面的分析可知,归一化植被指数 $NDVI$ 在干热风监测方面有较好的表现,因此分别计算各像元的 $NDVI$ 值,并计算干热风前后 $NDVI$ 的差值,结果如图 7.39 所示。

图中深色代表干热风影响后 $NDVI$ 值减小,颜色越深减小幅度越大。从空间上看,鲁西南、鲁中及半岛西部受干热风的影响比较明显,鲁北有轻微影响。统计发现,共 2141098

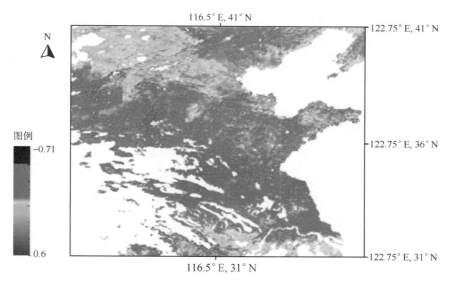

116.5° E, 41° N

122.75° E, 41° N

122.75° E, 36° N

122.75° E, 31° N

116.5° E, 31° N

图例

−0.71

0.6

图 7.39　2014 年 5 月下旬干热风前后 NDVI 变化量

个像元 NDVI 值下降,占总像元数的 82.3%,NDVI 下降 0~0.15 之间的约占 46.1%,下降 0.15~0.3 的约 31.2%,下降 0.3 以上的占 8.1%。根据山东省气候中心提供的地面监测资料,5 月 26 日,山东省大部地区为轻干热风;27 日,鲁西北局部和半岛部分地区为轻干热风,其他大部地区为重干热风;28 日,半岛北部沿海为正常,半岛中南部、东南沿海和鲁西北局部地区为轻干热风,其他大部地区为重干热风(图 7.40);29 日,除东南沿海地区外,全省大部地区出现重干热风(图略)。卫星遥感监测结果与地面监测及单点调查结果相符,但重度受灾区域(NDVI 下降量大于 0.15)的比例较地面监测站点比例偏小,这可能与田间管理差异有关。

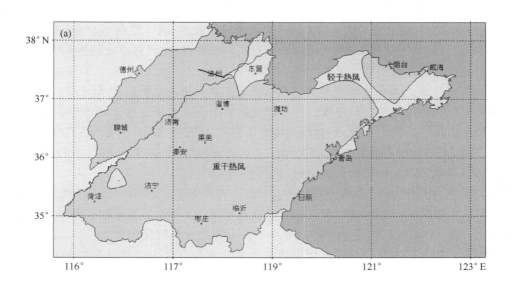

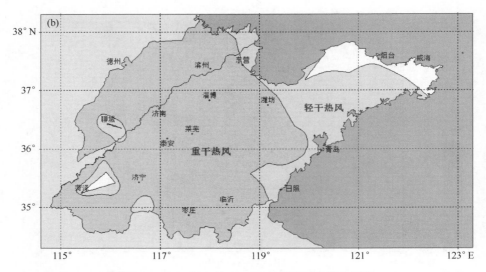

图 7.40　2014 年 5 月 27—28 日全省干热风监测图

(a)5 月 28 日；(b)5 月 27 日

7.6　小结

干热风灾害立体监测,是对冬小麦生长状况、地面气象要素、实际受灾状况监测技术的综合。首先根据冬小麦开花的时间结合籽粒增重规律,对冬小麦所处的灌浆时期进行判定,初步确定小麦是否处于易受干热风的影响期;然后利用中低空间分辨率、高时间分辨率的卫星遥感影像(FY3A/MERSI)对大范围干热风导致农作物灾损情况的开展监测与评估。

$NDVI$ 和 $ARVI$ 均能有效监测干热风过境后对冬小麦整体长势的影响并评估其受灾程度。相对于 $NDVI$,$ARVI$ 可以有效削减大气的影响,对于植被指数变化的监测更为准确。

将 $NDVI$ 的变化量与干热风当天的气象因子进行相关分析,发现 $NDVI$ 的降幅与干热风当日的温度、风速之间关系密切,且均呈正相关。即高温、大风对小麦的影响严重,可以在植被指数的变化上得到明显的反映。

RVI 在低值区的变化能够更好地监测植被受干热风影响后的枯萎情况。

研究发现干热风过境以后导致红外波段反射率出现较大幅度的下降,进而引起 DVI 在植被指数高值区的上升。因此,干热风过境后引起了 DVI 和 EVI 在高值区的上升,这一现象与 $NDVI$、$ARVI$ 和 RVI 的变化情况相反。这一发现表明 DVI 和 EVI 两种植被指数能够反向监测干热风引起的作物植被指数的变化。

综上所述:在对干热风的监测过程中,$NDVI$ 和 $ARVI$ 反映出的植被指数变化情况类似,但 RVI 对干热风引起的植被指数下降的反应更明显,尤其是对植被指数低值区的变化更为敏感。而 DVI 和 EVI 适用于干热风引起植被指数变化的反向监测。

对发生不同等级干热风的气象台站所在位置几种具有代表性的植被指数进行分析,得出以下结论:

①干热风发生后,虽然整个冬小麦种植区像元的 $NDVI$ 和 RVI 分布直方图差异很大,

但是在分析的 5 种植被指数中,这两种植被指数对干热风的影响最为敏感,并且通过对不同程度干热风站点的分析发现,这两种植被指数都能有效反映出干热风对作物生长的影响情况及当地的受灾程度。此外,两种植被指数的分析结果具有高度的一致性。

②大范围的干热风能够引起较大区域内一些典型植被指数的普遍下降,进而可能导致农作物严重受灾,而此次干热风发生成为河南省冬小麦种植区植被指数下降的一个决定性因素。

③通过对 NDVI 和 RVI 两种典型植被指数的分析发现:植被指数的下降程度与干热风当天的地表温度、地面风速等气象因子之间有密切关系,此外不同等级的干热风对植被指数的影响程度不同。研究还发现:随着站点处干热风等级的下降,其植被指数的降幅与温度和风速这两种气象因子之间的相关性也逐渐下降。此外,干热风虽然能导致植被指数的普遍下降,造成作物受灾,但作物的长势是多种因素综合作用的结果,干热风等级的降低并不一定意味着作物受灾程度的减弱。

④虽然干热风会导致冬小麦严重受灾,但并非干热风灾害就不能应对。作物的生长更多地取决于土壤水分状况,存在的少数几个检测到重度干热风发生但植被指数并未下降的气象台站能够说明:如果有比较完善的田间管理制度、改善作物生长的其他条件,能够有效减轻干热风对冬小麦的影响。

参考文献

丛建鸥,李宁,许映军,等.2010.干旱胁迫下冬小麦产量结构与生长、生理、光谱指标的关系.中国生态农业学报,**18**(1):67-71.

董晶晶,王力,牛铮.2009.植被冠层水平叶绿素含量的高光谱估测.光谱学与光谱分析,**29**(11):3003-3006.

贺可勋,赵书河,来建斌,等.2013.水分胁迫对小麦光谱红边参数和产量变化.光谱学与光谱分析,**33**(8):2143-2147.

李颖,韦原原,刘荣花,等.2014.河南麦区一次高温低湿型干热风灾害的遥感监测.中国农业气象,**35**(5):593-599.

刘静,张学艺,马国飞,等.2012.宁夏春小麦干热风危害的光谱特征分析.农业工程学报,**28**(22):189-199.

罗亚,徐建华,岳文泽.2005.基于遥感影像的植被指数研究方法述评.生态科学,**24**(1):75-79.

浦瑞良,宫鹏.2000.高光谱遥感及其应用.北京:高等教育出版社.

钱育蓉,于炯,贾振红,等.2013.新疆典型荒漠草地的高光谱特征提取和分析研究.草业学报,**22**(1):157-166.

申广荣,王人潮.2001.植被光谱遥感数据的研究现状及其展望.浙江大学学报(农业与生命科学版),**27**(6):682-690.

王锦地.2009.中国典型地物波谱数据库.北京:科学出版社,105.

张艳楠,牛建明,张庆,等.2012.植被指数在典型草原生物量遥感估测应用中的问题探讨.草业学报,**21**(1):229-238.

赵俊芳,赵艳霞,郭建平,等.2012.过去 50 年黄淮海地区冬小麦干热风发生的时空演变规律.中国农业科学,**45**(14):2815-2825.

第8章　南方双季稻低温冷害的动态评估技术

　　水稻低温冷害评估是指在低温冷害监测的同时,通过一些评估指标和评估模型,推断低温冷害可能造成的经济损失。对于南方双季稻区,早稻低温冷害主要发生在抽穗开花前,对水稻分蘖、干物质积累和穗的形成构成威胁。晚稻低温冷害主要发生在抽穗开花至成熟期,对花粉受精、籽粒灌浆和充实不利。尽管早稻和晚稻低温冷害发生的主要时段不同,但都会反映到最终产量上。因此,针对早晚稻低温冷害特点,建立动态评估对象,如早稻群体茎蘖、地上部分干物质总量和晚稻的籽粒重等,运用相应的动态评估模型,在跟踪低温冷害的同时,估算评估对象相对光温适宜时的变化率,定量确定灾害的影响及其潜在的减产。本章采用数据同化方法实现站点、卫星遥感和评估模型相结合的低温冷害动态评估。该方法较传统站点尺度的评估方法复杂,要求的数据种类多,质量高,且对各类误差敏感,但在区域的动态评估应用上表现出明显的优势。还建立了适用于南方双季稻低温冷害损失评估方法,通过比较基于统计的方法和基于 DSSAT 模型模拟的方法,确立两种方法在冷害损失评估中的有效性。

8.1　动态评估方法

8.1.1　基于数据同化的方法

　　参考相关研究(Launay and Guerif,2005;de Wit and van Diepen,2007;Dowd,2007;Iizumi et al.,2009;Chen et al.,2013),图 8.1 显示了应用于南方双季稻低温冷害立体动态评估的技术流程图。该评估技术采用数据同化方法,将气象观测、大田观测、卫星观测和作物模型等连接起来,根据每次实测的大田生物量、群体茎蘖、籽粒灌浆和卫星遥感反演的生物量、LAI 等数据对作物模型参数进行优化,更新参数值,使得模拟的状态变量值与实测值或遥感反演的状态变量值的误差最小。在结合卫星遥感影像进行区域应用时,对每个水稻像元进行数据同化,获取每个像元独有的一套待优化参数最优值。在最优参数值下,模型向后模拟,直至下次观测。每次观测的值将与前面所有观测值综合在一起形成新的样本用于参数的更新。在最后一次参数更新后,模型向后模拟,并最终估算出产量。为了评估灾害损失和影响程度,额外模拟光温条件适宜情况下的水稻长势和产量,并作为参照与实际模拟的结果进行比较,分别对茎蘖动态、干物质积累、产量要素(结实率)和产量进行损失评估,进而实现动态的灾害评估。

　　在该技术方案中,参数优化和更新是重要的步骤之一。对模型敏感参数进行优化或重新初始化,有利于减少运行成本。Soundharajan 和 Sudheer(2013)对 ORYZA2000 模型的参数进行了敏感性分析。结果显示,在田间管理确定的情况下,相对叶面积增长速率、绿叶和茎秆分配系数、枯叶系数等参数为敏感性参数。杨沈斌(2008)则对 ORYZA2000 模型中田间管理参数进行了敏感性分析,发现播种期和种植密度对模拟结果有显著影响,为此,表 8.1

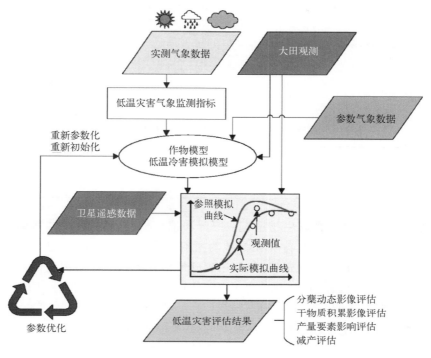

图 8.1　水稻低温冷害动态评估流程图

列出了 ORYZA2000 模型中的待优化参数。表 8.2 和表 8.3 则分别给出了水稻群体茎蘖动态模拟模型和水稻籽粒灌浆动态模拟模型中的敏感性参数,这些参数同样作为待优化参数在数据同化过程中由实际观测数据来进行调整和优化。

表 8.1　ORYZA2000 模型待优化参数及其设置

参数名称	DVS	初始值	值域	参数意义	参数文件
NPLS		23	$[20, 80]$	大田基本苗(株・m^{-2}),$NPLS = NPLH \cdot NH$	EXPERIMENT. DAT
EMD		85/170*	$[65, 110]/$ $[160, 190]$*	出苗日数(d)	EXPERIMENT. DAT
RGRLMX		0.0085	$[0.004, 0.09]$	相对叶面积增长速率	CROP. DAT
LRSTR**		0.947	$[0.01, 0.99]$	来自茎秆存留量的用于生长量积累的分量	CROP. DAT
FLVTB	0.00	0.6	$[0.1, 0.8]$	起始绿叶分配系数	CROP. DAT
	0.50	0.6	$[0.1, 0.8]$	$DVS = 0.5$ 时的绿叶分配系数	CROP. DAT
	0.75	0.3	$[0.0, 0.8]$	$DVS = 0.75$ 时的绿叶分配系数	CROP. DAT
FSTTB**	1.00	0.4	$[0.0, 0.6]$	$DVS = 1.0$ 时的茎秆分配系数	CROP. DAT
DRLVT**	1.00	0.015	$[0.0, 0.05]$	$DVS = 1.0$ 时的枯叶系数	CROP. DAT
	1.60	0.025	$[0.0, 0.1]$	$DVS = 1.6$ 时的枯叶系数	CROP. DAT
	2.10	0.05	$[0.0, 0.1]$	$DVS = 2.1$ 时的枯叶系数	CROP. DAT

* 早稻/晚稻;** 不适用于区域尺度。

表 8.2　水稻群体茎蘖动态模拟模型待优化参数及其设置

参数名称	初始值	值域	参数意义
K_0	0.28	[0.1, 0.5]	群体茎蘖潜在增长率
L_{e0}	0.72	[0.5, 0.9]	水肥适宜条件下的分蘖率

表 8.3　水稻籽粒灌浆动态模拟模型待优化参数及其设置

参数名称	初始值	值域	参数意义
q	0.5	[0, 10]	模型系数

　　针对站点尺度,选择各器官生物量(茎、绿叶和穗)、枯叶生物量、群体茎蘖数和灌浆速率的观测值与模拟值进行比较,待优化参数为所有 3 个表中列出的参数。针对区域尺度的应用,由于该尺度上缺乏观测资料,仅使用遥感反演得到的绿叶生物量作为"实测值"与模型模拟值进行比较,因此,待优化参数仅有 NPLS、EMD、RGRLMX 和 FLVTB,其他待优化参数选用模型默认值。

　　数据同化中选择的参数优化算法为 Markov Chain Monte Carlo(MCMC)(Ceglar *et al.*,2011;Dowd,2007)。该算法基于 Bayes 统计理论,将模型参数的概率密度分布 $p(v)$ 和该参数分布下模型模拟值的概率密度分布 $p(c|v)$ 结合,反演给定观测值时参数的后验概率密度分布 $p(v|c)$,其表达式为:

$$p(v \mid c) = \frac{1}{A} p(c \mid v) p(v) \tag{8.1}$$

式中,$1/A$ 为归一化常数,其中 $A = p(c)$。c 为观测值,v 代表待优化参数。

　　在实际应用中,首先依据参数的先验概率分布产生大量参数样本并代入模型进行模拟(Wang *et al.*,2009;Ziehn *et al.*,2012),然后计算目标函数值,为使该值最小化,使用 Metropolis—Hastings 算法(Ziehn *et al.*,2012)对迭代中的参数样本进行筛选和更新,在若干次迭代后,有限个数的参数样本被接受用于获取参数值的后验概率密度分布,并以此统计平均值或最大概率对应的参数值为最优参数值。本研究设置每次参数优化的样本量为 50000 次,参数变化步长初定为 0.1,但将根据参数样本接受率来进行调整。通常,参数样本的接受率在 0.23~0.44 之间被认为是有效的(Gelman *et al.*,2003)。根据 Bayes 方法,目标函数的表达形式为:

$$p(v \mid c) = \frac{1}{A} \exp\left[-\frac{1}{2}(c_M - c)^T C_c^{-1}(c_M - c)\right] \times$$

$$\exp\left[-\frac{1}{2}(v - v_0)^T C_{v_0}^{-1}(v - v_0)\right] \tag{8.2}$$

式中,c_M 代表与观测值对应的模型模拟值,v_0 代表先验参数值,C_c 和 C_{v0} 分别代表观测变量和待优化参数的协方差矩阵。由此可见,目标函数由两部分组成,一个是模拟值与观测值的误差加权平方和,另一个是模型参数值与先验参数值的误差加权平方和,权重系数来自协方差矩阵的倒数。在实际应用中,对公式(8.2)式进行了简化:

$$J(v) = \frac{1}{2}\left[(c_M - c)^T C_c^{-1}(c_M - c) + (v - v_0)^T C_{v0}(v - v_0)\right] \qquad (8.3)$$

以表 8.1—8.3 中各参数初始值作为先验参数值,其不确定性以值域的 1/4 计(Doherty,2005)。由于待优化参数值为正数,为保证每次更新的参数值在有效的值域范围内,假设各参数先验分布为对数分布,对各参数值进行对数转换,并对转换后的参数值进行优化(Ziehn *et al.*,2012;Kemp *et al.*,2014)。优化后获取各参数分布特征,并提取平均值和标准差,然后根据对数反转换计算参数值和标准差。因此,为了便于阐述,转换前的参数取值域称为实数域,对数转换后的参数取值域为优化域。优化域中先验参数具有高斯分布特性,参数的不确定性为 1。本研究使用的对数转换和反转换计算公式分别如式(8.4)和(8.5)所示:

$$v_i = \frac{\lg(p_i)}{\lg(\sigma_{p_{0i}} + p_{0i}) - \lg(p_{0i})} \qquad (8.4)$$

$$p_i = \exp\{v_i \times [\lg(p_{0i} + \sigma_{p_{0i}}) - \lg(p_{0i})]\} \qquad (8.5)$$

式中,v_i 为优化域的参数值,p_i 为实数域参数值,p_{0i} 为实数域的先验参数值,σp_{0i} 为实数域先验参数值的不确定性,i 表示第 i 个待优化参数。

本研究对 Metropolis-Hastings 算法的具体实现步骤如下:

①以待优化参数的先验参数值为起始参数样本 $vk(k=1)$。

②计算参数值更新步长 Δv,并叠加在起始样本上,生成一组新的待优化参数样本 $v* = vk + \Delta v$。Δv 等于步长因子与随机数的积。该随机数根据标准高斯分布随机生成,而步长因子为预先设定的一个常数。

③应用 0～1 均匀分布生成一个随机数 qk,并结合如下规则接受或拒绝新参数样本:

ⅰ. 如果 $v*$ 的概率值 $p(v*)$ 与 v_i 的概率值 $p(v_i)$ 的比值≥qk,则接受 $v*$。

ⅱ. 如果 $p(v*)/p(v_i)<qk$,则拒绝 $v*$。

④如果新参数样本被接受,则将进一步检验该参数样本,确定是否接受。因此,将该样本值代入模型中,计算目标函数值,然后比较该参数样本目标函数值与起始参数样本目标函数值,规则如下:

ⅰ. 如果 $v*$ 的后验概率值 $p(c|v*)$ 与 v_i 的后验概率值 $p(c|vi)$ 的比值≥qk,则接受 $v*$。这里 c 代表观测数据。

ⅱ. 如果 $p(c|v*)/p(c|v_i)<qk$,则拒绝 $v*$。

⑤重复上述②～④步骤,直至达到最大迭代次数。

8.1.2　基于统计的评估方法

8.1.2.1　灾损评估流程

利用历年县级双季稻单产数据,以两种不同的作物趋势产量分离方法(二次多项式和三次 Hermit 滑动平均),将分离所得的趋势产量减去实际产量求出气象产量。分析双季稻生长期内冷害高发时段的活动积温距平值。将两个结果结合起来找出积温距平为负同时又是气象减产年的情况,假设这些年份的水稻减产仅和冷害有关,并以此运用统计的方法计算出冷害减产率和经济损失量,如图 8.2 所示。

图 8.2 基于统计的损失评估流程

8.1.2.2 趋势产量的计算

影响作物单产的因素主要有自然及非自然因素两大类,农业技术水平的提升引起了作物趋势产量的增加,气象条件的变化引起了作物单产的年际变动。因此可将单产分解为以下 3 个部分(王素艳等,2005;薛昌颖等,2005):

$$y_i = y'_i + y_{ui} + \varepsilon \tag{8.6}$$

式中,y_i 为第 i 年的实际单产,y'_i 为第 i 年的趋势产量,y_{ui} 为 i 年的气象产量,ε 为随机噪声,该项所占的比例较小,因此忽略不计。

本研究利用二次多项式(王书裕,1995)和三次 Hermit 滑动平均(王雨等,2007)两种方法进行趋势产量的分离。其中二次多项式滑动步长为 5 年,分离方法如下(方法 1):$y'_i = a + bt + ct^2$,按最小二乘法原理,使残差平方和最小,即:$u = \sum_{i=-n}^{n} \left[(a + bt + ct^2) - y_{i+t}\right]^2$ 最小,对该式计算 a,b,c 的偏微分,并令其为零(刘志平等,2008):

$$\begin{cases} \dfrac{\partial u}{\partial a} = 2\sum_{i=-n}^{n}(a + bt + ct^2 - y_{i+t}) = 0 \\ \dfrac{\partial u}{\partial b} = 2\sum_{i=-n}^{n}t(a + bt + ct^2 - y_{i+t}) = 0 \\ \dfrac{\partial u}{\partial c} = 2\sum_{i=-n}^{n}t^2(a + bt + ct^2 - y_{i+t}) = 0 \end{cases} \tag{8.7}$$

由于 $\sum_{i=-n}^{n}t = 0$,当 r 为偶数时,有

$$\sum_{i=-n}^{n}t^r = (^-n)r + (^-n+1)r + \cdots + (^-2)r + (^-1)r + 0 + 1^r + 2^r + (^n-1)r + (^n)r$$
$$= 2[1^r + 2^r + \cdots + (^n-1)r + (^n)r] \tag{8.8}$$

当 p 为奇数时,有

$$\sum_{i=-n}^{n}t^p = 0, \quad p = 1,2,3,\cdots \tag{8.9}$$

求偏导后,经整理可以有正规方程组:

$$\begin{cases} (2n+1)a + b\times 0 + c\sum_{i=-n}^{n}t^2 = \sum_{i=-n}^{n}y_{i+t} \\ a\times 0 + b\sum_{i=-n}^{n}t^2 + c\times 0 = \sum_{i=-n}^{n}ty_{i+t} \\ a\sum_{i=-n}^{n}t^2 + b\times 0 + c\sum_{i=-n}^{n}t^4 = \sum_{i=-n}^{n}t^2 y_{i+t} \end{cases} \tag{8.10}$$

当 $n=2$，即取 5 点二次滑动平均，有：

$$\begin{cases} \displaystyle\sum_{i=-n}^{n} t^2 = 2 \times (1^2 + 2^2) = 10 \\ \displaystyle\sum_{i=-n}^{n} t^4 = 2 \times (1^2 + 2^4) = 34 \end{cases} \tag{8.11}$$

于是有正规方程组：

$$\begin{cases} 5a + 10c = y_{i-2} + y_{i-1} + y_i + y_{i+1} + y_{i+2} \\ 10b = -2y_{i-2} - y_{i-1} + y_{i+1} + 2y_{i+2} \\ 10a + 34c = 4y_{i-2} + y_{i-1} + y_{i+1} + 4y_{i+2} \end{cases} \tag{8.12}$$

由正规方程组求解，得：

$$\begin{cases} a = \dfrac{1}{35}\left[-3(y_{i-2} + y_{i+2}) + 12(y_{i-1} + y_{i+1}) + 17y_i\right] \\ b = \dfrac{1}{10}\left[-2(y_{i-2} + y_{i+2}) - (y_{i-1} - y_{i+1})\right] \\ c = \dfrac{1}{14}\left[2(y_{i-2} + y_{i+2}) - (y_{i-1} + y_{i+1}) - 2y_i\right] \end{cases} \tag{8.13}$$

滑动平均为：

$$y'_i = a = \frac{1}{35}\left[-3(y_{i-2} + y_{i+2}) + 12(y_{i-1} + y_{i+1}) + 17y_i\right] \tag{8.14}$$

最初两点为 y_0 和 y_1，最后两点的情况与最初两点的情况相类似：

$$y'_0 = y'_{i+t}\big|_{i=2,t=-2} = \frac{1}{35}(31y_0 + 9y_1 - 3y_2 - 5y_3 + 3y_4) \tag{8.15}$$

$$y'_1 = y'_{i+t}\big|_{i=2,t=-1} = \frac{1}{35}(9y_0 + 13y_1 + 12y_2 + 6y_3 - 5y_4) \tag{8.16}$$

三次 Hermit 滑动平均是对无灾年份产量之间进行的平滑处理，实际可看成对理想气象条件、特定生产技术水平作物可能产量的估算（王森和王全龙，2007）。分离方法如下（方法 2）：

如果已知函数 $y=f(x)$ 在节点 $a=x_0 < x_1 < \cdots < x_n=b$ 处的函数值和导数值：

$y_i = f(x_i), y'_i = f'(x_i), i=0,1,2,\cdots,n$ 则在小区间 $[x_{i-1}, x_i]$ 上有四个插值条件：

$$y_{i-1} = f(x_{i-1}), y_i = f(x_i), y'_{i-1} = f'(x_{i-1}), y'_i = f'(x_i) \tag{8.17}$$

故能构造一个三次 Hermite 插值多项式 $H_i(x)$。这时在整个 $[a,b]$ 上可以用分段三次 Hermite 插值多项式来逼近 $f(x)$：

$$H(x) = \begin{cases} H_1(x), x \in [x_0, x_1] \\ H_2(x), x \in [x_1, x_2] \\ \cdots\cdots \\ H_n(x), x \in [x_{n-1}, x_n] \end{cases} \tag{8.18}$$

数学公式：

$$H_i(x) = \frac{[h_i + 2(x - x_{i-1})](x - x_i)^2}{h_i^3} y_{i-1} + \frac{[h_i - 2(x - x_i)](x - x_{i-1})^2}{h_i^3} y_i$$

$$+ \frac{(x - x_{i-1})(x - x_i)^2}{h_i^2} y'_{i-1} + \frac{(x - x_{i-1})^2(x - x_i)}{h_i^2} y'_i \tag{8.19}$$

以上两种趋势产量计算过程均通过 Matlab 编程实现。

8.1.3 基于 DSSAT 模型的评估方法

8.1.3.1 灾损评估流程

南方双季稻冷害损失评估是冷害研究中的一个难点。传统冷害损失评估是基于作物减产仅由冷害造成这一假设进行的。该假设对冷害为主要气象灾害的地区较为适用（如中国东北地区），而对于南方双季稻区来说冷害并非其主要气象灾害（朱德峰，2010），因此基于该假设评估南方双季稻冷害损失准确性不高，传统冷害损失评估方法在南方双季稻冷害损失评估中受到了限制。然而利用作物模型模拟可以避免传统假设方法的不足，能够使研究者在控制其他变量的同时只考虑冷害对产量的影响，因此该方法较适用于南方双季稻冷害损失的评估。为此，提出了基于 DSSAT 模型的灾损评估方法。该方法流程如图 8.3 所示。

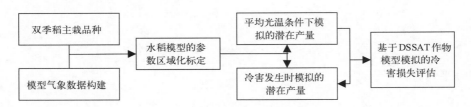

图 8.3 基于 DSSAT 模型的灾损评估流程

8.1.3.2 DSSAT 模型

DSSAT(Decision Support System for Agrotechnology Transfer)农业技术转移决策支持系统，是目前使用最广泛的模型系统之一。它集成了 26 种不同的作物模型，主要包括CERES(Crop Environment REsource Synthesis)系列模型、SUBSTORpotato 马铃薯模型、CROPGRO 豆类作物模型、CROPSIMcassava 木薯模型、OILCROP 向日葵模型以及 CANE-GRO 甘蔗模型。DSSAT 模型能帮助决策者估测作物的产量，为生产者在不同气候年景下种植作物提供栽培管理意见。本研究使用的版本为 DSSAT4.5。

8.1.3.3 评估的假设条件

作物趋势产量是反应历史时期生产力发展水平的长周期产量分量，也被称为技术产量（该产量主要受特定历史条件下的田间管理水平，水肥调控技术和作物遗传特性这三个方面的影响）（房世波，2011），即不受气象要素短周期变化影响的产量，因此也可视为作物在良好气象条件下的产量。作物的潜在产量的定义基本可分为三种，一是通过作物模型模拟计算的潜在产量（理想光温产量），相当于理想条件下获得的产量，该产量假设水分和养分供应充分，植保措施得当无杂草和病虫害影响，产量的大小仅取决于气象条件和作物本身的遗传特性。二是通过田间试验获得的产量，由于试验中存在一些不可控因素，该产量一般低于模型模拟的产量。三是现有技术条件下农民所能获得的最高产量。因此，试图基于作物趋势产量（无灾年份分离的产量）与作物在平均光温条件下模型模拟的潜在产量近似相等这一假设进行灾损评估。

8.2　评估结果与验证

8.2.1　站点尺度的验证

8.2.1.1　数据

以 2012 年两优培九的分播期试验为例,对站点尺度动态评估方法进行了验证和应用。分播期试验的生育期观测如表 8.4 所示。气象资料从试验站的自动气象站获取,并处理成逐日总太阳辐射($kJ \cdot m^{-2} \cdot d^{-1}$)、最低温度(℃)和最高温度(℃)、水汽压(kPa)、风速($m \cdot s^{-1}$)和降水量(mm)。参照气象资料的获取采用如下方法:根据四个生育阶段(播种至移栽、移栽至幼穗分化、幼穗分化至抽穗开花、抽穗开花至成熟)的温度适宜性指标(见表8.5),对实测气象资料中的温度进行了低温过程识别和处理。当某日平均气温低于平均最适温度时,人为提升最低温度和(或)最高温度,使得平均温度等于平均最适温度。同时,忽略降水和低光照的影响。在实际应用中,分别将参照气象数据和实测气象数据驱动模型模拟,比较两种气象条件下模拟结果的差异,定量评估低温冷害对水稻生长和产量的影响。

表 8.4　2012 年两优培九生育期观测

播期	播种日期	移栽日期	幼穗分化期	抽穗开花期	成熟期
S5	152 d	181 d	227 d	253 d	293 d
S6	162 d	187 d	237 d	261 d	301 d

表 8.5　水稻主要生育阶段的温度适宜性指标

生育阶段	下限温度(平均值)	适宜温度(平均值)	上限温度(平均值)
播种至移栽	12～14℃(13℃)	20～32℃(26℃)	40℃
移栽至幼穗分化	15～17℃(16℃)	25～32℃(28.5℃)	33～37℃(35℃)
幼穗分化至抽穗开花	15～22℃(18.5℃)	25～32℃(28.5℃)	40℃
抽穗开花至成熟	15～20℃(17.5℃)	23～32℃(27.5℃)	35～37℃(36℃)

图 8.4 显示了 S5 和 S6 两播期实测气象资料和参照气象资料的比较。从图中可以看出,参照气象数据的日平均温度与实测温度的变化有明显差异。低温环境主要出现在两个播期的幼穗分化至成熟期,其中 S5 幼穗分化至抽穗开花期 22℃冷积温为 95℃ · d,S6 相同阶段 22℃冷积温达到 430℃ · d;S5 抽穗开花至成熟期 18℃冷积温达到 995℃ · d,15℃的 ACT 为 174℃ · d,依据表 5.7 列出的指标,估计的发育延迟天数不足 1 d,而 S6 同阶段 18℃冷积温达到 1057℃ · d,15℃的 ACT 为 165℃ · d,估计发育延迟 1.4 d。S6 在穗形成阶段总共出现 6 d 日平均温度<22℃和一次连续 4 d 日平均气温<22℃的低温过程,根据气象监测指标,判别为一般障碍型冷害。依据《中国气象局水稻玉米低温冷害等级行业标准》,S6期在抽穗开花期连续出现 4 d 日平均温度<22℃,达到轻度致灾。然而,从实测空秕率看,S5 为 28.3%,S6 为 41.9%,分别达到中度和重度冷害等级,这说明在籽粒灌浆期间温度条件对灌浆结实不利,增加了空秕率。从实测产量看,S5 为 8569 $kg \cdot hm^{-2}$,S6 为 7441 $kg \cdot hm^{-2}$,较正常播期 S3 产量分别低 6.86% 和 19.12%。

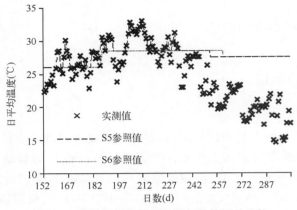

图 8.4　参照气象数据与实测气象数据的比较

　　使用的观测资料包括各器官(茎、绿叶和穗)生物量、枯叶生物量、群体茎蘖数和灌浆速率。图 8.5 显示了 S5 和 S6 上述观测要素的时间序列。在两播期水稻全部生长期内,S5 生物量观测次数为 19 次,S6 为 17 次;S5 和 S6 的灌浆速率观测均为 5 次,从抽穗开花后 10 d 开始,群体茎蘖密度观测均为 15 次,从移栽持续观测到抽穗开花始期。有些观测时间点能够获取上述所有观测要素,但有些时间点只能采集到部分观测要素,即不同的观测要素序列可能在时间上不对应。为此,在数据同化过程中,将根据观测样本的序列特征调整参数优化的时间布局。

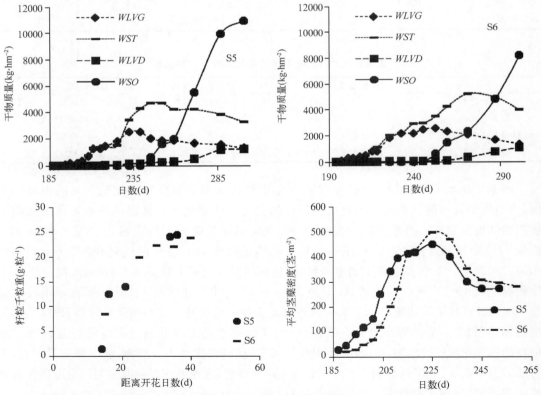

图 8.5　实测 S5 和 S6 干物质量、籽粒千粒重和平均茎蘖密度随时间的变化
WLVG 为绿叶干重,*WST* 为茎秆干重,*WLVD* 为枯叶干重,*WSO* 为穗干重

8.2.1.2　数据同化设置

由于两播期水稻出苗日数和大田基本苗为已知量,且品种的生育期参数已经经过标定,因此,对表 8.1 中其他参数和表 8.2 及表 8.3 中的参数进行优化。然而,表 8.1 中部分参数的参数值为发育阶段的函数,如 FLVTB、FSTTB 和 DRLVT,因此,在发育阶段未达到时,以先验参数值代入模型,但随着水稻生长,这些参数将陆续参与优化直至模拟成熟。参数 RGRLMX 为 LAI 指数增长阶段的相对增长速率参数,该参数作用时段仅限于叶片生长早期,但在数据同化中一直参与优化。由此可见,在不同生长阶段,待优化参数数量不同,最少为 5 个,最多为 10 个。

目标函数中的参数协方差矩阵 C_{v0} 设定为对角线矩阵,维度为待优化参数总数,每个对角线的元素值等于待优化参数的方差,即参数不确定性的平方。与此类似,C_M 的对角线元素值等于观测值的方差,即观测值不确定性的平方。然而,生物量等观测要素的不确定性随生育期的进程变化,因此,采用不确定性系数(如表 8.6),将其与观测值量级相乘估算出不确定性。例如,当 $WLVG$ 的观测值为 74 kg·hm^{-2},则不确定性为 $10×0.5＝5$ kg·hm^{-2},当 $WLVG$ 为 3514 kg·hm^{-2} 时,不确定性为 $1000×0.5＝500$ kg·hm^{-2}。然而,目前缺乏不确定系数确立的理论依据,因此,在实际应用中可根据实际观测误差的变化进行调整。

表 8.6　不同观测要素的不确定性

观测要素	$WLVG$	WST	$WLVD$	WSO	$WGRA$	SD
不确定性系数	0.5	0.5	0.5	0.5	0.25	0.3

注:$WLVG$:绿叶干重;WST 为茎干重;$WLVD$ 为枯叶干重;WSO 为穗干重;$WGRA$ 为籽粒千粒重;SD 为群体茎蘖密度。

在参数优化过程中,不合理的参数值组合会导致模型模拟失败。为了避免模拟错误对参数优化的影响,将模型模拟失败时的目标函数值固定为极值 99999。如果某待优化参数样本导致模拟失败,则该参数样本将在迭代更新中被淘汰掉。

8.2.1.3　结果验证

限于观测资料在水稻生长早期的数量不足,从水稻返青后开始应用数据同化方法,总共进行了 6 次优化,其中抽穗前 4 次,抽穗后 2 次。每次优化时进行了 50000 次的迭代运算,通过优化前试探性的调整参数变化步长,使得优化后参数样本接受率在 0.34 左右。为了降低连续迭代中参数样本之间的相关性,从接受的所有参数样本中以 4 个样本为间隔提取后半部分样本用于分析优化域参数的后验概率密度分布,统计平均值和标准差,并进行反变换至实数域,结果如图 8.6 和图 8.7 所示。两图分别显示了 S5 和 S6 播期所有待优化参数在每次优化后的统计平均值和不确定性。从总体上看,两个播期没有表现出明显的参数值差异,且每个参数的优化序列波动大体一致,但参数值的不确定性差异仍较为明显,例如 S5 和 S6 的 LRSTR 参数值的不确定性相差较大。在图中参数优化序列中,没有参与优化的参数以先验参数值和不确定性代入,例如 FSTTB 在 $DVS＝0.5$、0.75 及 FSTTB 等。另外,随着参与数据同化的观测样本增多,优化后参数值的不确定性降低,但部分参数不确定性减少有限,例如 S5 的 LRSTR、FSTTB 和 S6 的 FLVTB,表明这些参数对目标函数值变化的敏感性较其他参数低,与使用的观测资料有关。

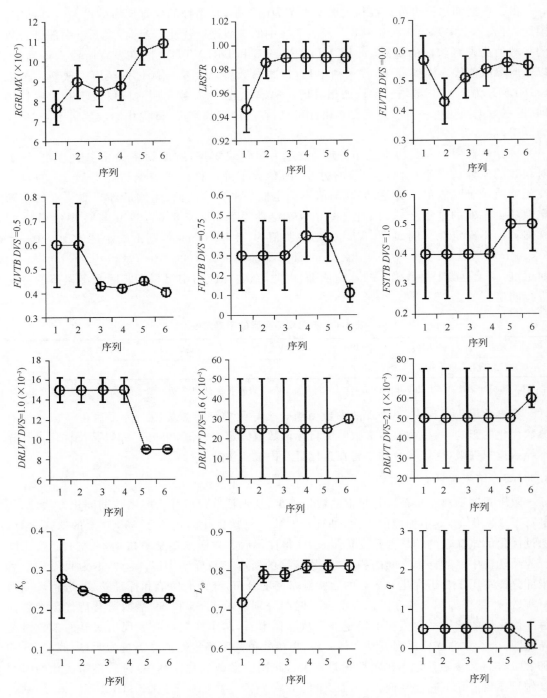

图 8.6　S5 播期各次优化后参数值的平均值和标准差

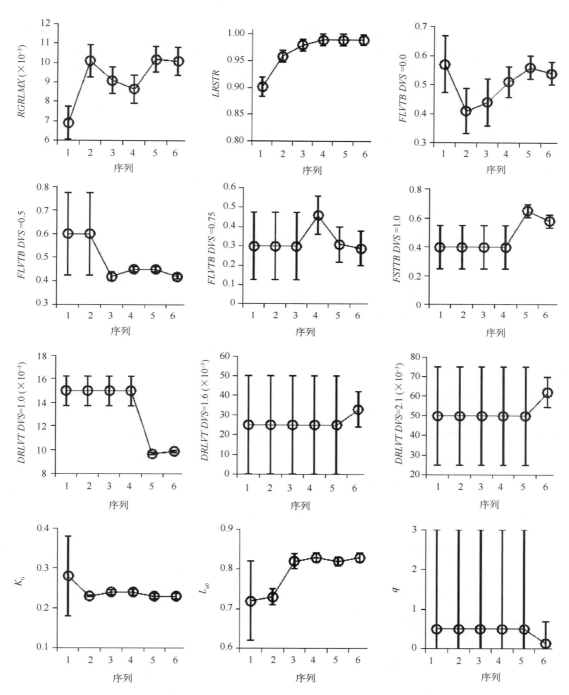

图 8.7　S6 播期各次优化后参数值的平均值和标准差

　　对每次参数优化后被接受参数样本的目标函数值进行统计,计算了目标函数值分布的平均值。图 8.8 显示了各次的平均目标函数值。从图中可以看出,随着序列的增加,S5 和 S6 两播期的目标函数值均呈现出逐渐增加再减小的变化趋势,其中最大误差出现在抽穗前。目标函数值由参数误差和模拟误差两项组成,模拟误差占各次目标函数值的比重超过 96%。在各阶段,茎和叶器官生物量的模拟值与观测值之间的差异较大,这说明在模型中可能还有其他关键参数被忽略而没有参与到优化中,例如 ORYZA2000 中的光能利用率参数、地上部分与地下部分的分配系数等。另外,应用中假设潜在生产模式,忽略杂草、病虫害对实际水稻生产的影响。值得注意的是,随着模拟的延续,各器官生物量模拟值与观测值的误差减小,这主要受益于更多的观测样本。从 S5 和 S6 在水稻抽穗后模拟情况看,数据同化方法能够有效地降低产量形成阶段的模拟误差,使得模拟的产量与实际产量更吻合。

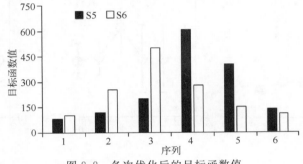

图 8.8　各次优化后的目标函数值

　　图 8.9 显示了最后一次参数优化后模型模拟的生物量序列与观测序列的差异。从图中可以看出,两播期枯叶生物量的模拟结果最好,S6 穗生物量的模拟值与实测值误差微小,而 S6 在产量形成阶段温度较 S5 同期低,表明参数优化后的模拟结果能够在一定程度上反映低温对生物量积累和分配的作用。水稻抽穗前茎秆和叶片生物量模拟误差较大的原因来自分配系数。尽管数据同化中对茎秆和叶片的分配系数进行了参数优化,但从表 8.1 看,作为待优化参数的分配系数只覆盖部分生育阶段,缺乏对短期内水稻分配系数变化的探测和优化能力。然而,增加多个生育阶段分配系数的优化会增加待优化参数的总数,在观测数据有限的情况下,可能增加优化的难度,降低优化效率,使得优化结果的不确定性增加。

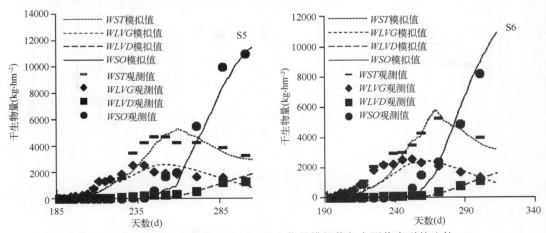

图 8.9　最后一次优化后 S5 和 S6 生物量模拟值与实测值序列的比较

　　图 8.10 显示了群体茎蘖密度和籽粒千粒重模拟值与实测值的比较。从图中可以看出，群体茎蘖密度的模拟与实测序列吻合较好，但茎蘖动态的模拟分成两个不同阶段，因此出现模拟序列的不连续情况。在茎蘖动态增长阶段，模型能够较好地模拟平均茎蘖增长速率和最大茎蘖密度（或最高苗），这得益于该阶段两个关键参数的优化。但在消亡阶段，茎蘖衰减系数、经济系数等参数保留模型默认值，使得 S5 和 S6 的茎蘖消亡动态表现为相同的线性衰减，与实测情况存在一定的差异。S5 和 S6 籽粒千粒重的模拟值与实测值均高度吻合，相关系数超过 0.99。将两播期模拟的籽粒千粒重替换 ORYZA2000 模型中 WGRMX 的默认参数值（24.9 g·1000 粒$^{-1}$），得到的最终产量分别为 11247 kg·hm^{-2} 和 8348 kg·hm^{-2}，与实测产量的相对误差分别为 31.3% 和 12.2%。

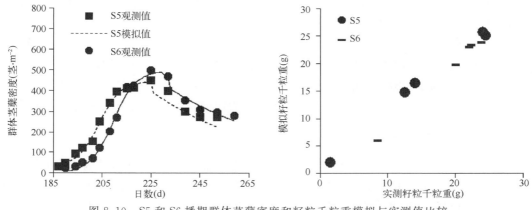

图 8.10　S5 和 S6 播期群体茎蘖密度和籽粒千粒重模拟与实测值比较

　　图 8.11 显示了各次参数优化后地上部分生物量模拟值与未优化模拟值和实测值的比较。从图中可以看出，未优化的模型模拟值较参数优化后的模拟值要高，且两者差异随着水稻的生长增加。S5 和 S6 播期未优化模型模拟的产量较参数优化后的模拟产量分别高56.3% 和 18.8%，表明经过数据同化后，模型模拟的结果更贴近实际情况。然而，每次参数优化后，地上部分生物量模拟曲线出现不连续情况，这主要归结为待优化参数值的改变。根据误差统计，未优化情况下 S5 和 S6 的地上部分生物量模拟值与实测值的根均方误差（RMSE）分别为 2299.6 kg·hm^{-2} 和 1367.8 kg·hm^{-2}，而参数优化后两播期模拟值与实测值的 RMSE 分别为 1388 kg·hm^{-2} 和 445.2 kg·hm^{-2}。

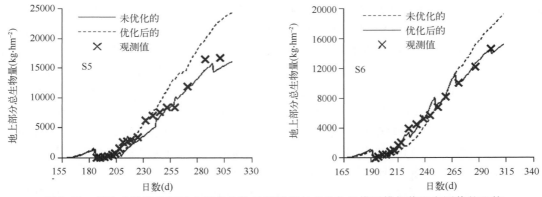

图 8.11　每次参数优化后地上部分生物量模拟值与未优化的模型模拟值和实测值的比较

S6 在水稻穗形成阶段出现一次连续 4 d 日平均气温<22℃的低温过程,被判别为一般障碍型冷害。在监测到这次冷害后,对冷害的影响进行了评估,计算了相比参照气温下生物量的减少量和减产率。结果显示,此次低温冷害期间,地上部分总生物量较参照情况下减少33.3%,估算的减产率为 20.2%,空壳率增加 6.5%。

上述结果显示,数据同化方法适用于站点尺度的水稻低温冷害监测评估,在站点尺度上得到较好的验证。该方法将观测站获取的气象数据输入模型驱动模型模拟,为了最小化水稻要素观测值与模拟值之间的差异,对模型中的敏感参数进行优化或重新初始化,使优化后模拟的各要素值接近实测数据。随着观测数据的增加,优化后参数值的不确定性降低,但部分参数值和模拟结果出现不连续性。相比未优化的模拟结果,参数优化后模拟值更贴近实际情况,当监测到低温冷害时,可将参数优化后模拟的水稻要素值与参照结果进行比较,以实现低温冷害对水稻生产影响的定量评估。

然而,当待优化参数之间存在较高的相关性,或存在大量待优化参数时,参数优化的难度会增大且参数值的不确定性会增加。较多的观测数据类型也会增加参数优化的难度和复杂性,另外,有限的观测数据可能会进一步导致参数优化失败或不稳定。因此,受当前研究区内水稻农气观测资料的限制,该方法在以此资料为源的验证和应用上还存在一定的困难。

8.2.2 区域尺度的验证

以湖南和湖北 2009 年早稻和 2010 年晚稻生长季低温冷害典型事件为例(田小海等,2009;陆魁东等,2011a,b),结合 MODIS 卫星遥感数据,进行区域的灾害监测和影响评估,并将评估结果与相关报道进行比较,验证数据同化方法在区域水稻低温冷害监测和评估中的可行性和可靠性。

2009 年两湖平原早稻生殖生长期遭遇"五月寒",造成了区域性的减产(田小海等,2009)。从实地调查情况看,受灾的典型区域(湖北公安县和石首市、湖南澧县和汉寿县)早稻结实率在 20%~70%之间,以 40%~60%居多。受害水稻穗部主要由饱满粒和空粒构成,秕粒极少或没有,表明穗形成期的低温冷害影响大,造成颖花发育受阻。受灾严重的水稻播种期在 3 月 18 日至 3 月 22 日之间。在此期间播种的早稻于 5 月中旬陆续进入幼穗分化期。从实测气象资料发现,5 月 23 日至 5 月 29 日出现连续多日日平均温度<20℃的低温环境,而此期间正直早稻进入减数分蘖期。据调查统计,在此期间的低温造成重灾区早稻结实率多在 50%以下。上述情况显示,两湖平原地区是此次"五月寒"的主灾区,但受调查地区的限制,无法全面了解整个地区的受灾情况,因此,本研究将以此次典型事件为例,结合遥感数据,尝试应用数据同化方法进行区域的灾害影响评估。

2010 年湖北和湖南两省晚稻抽穗开花期遭遇寒露风天气(陆魁东等,2011a,b)。此次过程出现在 9 月 22 日至 28 日,由于强冷空气的南下和覆盖,多个地方出现持续 3 d 及以上不等且日平均温度<22℃的寒露风,影响区域较大。据武汉区域气候中心报告,武汉及周边地区在 22 日至 26 日出现连续 5 d 日平均气温<20℃的连阴雨天气,是 20 年来遭遇的最强寒露风天气,对该地区双季晚稻抽穗开花影响极大。另外,据湖南省统计,受影响的晚稻面积占全省晚稻面积的 7%,其中湘南占当地晚稻面积的 10%,湘北为 8%,湘中为 3%;晚稻结实率下降 20%,产量降低 3%。据实地调查,益阳市南县晚稻产量比往年减产 1500~2250 kg·hm^{-2}。然而,为了全面了解湖南此次寒露风的影响,以该年 9 月的寒露风过程为例,同

样结合卫星遥感资料,将数据同化方法用于此次低温冷害的影响评估。

8.2.2.1　数据和方案设置

以覆盖两湖地区 8 d 合成的 MOD09A1 产品为数据源,计算每个水稻像元的 EVI 指数,并根据 EVI 与水稻绿叶生物量的经验关系,反演得到每 8 d 水稻绿叶生物量。将反演的生物量作为"观测值"与模型模拟的 8 d 平均值进行比较,并使用 MCMC 对待优化参数进行调整或重新初始化,使"观测值"与模拟值的差异最小。在得到最优参数值后,驱动模型向后模拟直到下景影像,并延续上述过程直至模拟成熟。由于观测变量仅限于绿叶生物量,因此,仅对表 8.1 中的 NPLS 和 EMD 两个参数进行优化,其他参数均采用默认值。水稻生育期参数设定参考 Shen 等(2011)研究结果,按照省份的主栽品种确定生育期参数值。

对每个水稻像元进行数据同化时需要网格化的气象数据输入。但限于获取的气象资料均来自各个气象台站,因此,绘制了覆盖研究区的 $1° \times 1°$ 网格(图 8.12),对处于相同网格内的所有水稻像元使用同一个气象站点的观测数据。限于研究区域内水稻种植分布的离散性,挑选了种植面积较大的网格进行评估。每个网格内气象数据包括逐日最高和最低气温、水汽压、风速、日照时数、降水量。数据同化方法从移栽后的第 4 景开始。由于两省播种期通常相隔 10 d 左右,因此,采用经验方法,即针对早稻,从北纬 25° 开始每向北增加 1° 推后 1 d 的方法从南至北设定各纬度播种期。其中,北纬 25° 早稻播种时间设定为第 80 d。针对晚稻,则相反,从北纬 33° 开始向南每减少 1° 推后 1 d 的方法从北至南设定各纬度播种期,其中,北纬 33℃ 晚稻播种时间设定为第 175 d。然而,无论早稻或晚稻,移栽期均设定为播种后的第 25 d。

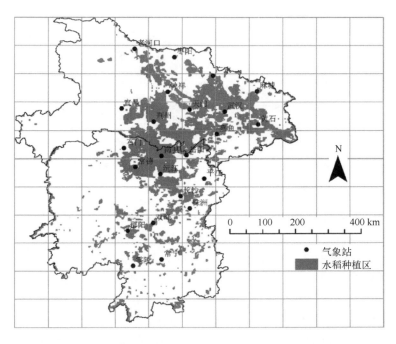

图 8.12　湖北省和湖南省气象站点分布和水稻种植分布。网格为 $1° \times 1°$

图 8.12 显示的网格共包含水稻像元 362714 个,如果每个像元每次参数优化的迭代次数设为 5000 次,前后共 8 次,则需要至少 1.45×10^{10} 次的模型调用。因此,为了降低数据计算的工作量,提高计算机的运算效率,采用如下方法:

①对影像进行重采样处理,将 0.5 km 分辨率降尺度到 2 km。通过该方法,水稻像元总数变为 22629 个,估计调用模型 9×10^8 次。

②根据水稻低温冷害气象监测指标,对低温冷害进行鉴别,只对监测到低温冷害的水稻像元进行数据同化。

③记录最后一次优化的参数优化结果。对接受的参数样本进行统计,以统计平均值作为最优参数值,并将其代入模型模拟水稻产量。

最后,对受低温冷害影响的水稻像元,另外模拟参照气象数据下的水稻生长和产量,并将参照模拟结果与参数优化后的模拟结果进行比较,评估灾害对干物质积累和产量的影响。

8.2.2.2 绿叶干重反演模型

依据 2012 年和 2013 年在南京信息工程大学农业气象试验站进行的水稻大田试验资料,水稻绿叶干重与 EVI 指数呈现较好的非线性关系,如图 8.13 所示。从图中可以看出,所建立的两者回归方程的确定系数达到 0.879。由于建立方程的数据来自正常播期和多个试验品种,因此认为该方程具有一定的普适性,并用于对本研究中对每个水稻像元进行从 EVI 到绿叶干重的转换。

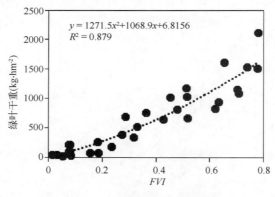

图 8.13　水稻绿叶干重与 EVI 的关系

8.2.2.3 "五月寒"评估结果

对图 8.12 中各网格内气象站资料进行了分析,统计了 2009 年 5 月 10 日至 6 月 5 日期间的低温冷害情况,监测结果如图 8.14 所示。结果发现,出现 1 次连续 3 d 日平均温度 <20℃ 的站点占总数的 47.8%,连续 3 d 内的日平均温度在 16.9～19.6℃;出现 1 次连续 4 d 日平均温度 <20℃ 的站点占总数的 34.8%,4 d 内日平均温度在 17.9～19.1℃;出现 1 次连续 5 d 和 7 d 的站点比例分别为 13.0% 和 17.4%。其中,湖北的钟祥、老河口和湖南的沅江、南县"五月寒"持续的时间较长。然而,进一步分析发现,大多数站点在此次低温过程影响后,温度迅速升高,在籽粒灌浆期间的光温条件配合较好,对产量形成有利。

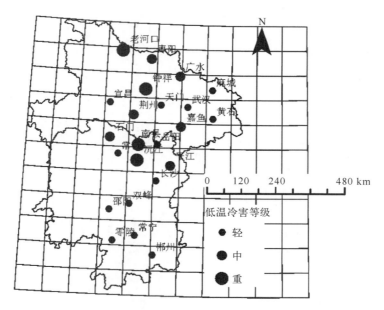

图 8.14　研究区各站点"五月寒"期间低温冷害监测等级

从第 17 景影像开始对 NPLS 和 EMD 进行参数优化直至第 23 景。由于不同时段的遥感观测受云雨影响,多数像元参数优化次数在 3～5 次。对每个像元最后一次优化得到的参数样本进行统计,获取 NPLS 和 EMD 参数的平均值和标准差。结果显示,像元间参数样本的接受率从 0.12～0.93,平均值为 0.20,标准差为 0.05(图 8.15)。然而,多数研究认为,有效的接受率应在 0.23～0.44 之间(Gelman *et al.*,2003),过低的接受率表明参数采样步长可能过大,导致随机产生的参数样本无法集中到有效的值域范围内,而过高的接受率则暗示参数采样步长可能过小或在该值域范围内目标函数值对参数变化不敏感(Ziehn *et al.*,2012)。图 8.15 还显示了优化后所有水稻像元 NPLS 和 EMD 平均值的统计分布。从图中可以看出,NPLS 分布集中在 30～50 株·m^{-2} 之间,平均为 36.3 株·m^{-2},标准差为 4.69 株·m^{-2};EMD 的分布集中在 80～105 d,平均值为 91.5 d,标准差为 6.6 d。其中,NPLS 与 EMD 的空间分布如图 8.16 所示(另见彩图 8.16)。从图中可以看出,移栽密度偏大的地区主要集中在湖北荆州至湖南南县一带,湖北钟祥至老河口一线也有种植密度偏大的地区,这些地区种植密度平均在 50 株·m^{-2} 左右,而推算的种植密度较小的地区主要出现在武汉和长沙周边地区。从 EMD 的空间变化看,EMD 总体呈现由南至北逐渐推后的特征,与研究区实际播种安排吻合较好。

图 8.17(另见彩图 8.17)显示了模拟的水稻生长期长(*DAE*)。从图中可以看出,两湖平原的水稻生长期在 102～130 d,较周边区域普遍长约 15 d,湘南和鄂东及鄂西北地区同样有零星的生长期较长的区域,与该地区水稻生长期遭遇严重低温冷害而导致生育期延迟有关。尽管根据气象站的分布对研究区进行格点化,并在每个网格内使用相同的气象资料,但由于网格内每个水稻像元在参数优化后得到的 *EMD* 值不同,且湖南和湖北的品种参数不同,因此,相邻水稻像元的模拟生长期长可能相差 10 d 以上。然而,从总体上看,模拟的生长期能够较好地反映不利温度对生长发育的影响。与此对应,图 8.17 还显示了模拟产量的空间分

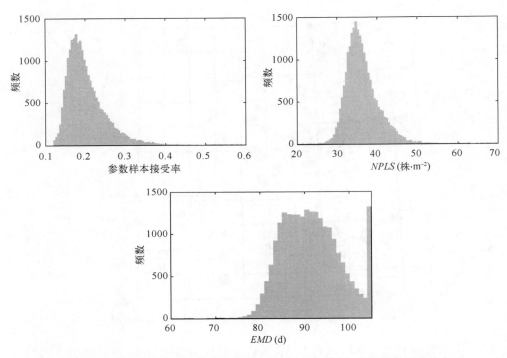

图 8.15　所有水稻像元参数样本接受率、NPLS 和 EMD 平均值的统计分布

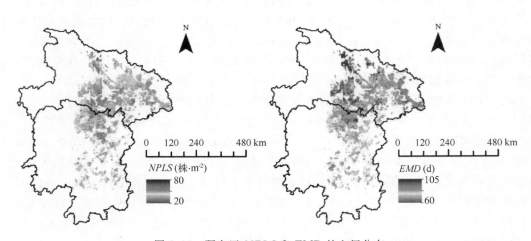

图 8.16　研究区 NPLS 和 EMD 的空间分布

布。统计信息显示,研究区平均模拟产量在 3439.7 kg·hm⁻²,标准差为 2672.6 kg·hm⁻²。模拟产量较高的区域分布相对零散,出现在沅江南部、岳阳北部和老河口部分地区。将该地区与水稻生长期图对比发现,产量高的地区与模拟生长期长的区域吻合较好,如老河口至钟祥的部分地区、荆州和岳阳一带等,但沅江地区模拟生长期与产量之间呈负相关关系,可能与品种参数差异等未知因素影响有关。

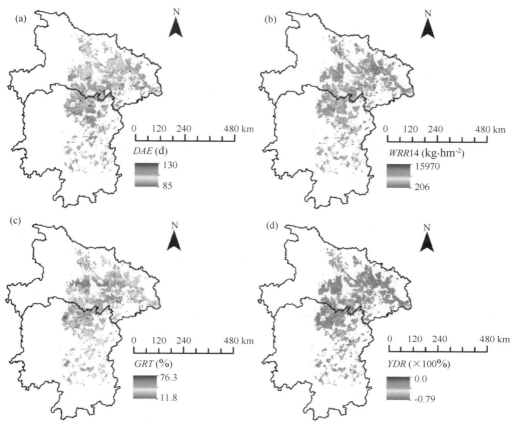

图 8.17　研究区早稻生长期长(DAE)、模拟产量(WRR14)、空秕率(GRT)
和相对参照产量变化率(YDR)的空间分布
（a）生长期长；（b）模拟产量；（c）空秕率；（d）相对参照产量变化率

由空秕率模拟模型估算了每个像元空秕率。该模型通过穗形成阶段和抽穗灌浆期间温度和日较差两个因素建立空秕率的模拟方程。研究区水稻像元的空秕率模拟结果如图 8.17 所示。总体上看，空秕率高的地区零星分布在鄂东和湘中南地区，沅江地区空秕率较高，与该地区实地调查情况吻合。与参考气象数据模拟的产量进行对比，计算了相对参照产量变化率(YDR)，公式如下：

$$YDR = \frac{Y_{opt} - Y_{ref}}{Y_{ref}} \times 100\%$$
(8.20)

式中，Y_{opt} 为数据同化后模拟产量，Y_{ref} 为参考模拟产量。从图 8.17 看出，相对参考产量，研究区水稻呈现普遍减产的特点，表明"五月寒"期间的低温冷害对产量形成造成了不利的影响，造成了大范围的减产。根据相关研究分析（田小海等，2009），假定两湖平原早熟早稻占全区域早稻品种的 20%，即全域受灾面积为 13×10^4 hm^2。以正常早稻品种结实率为 90%、受害品种平均结产率为 45% 计，则实际损失率为 45%。按正常年景早稻产量每公顷早稻6000 kg 计，则此次每公顷减产 2700 kg 稻谷。由此估计两湖平原此次早稻受灾总损失稻谷为 30.1×10^4 t。与上述要素的空间分布对应，图 8.18 显示了水稻像元各要素值的统计直方图。

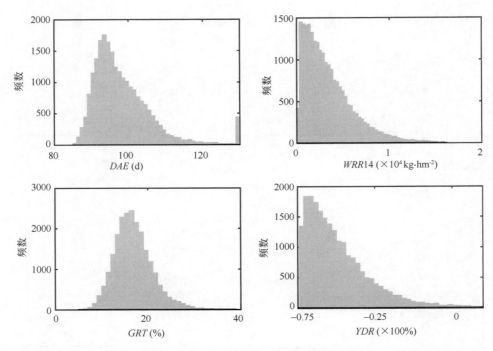

图 8.18　数据同化后模拟的早稻生长期长（DAE）、模拟产量（WRR14）、
空秕率（GRT）和相对参照产量变化率（YDR）的统计分布

在每个网格内随机选取靠近气象观测站 150～1500 个水稻像元，计算所选像元的平均
生长期长、空秕率和减产率，并以空秕率作为评估"五月寒"期间低温冷害影响的依据，表 8.7
列出了所有站点的评估结果。将相关站点评估结果与受灾典型地区（湖北公安县和石首市、
湖南澧县和汉寿县）的调查情况进行比较。结果显示，由于 2009 年湖南和湖北两省早稻生
长季普遍遭受"五月寒"的影响，大多数站点的冷害评估等级为中度，仅 4 个站点为轻度。荆
州、岳阳和常德一带冷害评估等级为中度，模拟产量较其他地区产量明显减少，空秕率也大
多在 20% 以上，略微低估了典型受灾地区的冷害影响。然而，总体上看，采用数据同化方法
定量评估水稻低温冷害的影响具有较强的可行性和一定的可靠性。

表 8.7　湖北和湖南水稻像元模拟结果及"五月寒"低温冷害影响评估等级

省份	站点	DAE（d）	WRR14（kg·hm⁻²）	GRT（%）	YDR（%）	冷害评估等级
湖北	老河口	98	7369	17.9	−33.8	中
	枣阳	104	6744	14.0	−28.1	轻
	广水	97	3788	15.5	−51.6	中
	麻城	94	3244	21.6	−69.0	中
	钟祥	99	5748	15.4	−36.1	中
	宜昌	94	2739	16.4	−61.4	中
	荆州	102	2575	24.4	−63.5	中
	天门	105	4501	13.4	−47.0	轻
	武汉	102	3140	16.6	−53.0	中

省份	站点	DAE (d)	WRR14 (kg·hm⁻²)	GRT (%)	YDR (%)	冷害评估等级
湖南	黄石	94	2332	18.6	−64.6	中
	嘉鱼	99	6061	15.4	−42.9	中
	岳阳	108	4359	19.4	−46.7	中
	南县	102	4582	16.4	−48.0	中
	石门	97	3225	14.8	−58.3	轻
	常德	104	2729	22.3	−57.8	中
	沅江	95	5987	21.0	−33.3	中
	平江	95	4091	16.8	−44.8	中
	长沙	97	3805	19.2	−50.0	中
	双峰	95	3953	19.5	−51.4	中
	邵阳	95	4173	13.3	−50.6	轻
	零陵	93	4768	15.4	−42.7	中
	常宁	95	3211	19.9	−54.2	中

注:DAE 为生长期长,WRR14 为模拟产量(含 16% 水分),GRT 为空秕率,YDR 为相对参照产量变化率。低温冷害判别等级:GRT 在 5%～15% 为轻,15%～25% 为中,>25% 为重。

8.2.2.4　寒露风评估结果

湖北和湖南两省双季晚稻抽穗开花期主要出现在 9 月份,因此统计了研究区各站点 2010 年 9 月 1 日至 9 月 30 日的低温冷害情况。结果显示,除郴州站点为 8 d 外,其余所有站点在 9 月 22 日开始至 9 月底均出现连续 9 d 的日平均温度<22℃的低温天气。在统计日平均温度<20℃的低温冷害时,30.4% 的站点出现连续 9 d 的低温天气,21.7% 为连续 8 d,连续 5 d 的占 26.1%,连续 3 d 的为 17.4%,连续 7 d 的为 8.7%。由此可见,此次寒露风影响时间长,范围广,对晚稻抽穗开花不利。根据连续 7 d 日平均温度<20℃为重度冷害,连续 5 d 为中度和连续 3 d 为轻度的等级划分,对 2010 年 9 月份低温冷害情况进行了等级划分,如图 8.19 所示。从图中可以看出,除湘南的常宁和郴州两地以轻度外,其他站点以重度冷害为主,占所有站点数的 60.9%。

从第 28 景影像开始对 NPLS 和 EMD 进行参数优化直至第 34 景。受到云雨的影响,水稻像元参数优化次数在 3～7 次,最后一次参数优化的参数样本接受率在 0.09～0.74 之间,平均达到 0.29,在有效的参数样本接受率范围内。从每个像元最后一次优化得到的参数样本中提取了两个待优化参数的统计平均值和标准差。如图 8.20 所示。从图中可以看出,NPLS 变化范围在设定的值域范围内,但分布集中在 40～65 株·m⁻²,平均值达到 51.2 株·m⁻²。EMD 为变化范围在 160～185 d,平均达到 168 d。与统计分布对应的为 NPLS 和 EMD 的空间变化图,如图 8.21(另见彩图 8.21)所示。从图中可以看出,种植密度在 20～40 株·m⁻² 的区域集中在武汉、嘉鱼以及长沙地区,相比湖南,湖北省水稻像元的种植密度普遍较高,可能与参数反演中所用的水稻品种参数不同而导致优化结果呈现整体性差异有关。EMD 总体上呈现由南至北递增的空间变化趋势,其中鄂中北和东部地区播种日期偏晚,与实际观测资料比较,反演结果具有一定的可靠性,但湖北嘉鱼至湖南岳阳一带播种较早,可能与处于同一个网格但水稻品种参数不同而导致的反演误差有关。

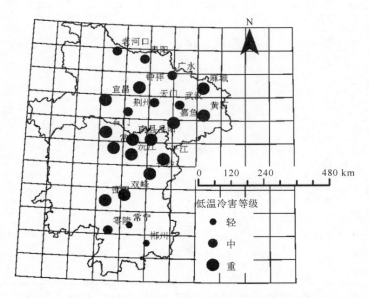

图 8.19　研究区各站点 2010 年 9 月份低温冷害监测等级

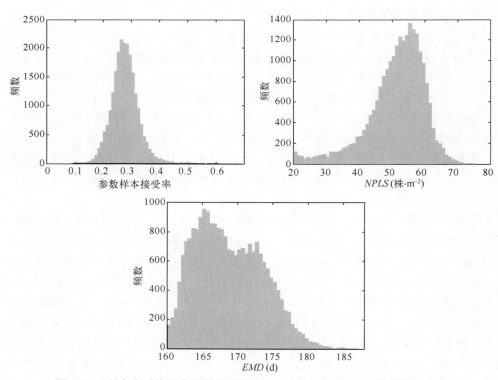

图 8.20　所有水稻像元参数样本接受率、NPLS 和 EMD 平均值的统计分布

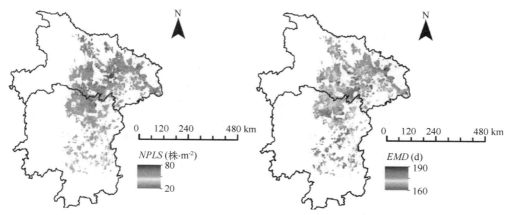

图 8.21　研究区 *NPLS* 和 *EMD* 的空间分布

图 8.22(另见彩图 8.22)显示了各模拟要素的空间分布图。从图中可以看出,湖北和湖南两省模拟的晚稻生长期长差别较大,湖南晚稻平均生长期长在 115 d,湖北在 121 d,差异较大的原因与品种生育期参数差异有关。研究区模拟产量总体上呈现南北高、中部低的特征,在常德、沅江、长沙等地产量明显低于全区平均水平,与实际调查反映的该地区 2010 年产量下降吻合较好。就空秕率而言,较高的地区集中在湖南的石门、常德、南县、沅江和湖北的荆州地区,该地区平均空秕率达到 36.3%,鄂东地区空秕率相对较高,如黄石地区平均达到 30.7%。湘南地区空秕率普遍较低,在 13.3%～19.9% 之间,表明该地区在抽穗和灌浆前期受低温影响较小。湖北荆州、武汉、嘉鱼和麻城等地的模拟产量与参照产量接近,平均相对参照产量变化率为 −15.8%,而湘北部分地区相对参照产量变化率在 −21.1%～45.3%,明显低于湖北地区,表明该地区水稻生产受环境胁迫的程度大。与上述要素空间变化对应的统计分布如图 8.23 所示。从 *DAE* 的统计分布看,模拟的晚稻生长期长标准差大,说明该要素的空间差异明显。产量的统计分布显示,整个研究区平均产量为 8140 kg・hm^{-2},标准差为 3442 kg・hm^{-2},而空秕率区域平均为 21.6%,标准差为 14.4%,相对参照产量变化率的区域平均为 −24.5%,标准差为 7.73%。

同样,在每个网格内随机选取靠近气象观测站 150～1500 个水稻像元,计算所选像元的平均生育期长、空秕率和减产率,并以空秕率作为评估寒露风期间低温冷害影响的依据,表 8.8 列出了所有站点的评估结果。结果显示,采用数据同化方法模拟得到的晚稻生产情况能够反映低温冷害的影响。湘北地区多个站点的模拟产量较研究区平均产量要低,而该地区是受灾较重的区域。监测为重度受灾的站点冷害评估等级也为重度,这些站点结实率均 <75%,大多站点模拟产量较参照产量减少 25% 以上。然而,模拟产量较实际产量平均高 33.3%,这主要是由于数据同化中始终假设水稻的生长为潜在生长。根据评估为重度受灾站点的产量,湖北省重度受灾的平均产量为 8707 kg・hm^{-2},小于等于该平均产量的水稻像元数占该省总水稻像元数的 55.78%;湖南省重度受灾的平均产量为 7547 kg・hm^{-2},小于等于该平均产量的水稻像元数占该省总水稻像元数的 44.36%。与实际情况比较,发现评估结果与实际受灾情况有一定差异,高估了抽穗开花期间寒露风的低温冷害影响,但从影响范围看,模拟结果与实际情况吻合较好。由此可见,结合卫星遥感资料,将数据同化方法用于此次低温冷害的影响评估是可行的,但估算精度还有待提高。

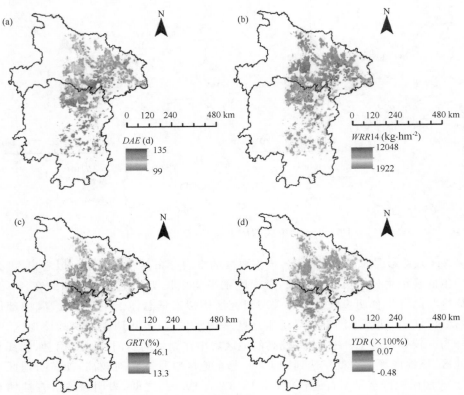

图 8.22　研究区晚稻生长期长（*DAE*）、模拟产量（*WRR*14）、空秕率（*GRT*）和
相对参照产量变化率（*YDR*）的空间分布
（a）生长期长；（b）模拟产量；（c）空秕率；（d）相对参照产量变化率

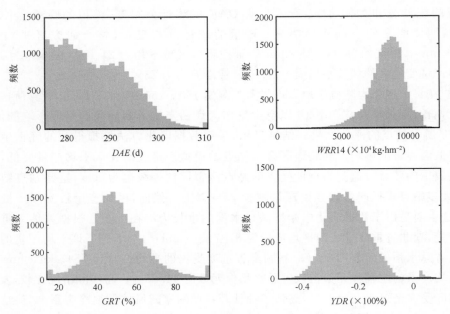

图 8.23　数据同化后模拟的晚稻生长期长（*DAE*）、模拟产量（*WRR*14）、
空秕率（*GRT*）和相对参照产量变化率（*YDR*）的统计分布

表 8.8　湖北和湖南水稻像元模拟结果及寒露风低温冷害影响评估等级

省份	站点	DAE (d)	WRR14（kg·hm⁻²）	GRT（%）	YDR（%）	冷害评估等级
湖北	老河口	115	9026	26.1	−18.3	重
	枣阳	118	8634	29.8	−21.4	重
	广水	116	8595	21.6	−18.3	中
	麻城	123	8375	34.7	−24.1	重
	钟祥	116	8582	32.3	−21.3	中
	宜昌	116	8804	34.5	−27.1	重
	荆州	112	9263	29.0	−15.0	重
	天门	112	8241	31.7	−21.8	重
	武汉	111	9058	21.6	−19.7	中
	黄石	118	7778	30.4	−26.7	重
	嘉鱼	111	9534	26.1	−27.8	重
湖南	岳阳	105	7963	20.1	−18.9	中
	南县	109	7371	39.6	−29.1	重
	石门	108	8053	40.2	−26.5	重
	常德	102	7619	39.3	−30.7	重
	沅江	105	6783	32.4	−31.2	重
	平江	107	7341	26.2	−30.2	重
	长沙	106	8432	21.7	−26.6	中
	双峰	101	8115	26.9	−26.8	重
	邵阳	102	8256	20.0	−27.1	中
	零陵	107	7919	19.5	−28.9	中
	常宁	102	8232	19.1	−26.9	中

注：DAE 为生长期长，WRR14 为模拟产量（含 16% 水分），GRT 为空秕率，YDR 为相对参照产量变化率。低温冷害判别等级：GRT 在 5%～15% 为轻，15%～25% 为中，>25% 为重。

8.2.3　基于统计的评估验证

选取江西省双季稻作为研究对象，主要基于两点原因，首先江西省是中国双季稻种植大省，其次本研究收集到了相对其他省份较为全的双季稻县级产量数据。利用这些数据，通过 Matlab 编程对江西省及其部分县市双季稻历年趋势产量进行了分离，结果如图 8.24 所示。

将各县市二次多项式分离的趋势产量与双季稻冷害高发时段（早稻 4—5 月，晚稻 9—10 月）积温距平值相对比，选出既是气象减产年，积温距平又为负值的年份，并初步假设这些年份的水稻减产和冷害有关，结果如图 8.25 所示。

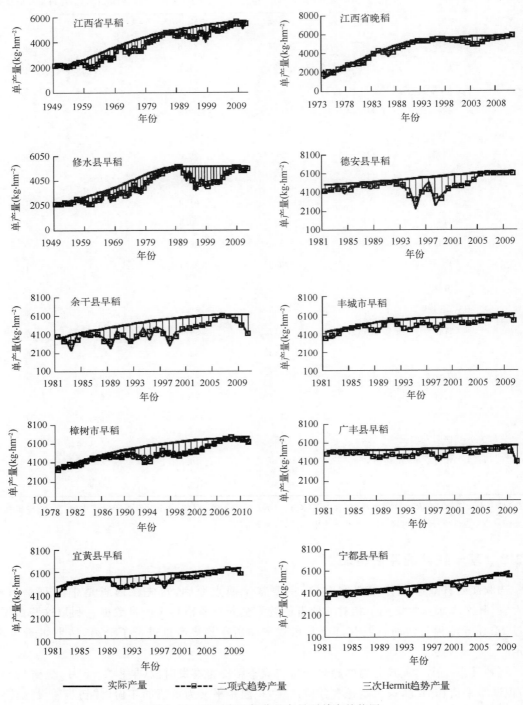

图 8.24　江西省及部分县市早稻单产趋势图

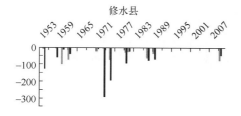

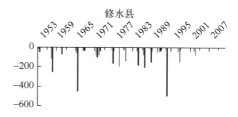

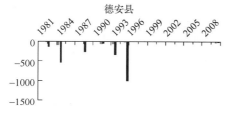

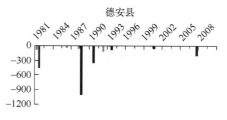

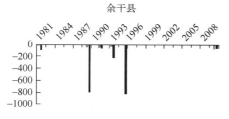

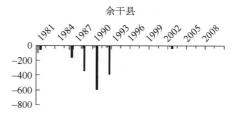

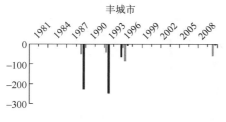

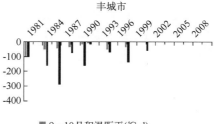

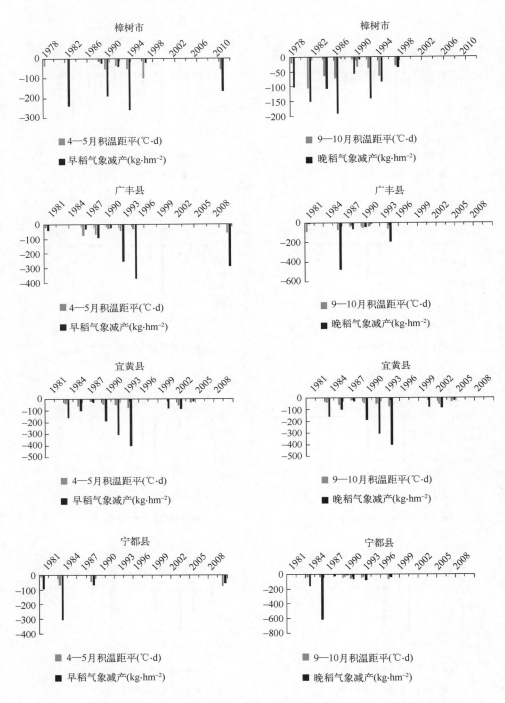

图 8.25　双季稻低温冷害高发期积温距平为负同时出现气象减产的年份

从图中可以看出 1981—2010 年江西省这 8 个县市早稻冷害在 1996 年以前较为高发，1996 年之后只有 2010 年有早稻冷害发生。晚稻冷害发生年份也与早稻基本一致。2000 年以后只有个别县市个别年份有冷害发生，2010 年均无晚稻冷害发生。通过以上分析研究进一步确定了 2010 年为研究时段。

图 8.26 显示了 2010 年江西省双季早稻低温冷害发生区域。将图中 8 县市 4—5 月活动积温距平、计算的气象产量与第 5 章双季早稻冷害监测结果三者相对照发现它们在时间和空间上是十分吻合的，这也从另一方面验证出之前冷害监测的准确性。对于双季晚稻来说，2010 年江西 9—10 月温度条件良好，没有大范围冷害发生，这与之前晚稻冷害监测结果也一致。

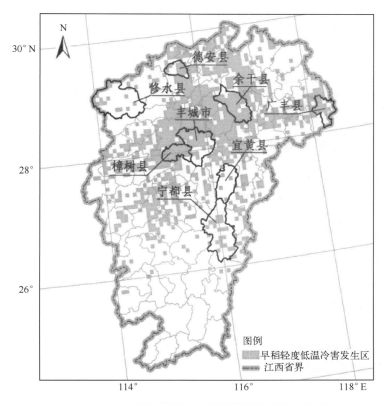

图 8.26　2010 年江西省双季早稻低温冷害发生位置

利用之前传统冷害损失评估的假设，结合计算的气象减产，研究对 2010 年江西省 8 个县市的早稻进行了冷害损失评估，评估结果见表 8.9。对于晚稻来说因没有监测到冷害，气象站点 9—10 月积温距平也没有反映出冷害，因此本研究没有涉及 2010 年晚稻冷害的损失评估，但研究方法和早稻冷害是一致的。

以上结果是基于减产仅由冷害造成这一假设得到的。可以看出二次多项式滑动平均计算的冷害损失减产较三次 Hermit 滑动平均计算的减产要小很多，两者哪一个更好很难评定，但事实可能并非如此，原因有二，一是气象减产是多因素共同作用的结果，并且这些因素之间往往存在着交互作用，也许减产这一表象的主因是洪涝或是干旱，但这里都归结为冷害显然缺乏合理性。二是不同方法分离的气象产量包含的含义有所不同。因此有必进一步从多因素中分离出由冷害单独所造成的减产,也有必要对这两种方法分离的气象产量的含义做进一步解析。显然解决这些问题传统的分析方法不能胜任,为此必须采用更科学的方法来完成南方双季稻冷害这一小灾种的损失评估,作物模型模拟无疑是一个好的选择。

表 8.9　2010 年江西 8 县市双季早稻低温冷害损失评估结果

县名	早稻面积 (hm²)	冷害减产率(%)		冷害减产量(kg·hm⁻²)		总减产量(t)		经济损失(万元)	
		方法1	方法2	方法1	方法2	方法1	方法2	方法1	方法2
修水县	8544	0.97	8.15	47	428	405	3658	79	710
德安县	526	0.38	2.80	23	175	12	92	2	18
余干县	56994	1.49	33.33	63	2093	3602	119279	699	23140
丰城市	64119	0.08	10.68	5	659	299	42247	58	8196
樟树市	35123	2.54	6.73	167	461	5847	16203	1134	3143
广丰县	16125	6.93	34.55	288	2043	4646	32943	901	6391
宜黄县	5557	0.94	8.76	56	566	313	3146	61	610
宁都县	26324	1.00	7.13	57	430	1489	11322	289	2197

注:2010 年江西早稻收购价格为每吨 1940 元。方法 1:二次多项式滑动平均分离趋势产量。方法 2:三次 Hermit 滑动平均分离趋势产量。

8.2.4　基于模型的评估验证

利用分离的县级趋势产量、江西省 2010 主栽品种信息和构建的平均气象条件对模型参数进行区域化矫正。利用矫正后的作物品种参数滚动替换平均光温数据,从而估算 2010 年 4 月 16 号冷害可能造成的单灾损失和实际光温条件下的潜在产量,并探索这一产量的含义,为今后水稻冷害损失评估研究积累经验,最终完成南方双季稻冷害损失评估的方法研究。

8.2.4.1　作物模型品种参数的区域化矫正

模型所需气象数据:研究采用站点历年逐日观测的日平均气温、日最高气温、日最低气温及日照时数的平均值作为站点的平均光温条件,利用 DSSAT 中的 Weatherman 工具生成 * WHT 类型的文件,结果用于模型气象条件的输入。日照时数需换算成地表总辐射用于模型计算,具体过程如下。

地表总辐射(或称入射短波太阳辐射,R_s)可以通过日照时数的观测估算:

$$R_s = (a_s + b_s \times n/N) \times R_a \tag{8.21}$$

式中,R_s 为入射太阳辐射。R_a 为星际辐射。a_s 为阴天的星际辐射的余额,平均气候条件下大约等于 0.25。b_s 为比例因子,平均气候条件下大约等于 0.50。$a_s + b_s$ 为晴天时的辐射余额,大约等于 0.75。n/N 为日照比例。n 为每日日照时数。N 是可照时数。

其中星际辐射(或称到达大气层顶部的辐射,R_a)可以通过年内日数和地理纬度进行计算:

$$R_a = 37.6 \times dr \times (\omega_s \sin\varphi\sin\delta + \cos\varphi\cos\delta\sin\omega_s) \tag{8.22}$$

式中,R_a 为星际辐射。37.6 是计算持续时间与太阳常数的关系系数。dr 为日地距离系数。δ 为太阳赤纬。φ 为纬度,南半球为负值。ω_s 为太阳时角。其中 $\omega_s = \mathrm{acrcos}(-\tan\varphi\tan\delta)$。日地距离系数和太阳赤纬可以用年内的日数函数求出,$dr = 1 + 0.033\cos(0.0172J)$,$\delta = 0.4209\sin(0.0172J - 1.39)$。式中 J 为计算日在一年内的序号,1 月 1 日 = 1。

对地表总辐射计算中需要的可照日数 N 可通过太阳时角计算，$N=24\ \omega_s/\pi$。

通过文献查阅得到 2010 年江西省早稻主栽品种有金优 463、株两优 09、株两优 02、淦鑫 203、陆两优 996、T 优 898，根据这些品种信息计算出江西早稻主栽品种的平均全生育期长度是 113 d，平均抽穗天数 84 d，种子千粒重为 26.5 g，每亩基本苗数 8 万～10 万，并以此确定 DSSAT 模型的 A 文件和 T 文件部分参数信息。根据各县市 2010 年早稻播种日期设定模型模拟开始日期，水稻栽培方式设定为直播。利用无灾年分离的趋势产量设定模型矫正产量。气象数据代入各县市多年平均光温数据。利用 GLU 作物参数探索工具，分别经过 6000 次计算，最终确定 8 个研究县市各自的综合早稻特征参数，计算结果见下表（表 8.10）。

表 8.10 江西省 8 县市 DSSAT 模型早稻参数表

县名	P1	P2R	P5	P2O	G1	G2	G3	G4
德安县	254.70	33.61	467.90	12.13	70.56	0.026	0.73	1.18
丰城市	232.60	58.84	445.60	12.87	69.79	0.026	0.81	1.14
广丰县	251.90	36.99	441.10	12.36	69.21	0.025	0.36	1.19
宁都县	224.50	87.10	451.90	12.17	65.50	0.026	0.69	0.83
修水县	222.80	32.94	455.10	12.26	64.29	0.025	0.30	0.84
宜黄县	281.30	51.33	471.80	12.99	65.71	0.028	0.53	1.12
余干县	238.80	38.61	451.70	12.25	65.24	0.026	0.59	1.20
樟树市	230.80	53.31	472.40	11.81	68.69	0.026	0.31	1.01

P1：自出苗后水稻对光周期变化没有响应的时期（表示成生长度日）。这个时期也被称为植物的营养生长阶段；P2R：大于临界光周期每增加一小时所导致幼穗分化的阶段发育长度延迟的程度；P5：从灌浆开始（开花后的 3 到 4 d）到生理成熟的时间阶段；P2O：临界光周期或最长日长在该日长时发育为最大速率；G1：在花期每克主杆干重对应的小穗数量估计的潜在小穗数系数；G2：在理想生长条件下的单粒重，例如有充足的光、水、营养，并且没有病虫害影响；G3：相对于在理想种植条件下的 IR64 品种的分蘖系数（计数器值）；G4：温度耐受系数，通常为 1，对于生长在正常环境的各品种而言。对于生长在温暖环境中的粳稻品种 G4 为 1.0 或较大。同样对生长在非常冷的环境或季节中的籼稻 G4 值可能小于 1.0。

8.2.4.2 DSSAT 模拟双季稻低温冷害损失评估

利用所得参数结果，分别设置 3 个处理，其中处理 1 采用平均光温数据，处理 2 中 4 月 16 日冷害之前的数据采用 2010 年该地真实光温数据，在此之后的数据仍然使用平均光温数据。通过比较处理 1 和处理 2 中的产量差异确定 4 月 16 日冷害的灾害损失，该方法避免了其他因素的干扰，直接反映出冷害对产量的影响。处理 3 采用真实光温数据。模拟结果如图 8.27 所示。

从模拟效果可以看出 DSSAT 中水稻模块能够体现早稻秧苗期低温寡照对产量的负面影响（图 8.28）。结果比传统冷害损失评估更科学。其中余干县和广丰县因早稻生长后期温度条件比较差，成熟期推迟，减产明显，这与实际统计数据也很吻合。利用模拟结果对 2010 年早稻 4 月 16 日冷害进行损失评估（表 8.11 和表 8.12），损失量介于二次多项式和三次 Hermit 滑动平均计算的损失量之间，减产率除修水县为 6.28%，其他均在 5% 以下，属于轻度冷害，这与之前监测一致。从经济损失来看余干县、丰城县和樟树市早稻种植面积大，冷害范围也广，因此经济损失比其他 5 个县市大。将各种产量结果相对比，可以发现用二项式方法分离的趋势产量与用模型模拟的实际光温产量较为接近，这一点可以认为该趋势产量实际上是真实气象条件下的作物潜在产量，当然这个结论还有待进一步证明。

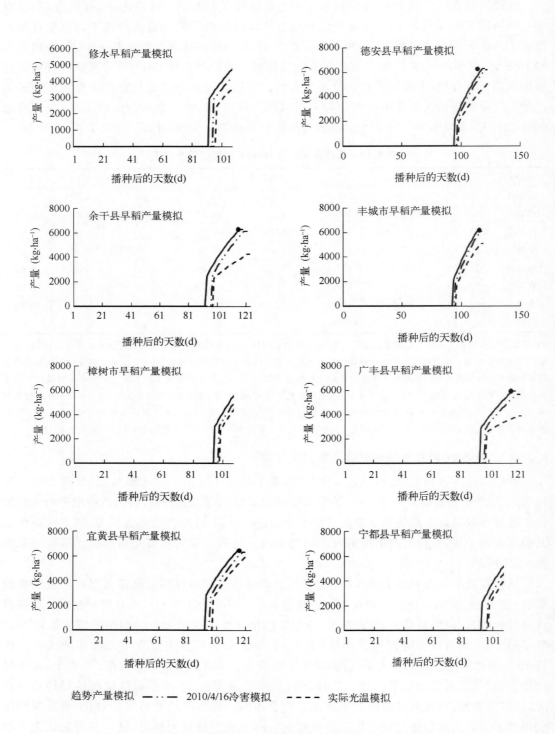

图 8.27　2010 年江西 8 县市 DSSAT 模型模拟的双季早稻产量结果图

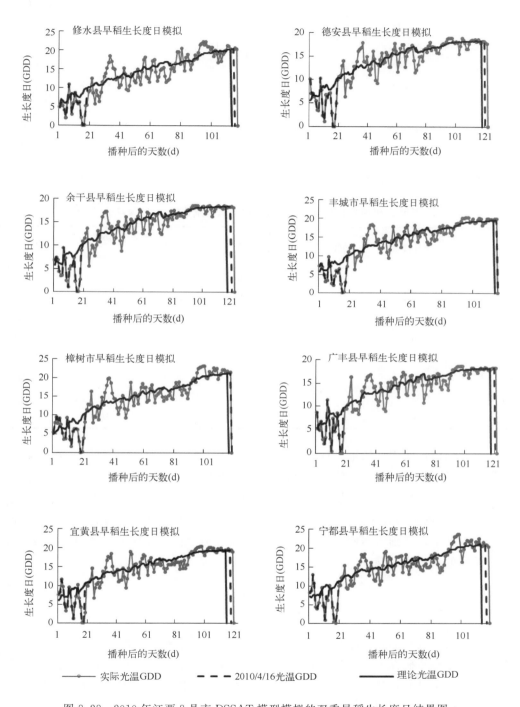

图 8.28　2010 年江西 8 县市 DSSAT 模型模拟的双季早稻生度日结果图

表 8.11　2010 年江西 8 县市双季早稻低温冷害 DSSAT 模型模拟损失评估结果

县名	早稻面积(hm²)	冷害减产率(%)	冷害减产量(kg·hm⁻²)	总减产量(t)	经济损失(万元)
修水县	8544	6.28	330	2816	546
德安县	526	1.86	116	61	12
余干县	56994	2.58	162	9224	1789
丰城市	64119	1.41	87	5571	1081
樟树市	35123	4.32	296	10406	2019
广丰县	16125	4.38	259	4176	810
宜黄县	5557	2.04	132	734	142
宁都县	26324	0.70	42	1109	215

表 8.12　统计分离的趋势产量与模型模拟的产量结果比较表(产量单位:kg·hm⁻²)

县名	统计产量	趋势产量 1	趋势产量 2	理想光温产量	2010/4/16 冷害模拟产量	实际光温产量
修水县	4821	4869	5250	5250	4920	4301
德安县	6093	6116	6268	6268	6152	5011
余干县	4187	4250	6280	6288	6118	4242
丰城市	5513	5518	6172	6172	6085	5069
樟树市	6389	6555	6850	6850	6554	6036
广丰县	3870	4158	5913	5913	5654	3878
宜黄县	5899	5955	6465	6475	6333	5940
宁都县	5605	5662	6035	6053	5993	5634

　　本研究利用作物模型模拟了早稻光温潜在产量,该方法最大的优势是避免了很多基础数据的收集,抛开土壤、水肥和田间管理的干扰,直接探讨了冷害所造成的产量损失,具有一定的应用价值。模型模拟冷害损失评估结果的准确性和可信度虽然比传统方法有了很大提高,但它的精度依然具有很大的提升空间,实现这一点需要今后两方面的努力,一是建立更加完备的水稻生产基础数据库,二是对光温条件和水稻生长发育的关系作更深入的研究,以期待对模型的进一步完善。

8.3　小结

　　本研究采用数据同化方法分别开展了站点和区域的水稻低温冷害影响评估,并将区域尺度的评估结果与研究区实际调查情况进行了比较。结果显示,数据同化方法在水稻低温冷害影响评估上具有较强的可行性和可靠性。通过迭代优化模型关键参数,始终努力要求模型模拟结果与实际观测数据保持一致或误差最小。在每次观测数据获取后,采用该方法更新待优化参数值,并利用最优参数值后向模拟模型直至水稻成熟。

　　然而,较传统方法,数据同化方法对计算机的计算能力要求高,尤其在区域应用上或观测数据多时,通常需要大型计算机的支撑。数据同化方法在实现上也很复杂,不但要对模型代码进行适当的修改,还要将遥感数据、气象数据、各类观测数据、参数优化算法和模型输出等结合起来编写接口代码等,工作量较大。针对模型,还要了解模型参数的敏感性,因为,限于计算机的计算能力,通常数据同化中只能够针对关键的敏感参数进行参数优化和调整,而复杂模型的参数众多,有的参数是时间的函数,对这些参数进行优化会显著增加数据同化方法的实现和应用的难度。现有的参数优化算法种类丰富,本研究采用 MCMC 方法,该方法是 Bayes 理论的实现,具有深厚的理论背景,但其应用是以大量样本的运行结果作为支撑。因此,计算效率受到样本总数和模型运算效率的影响。

本研究在方法实现和应用中发现,虽然数据同化方法在气候模式、数值模拟等领域具有广泛的应用,但方法的系统设置不同,模拟和优化的结果不同。例如,当获取了不同观测类型的数据用于参数优化时,数据同化结果会不同,优化后的参数值在迭代间差异较大,但又无法主观控制,因此导致运行结果存在较大的不确定性。目前,也没有相关理论用于指导数据同化中的系统设置,例如先验参数的不确定性、迭代次数、参数扰动步长、参数后验概率分布的处理、多源数据的不确定性等。当上述任何一个系统参数的设定发生微小的变化,都可能会导致数据同化结果发生较大的差异。由于缺乏类似研究的参考,本研究主要参照传统模型参数优化方法来设定数据同化中各次参数优化,因此在参数值的连贯性上出现较大偏差。

在区域应用中,遥感数据是重要的数据源之一。采用 8 d 合成的 MODIS 地表反射率产品作为区域应用的遥感数据源。虽然 8 d 合成算法具有较强的理论背景,反演的每 8 d 的地表反射率信息具有较高的精度,但由于南方水稻生长季多云多雨,在一些低温天气,通常为连阴雨或低温寡照天气,气温低、云层厚为这类天气的主要特征。为此,在去云平滑 EVI 曲线时难免会出现与实际情况不符的情形。例如,最多的情况是高估了低温环境影响下的 EVI 指数值,导致低温对水稻的影响被低估。然而,目前还缺乏可靠的技术方法能够对缺测的 EVI 值进行有效的估算。这也是当前 MODIS 等遥感数据在区域评估应用上无法克服的问题。

通过二项式 5 点滑动平均和三次 Hermit 滑动平均两种方法分别计算了双季稻县级趋势产量,在此基础上分离出气象产量,通过对比积温距平值选取典型冷害年进行冷害损失评估,该方法不能从多因素中分离出冷害的单灾损失量,因此所得评估结果准确性不高。为克服这一难题研究采用了作物模型模拟的方法用于冷害损失评估,从效果上看是较为理想的。证明 DSSAT 水稻模型能够对冷害条件做出正确反应。冷害损失评估结果比传统方法更为准确可靠,所得结果能与之前的冷害监测结果相互印证。另一方面研究利用无灾年份趋势产量与平均光温产量近似相等的假设,结合主栽品种信息实现了模型参数区域化矫正,该方法简单有效,可为今后冷害损失评估作物模型参数矫正提供借鉴。

参考文献

房世波.2011.分离趋势产量和气候产量的方法探讨.自然灾害学报,**20**(6):13-18.

刘志平,石林英.2008.最小二乘法原理及其 MATLAB 实现.中国西部科技,17:33-34.

陆魁东,罗伯良,黄晓华,等.2011.影响湖南早稻生产的五月低温的风险评估.中国农业气象,**32**(2):283-289.

田小海,周恒多,张宇飞,等.2009.两湖平原罕见早稻结实障碍调查.湖北农业科学,**48**(11):2657-2659.

王森,王全龙.2007.分段二次 Hermit 插值及二次插值样条.山西大学学报(自然科学版),**30**(1):102-106.

王书裕.1995.农作物冷害的研究.北京:气象出版社,105-106.

王素艳,霍治国,李世奎,等.2005.北方冬小麦干旱灾损风险区划.作物学报,**31**(3):267-274.

王雨,杨修.2007.黑龙江省水稻气象灾害损失评估.中国农业气象,**28**(4):457-459.

薛昌颖,霍治国,李世奎,等.2005.北方冬小麦产量灾损风险类型的地理分布.应用生态学报,**16**(4):620-625.

杨沈斌.2008.基于 ASAR 数据的水稻制图与水稻估产研究.南京:南京信息工程大学,1-80.

朱德峰.2010.双季稻种植—双季稻主要自然灾害与预防.北京:金盾出版社,175-210.

Ceglar A，Črepinšek Z，Kajfež-Bogataj L，*et al*.2011. The simulation of phenological development in dynamic crop model：The Bayesian comparison of different methods. *Agricultural and Forest Meteorology*. **151**：101-115.

Cheng Y X，Huang J F，Han Z L，*et al*.2013. Cold Damage risk assessment of double cropping rice in hunan，China. *Journal of Integrative Agriculture*. **12**（2）：352-363.

de Wit A J W，van Diepen C A.2007. Crop model data assimilation with the Ensemble Kalman filter for improving regional crop yield forecasts. *Agricultural and Forest Meteorology*，**146**(1-2)：38-56.

Doherty J.2005. PEST：*Model-independent parameter estimation* (5th edn). Townsville：Watermark Numerical Computing，36-68.

Dowd M.2007. Bayesian statistical data assimilation for ecosystem models using Markov Chain Monte Carlo. *Journal of Marine Systems*，**68**(3-4)：439-456.

Gelman A，Carlin J B，Stern H S，*et al*.2003. Bayesian Data Analysis[M]. Boca Raton，Florida：Chapman and Hall/CRC Press，10-221.

Iizumi T，Yokozawa M，Nishimori M.2009. Parameter estimation and uncertainty analysis of a large scale crop model for paddy rice：Application of a Bayesian approach. *Agricultural and Forest Meteorology*，**149**(2)：333-348.

Kemp S，Scholze M，Ziehn T，*et al*.2014. Limiting the parameter space in the Carbon Cycle Data Assimilation System (CCDAS). *Geoscientific Model Development*，**7**：1609-1619.

Launay M，Guerif M.2005. Assimilating remote sensing data into a crop model to improve predictive performance for spatial applications. *Agriculture，Ecosystems and Environment*，**111**(1-4)：321-339.

Shen S H，Yang S B，Zhao Y X，*et al*.2011. Simulating the rice yield change in the middle and lower reaches of the Yangtze River under SRES B2 scenario. *Acta Ecologica Sinica*，**31**(1)：40-48.

Soundharajan B，Sudheer K P.2013. Sensitivity analysis and auto-calibration of ORYZA2000 using simulation-optimization framework. *Paddy Water Environment*.**11**(1-4)：59-71.

Wang Y P，Trudinger C M，Enting I G.2009. A review of applications of model-data fusion to studies of terrestrial carbon fluxes at different scales. *Agricultural and Forest Meteorology*，**149**(11)：1829-1842.

Ziehn T，Scholze M，Knorr W.2012. On the capability of Monte Carlo and adjoint inversion techniques to derive posterior parameter uncertainties in terrestrial ecosystem models. *Global Biogeochemical Cycles*，**26**(3)：1-13.

第9章 西南农业干旱的动态评估技术

本章内容主要是基于数学统计模型和本地化的作物生长模型，构建西南地区农业干旱评估指标和评估模型，实现对作物关键生育期的动态评估技术（何永坤等，2014；张建平等，2015）。

9.1 动态评估方法

9.1.1 基于统计的方法

9.1.1.1 气象产量的分离

玉米单产为总产与种植面积的比值，将产量（Y）分解为趋势产量（Y_t）和气象产量（Y_w），即

$$Y = Y_t + Y_w \tag{9.1}$$

用 5 a 滑动平均方法计算各研究亚区的趋势产量，从而进行气象产量分离。为减少地域差异造成的产量水平差异，分析时各亚区均采用相对气象产量（Y_{wr}），即

$$Y_{wr} = Y_w/Y_t \times 100\% \tag{9.2}$$

在农业气象业务中，定义$-3\% \leqslant Y_{wr} \leqslant 3\%$为平产年，$Y_{wr} < -3\%$为减产年，$Y_{wr} \geqslant 3\%$为丰产年。

9.1.1.2 水分盈亏指数的计算

西南地区玉米主要为雨养种植，降水量和作物需水量的匹配关系决定水分盈亏状况。参考相关文献（张艳红等，2008；黄晚华等，2009），定义西南地区玉米水分盈亏指数为：

$$WBI = \begin{cases} \dfrac{ET_c - P}{ET_c} & P < ET_c \\ \dfrac{ET_c - P}{EP - ET_c} & ET_c \leqslant P < EP \\ -1 & P \geqslant EP \end{cases} \tag{9.3}$$

式中，ET_c为旬农田实际蒸散量（作物需水量），$ET_c = k_c * ET_0$，k_c为作物系数，ET_0为参考作物蒸散，P为旬降水量，EP为旬最大有效降水量。

参考作物蒸散 ET_0使用彭曼—蒙特斯（Penman-Monteith）公式计算。

根据 FAO 推荐作物系数，结合《中国主要农作物需水量等值线图研究》确定出西南地区玉米的作物系数，如表 9.1 所示，并参考相关研究成果将玉米作物系数插值到旬。

表 9.1 玉米各生育时期的作物系数 k_c

	播种—拔节	拔节—抽雄	抽雄—灌浆	灌浆—成熟
I 区	0.80	1.11	1.36	1.02

	播种—拔节	拔节—抽雄	抽雄—灌浆	灌浆—成熟
Ⅱ区	0.72	1.08	1.04	0.69
Ⅲ区	0.81	1.10	1.22	0.90
Ⅳ区	0.71	1.00	1.12	0.80
Ⅴ区	0.59	1.03	0.95	0.68
Ⅵ区	0.69	1.14	1.19	0.84

最大有效降水量计算公式:

$$EP = \sum_{i=1}^{n} \theta_i \cdot h_i \cdot (F_i - W_i) \tag{9.4}$$

式中,EP 为 50 cm 土层的最大有效降水量(cm),每隔 10 cm 观测。θ_i 为第 i 层土壤的容积含水量,容积含水量=质量含水率×土壤容重,F_i 为田间持水量,W_i 为土壤凋萎湿度,h_i 为第 i 层土壤的深度,以 cm 为单位。

9.1.1.3 旬干湿指数 DHI 的计算

一个时段干旱的严重程度,不仅与该时段水分盈亏量有关系,还受前期水分盈亏量影响,考虑到西南地区玉米种植区主要以丘陵、山地为主,土层浅薄,土壤蓄水能力不强,因此,考虑计算玉米干湿指数 DHI_i 时,用最近 3 旬的水分盈亏指数加权之和来表征,计算公式为:

$$DHI_i = a_1 WBI_i + a_2 WBI_{i-1} + a_3 WBI_{i-2} \tag{9.5}$$

式中,DHI_i 为第 i 旬的干湿指数,WBI_i、WBI_{i-1}、WBI_{i-2} 分别为第 i 旬、第 $i-1$ 旬、第 $i-2$ 旬的水分盈亏指数,a_1,a_2,a_3 为权重系数,参考黄晚华(2010)、张艳红(2009)等的研究,假设按照时间由近及远干旱的影响线性递减,a_1,a_2,a_3 分别取值 0.3,0.2,0.1。

9.1.1.4 玉米干旱累积指数

玉米年干旱指数为在干旱状态下的逐旬 HI 指数加权之和,计算公式为:

$$X_i = \sum \beta_j HI_j \tag{9.6}$$

式中,X_i 为第 i 年干旱指数,HI_j 为第 j 旬的干湿指数($HI_j > 0.1$),β_j 为第 j 旬的影响系数。

9.1.1.5 各旬干旱的影响系数的确定

在旱地作物的生长发育过程中,水分盈亏的影响在每一个生育阶段均不相同。作物系数本身就是描述作物水分供给与需水之间的关系,作物系数越大的时期,水分需求越多,作物对水分亏缺相对越敏感,因此将作物系数归一化后作为干旱对每个生育阶段的影响权重。即

$$\beta_j = k_{cj} / \sum_{j=1}^{n} k_{cj} \tag{9.7}$$

式中,β_j 为第 j 旬的影响系数,k_{cj} 是玉米生长期内第 j 旬的作物系数。西南地区各亚区 β_j 见表 9.2。

表 9.2　西南 6 个亚区玉米干旱逐旬影响系数 β_j

亚区 旬序	Ⅰ区	Ⅱ区	Ⅲ区	Ⅳ区	Ⅴ区	Ⅵ区
1	0.0650	0.0193	0.0084	0.0403	0.0100	0.0091
2	0.0119	0.0290	0.0090	0.0087	0.0346	0.0091
3	0.0160	0.0233	0.0460	0.0304	0.0239	0.0088
4	0.1096	0.0378	0.0154	0.0763	0.0208	0.0812
5	0.0338	0.0318	0.0811	0.0099	0.0481	0.0724
6	0.0807	0.0395	0.0920	0.0521	0.0566	0.0256
7	0.0560	0.0190	0.0539	0.0254	0.0069	0.0388
8	0.0112	0.1018	0.0718	0.0360	0.0239	0.1367
9	0.1560	0.0975	0.1364	0.1141	0.1232	0.1031
10	0.1283	0.0635	0.0236	0.2072	0.1828	0.0863
11	0.1150	0.0470	0.0797	0.1005	0.0281	0.1437
12	0.0499	0.0438	0.1223	0.1557	0.0550	0.1104
13	0.0194	0.0988	0.1002	0.0583	0.0804	0.0037
14	0.0885	0.1163	0.0671	0.0006	0.0058	0.0574
15	0.0586	0.1438	0.0932	0.0844	0.0720	0.0128
16		0.0823			0.1393	0.0355
17		0.0055			0.0139	0.0654
18					0.0073	
19					0.0674	

9.1.1.6　玉米干旱产量损失评估模型

选择西南各亚区 2/3 代表站点 1961—2010 年间玉米生育期间至少 1 旬出现干旱,当年玉米气象产量为歉年的年份,即玉米减产是由干旱引起的年份,分析玉米干旱累积指数 $X_i(x)$ 与对应的玉米干旱产量损失 $Y_{wri}(y)$ 的关系,建立各亚区玉米干旱产量损失评估模型,见表 9.3。

表 9.3　玉米干旱产量损失评估模型

区域	模型	F 检验水平
Ⅰ区	$Y = -0.705x - 0.0614$	0.002
Ⅱ区	$Y = -0.4266x - 0.0479$	0.037
Ⅲ区	$Y = -0.4379x - 0.052$	0.001
Ⅳ区	$Y = -0.5525x - 0.054$	0.001
Ⅴ区	$Y = -0.8124x - 0.0659$	0.001
Ⅵ区	$Y = -0.5312x - 0.0484$	0.001

由表可见,西南 6 个亚区玉米干旱累积指数(x)与对应的干旱产量损失(y)间相关显著,两者建立的玉米干旱产量损失评估模型Ⅰ区通过 0.005 水平的 F 检验,Ⅲ区—Ⅵ区通过 0.001 水平的 F 检验,其余亚区通过 0.05 水平的 F 检验。对于相同的干旱累积指数变化,

不同区域玉米干旱产量损失程度也不同，Ⅱ区、Ⅲ区产量损失程度相对较小，而Ⅰ区、Ⅴ区产量损失程度相对较大。

9.1.2　基于作物模型的方法

9.1.2.1　模型的改进与提高

（1）模型简介

作物模型选用世界粮食研究中心研制的 WOFOST 模型，该模型主要模拟一年生作物的生态生理过程及其如何受环境的影响（de Wit，1978；Hijmans et al.，1994）。模拟步长为日。主要模块包括发育期模块、光合生产模块、维持呼吸模块、干物质积累与分配模块、生长与衰老模块、土壤水分平衡模块。其中发育期模块采用"积温法"模拟作物发育进程，模型将作物整个发育期划分为出苗－开花、开花－成熟两个发育期（SupitⅠ et al.，1994；deWit，1965，1970）。

（2）模型改进

模型中的同化速率为相对蒸腾与潜在同化速率的乘积，相对蒸腾为实际蒸腾速率与潜在蒸腾速率之比（Boogaard，et al.，1998），即

$$A = \frac{T_a}{T_p} \cdot A_p \tag{9.8}$$

式中，T_a 为实际蒸腾速率（mm·d^{-1}），T_p 为潜在蒸腾速率（mm·d^{-1}），A_p 为潜在同化速率（kg·hm^{-2}·d^{-1}），A 为同化速率（kg·hm^{-2}·d^{-1}）。

由上式不难发现，当土壤水分供应充足时，作物实际蒸腾速率等于潜在蒸腾速率；当发生水分胁迫时，作物吸收土壤水分的速率低于作物蒸腾速率，作物实际蒸腾低于潜在蒸腾，此时，当某日有降水或灌溉时，模型中的相对蒸腾值即刻恢复为 1，模型认为干旱影响马上解除，这显然不符合实际情况。为了使模型能更好地体现水分胁迫的后效影响，本研究采用相对蒸腾序列的 10 d 滑动平均值表示农田实际水分动态变化过程（van Keulen，1975），以改进作物模型对水分胁迫的模拟能力，改进公式如下：

$$A = \frac{1}{10} \sum_{i=1}^{10} \left(\frac{T_a}{T_p} \right)_{i+j-1} \cdot A_p \qquad j = 1,2,\cdots,n-10+1 \tag{9.9}$$

（3）模型参数的调试与确定

作物模型参数主要包括作物参数和土壤参数，而作物参数又有两种参数类型，一种与作物发育密切相关，主要包括不同发育阶段所需的有效积温和光周期影响因子等，这些参数是作物品种固有的属性，本研究主要根据前人研究成果及实际发育期计算获得。另一种与作物生长密切相关，主要包括光合速率、呼吸速率、光合产物转化系数、干物质分配系数、比叶面积以及叶片衰老指数等，这些参数的确定主要根据田间试验数据，用"试错法"加以调试和确定（Jones et al.，2003）。土壤参数主要包括与土壤本身特性相关的物理参数和初始条件，如凋萎湿度、田间持水量、饱和含水量、饱和导水率、下渗速率以及初始土壤水分含量等，这些参数主要根据田间实测数据而获得，部分参数依据前人研究成果而定。为了确保调试出的模型参数不受气候变化、典型气象灾害年份的影响，以及便于以后参数区域化应用，因此，选择 2004 年的气象数据和农业气象观测数据进行参数调试。结果显示，玉米开花天数模拟值与实测值相差 2 d，成熟天数模拟值与实测值相差 5 d，产量

模拟值与实测值相对误差为4.5%。可见,模型对玉米生育期和产量模拟效果较好,初步说明模型参数本地化的正确性。

9.1.2.2 模型适宜性检验

判断初步确定的模型参数是否正确、合理可行,须对其进行空间与时间上的检验,并以模拟与实测值的散点图、均方根误差(RMSE)和归一化均方差误差(NRMSE)判断模型模拟效果的好坏(Wang,et al.,2013)。由于本研究仅针对江津站点进行模拟,因此仅对模型作时间序列检验即可。以2005—2010年连续5 a的发育期和同期面上产量资料对确定的模型参数进行适宜性检验,结果见表9.4和图9.1。

表9.4 模型适宜性检验结果

	开花期(d)	成熟期(d)	产量(kg·hm^{-2})
均方根误差 RMSE	3.8	6.1	467.3
归一化均方差误差 NRMSE(%)	2.57	2.95	7.82

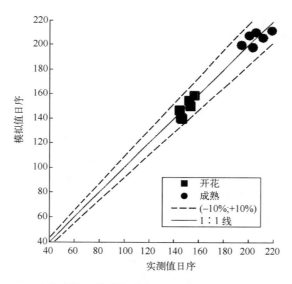

图9.1 玉米生育期天数模拟值与实测值的对比(2005—2010年)

由表9.4可以看出,开花期、成熟期和产量的模拟值与实测值的NRMSE均在10%以下,模拟效果很好。开花期和成熟期的散点均在1:1线附近,不超过±10%的范围,验证了模拟参数的正确性与合理性,说明模型可以反映江津地区玉米生长发育情况。

由于模型要用于干旱评估,因此还须对其进行田间水分模拟精准情况的检验,以2012年玉米土壤水分动态变化为例,结合实测土壤湿度数据作对比,其结果见图9.2。

从上图可知,原模型对根区土壤体积含水量的模拟误差范围在6.82%~23%,平均为13.21%。改进后模型对根区土壤含水量的模拟误差范围在−1.36%~13.98%,平均为7.78%,可见,模拟精度明显提高,且进一步验证了模型对土壤水分动态的模拟能力。

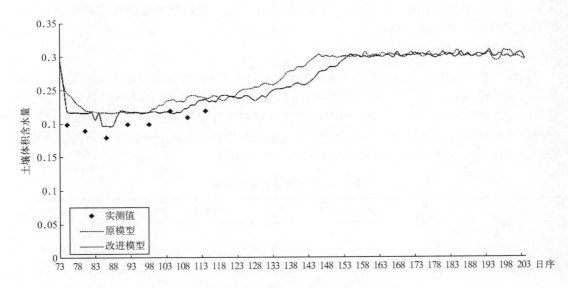

图 9.2　根区土壤含水量实测值与模拟值

9.1.2.3　干旱模拟设计

（1）设计方案

供试玉米品种为新玉 503。为方便试验设置较长时间干旱，将干旱控制时段选择玉米苗期和拔节期，控制时间从苗期或拔节始期的第 5 d 开始，设置玉米生长季内仅单一发育期发生干旱和两个发育期均发生干旱三种处理情景。单一发育期发生干旱指在正常年份下苗期、拔节期分别发生持续时间为 10 d、20 d、30 d 和 40 d 的干旱，苗期分别记为 M-10、M-20、M-30、M-40，拔节期分别记为 B-10、B-20、B-30、B-40。两个发育期均干旱是指在正常年份下苗期和拔节期均发生持续时间为 5 d、10 d、15 d 和 20 d 的干旱，分别记为 MB-5、MB-10、MB-15 和MB-20。本研究将干旱定义为在正常降水条件下，从控水开始，将气象要素中的降水量均设定为 0，其余气象要素不变。

（2）减产率的计算

根据潘小艳等（2012）关于气候年型的划分标准，对 2004—2012 年各年进行气候年型划分，最终确定 2004、2005、2009 和 2012 年为相对正常年份，为确保数据的新颖性，本文以 2012 年为模拟年份，同时为了使其更接近正常年份，模拟时将 2012 年气象要素中的逐日降水量以多年平均值（1981—2010 年）替代，其他要素均采用 2012 年的逐日实测值，并将正常年份记为 CK，相应地其模拟产量值记为 Y_{ck}。干旱条件下模拟的产量与正常年份的模拟产量作对比得到减产率，即

$$D_i = \left| \frac{Y_{di} - Y_{ck}}{Y_{ck}} \right| \times 100\% \tag{9.10}$$

式中，D_i 为第 i 年不同程度干旱下（干旱持续日数为 5 d、10 d、15 d、20 d、30 d、40 d 等）的减产率（%）；Y_{di} 为第 i 年不同程度干旱下模拟的产量（kg·hm^{-2}）；Y_{ck} 为正常年份下模拟的产量（kg·hm^{-2}）。

9.2　评估结果与验证

9.2.1　统计模型

9.2.1.1　代表站点检验

将各亚区 1/3 代表站点 1961—2010 年逐年玉米干旱累计指数代入表 9.3 模型,计算结果与玉米干旱年实际产量损失间相关关系显著(表 9.5),表明西南玉米干旱产量损失评估模型可用性较好。

表 9.5　西南 6 亚区模型检验结果

区域	F 检验水平
Ⅰ区	0.030
Ⅱ区	0.042
Ⅲ区	0.006
Ⅳ区	0.024
Ⅴ区	0.046
Ⅵ区	0.0001

9.2.1.2　典型干旱年检验

选取西南地区干旱典型年 1987 年、1992 年、2006 年,将该三年各代表站点玉米干旱累计指数代入模型,分别计算玉米产量损失值与该年玉米气象产量值,两者进行相关分析,其中 1987 年、1992 年通过 0.05 的 F 检验,2006 年通过 0.001 的 F 检验,越是干旱为主要灾害的年份,模拟结果和实际值的相关越显著。1987 年、1992 年、2006 年两者误差绝对值低于 10% 的比例分别为 75.0%、64.3%、73.1%,相对误差的平均值分别为 −7.3%、−5.5%、8.8%,误差范围总体较为合理。

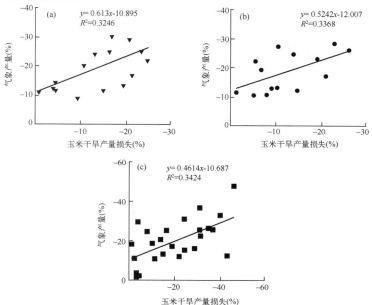

图 9.3　西南地区典型干旱年玉米产量损失与模型计算值相关检验
(a)1987 年;(b)1992 年;(c)2006 年

9.2.2 作物模型

评估结果与验证

(1)单点动态评估结果

①苗期干旱对玉米籽粒形成和产量的影响模拟

从图9.4中可以看出,当玉米苗期持续干旱10~20 d时,减产幅度为5%左右,基本不影响玉米正常生长发育。持续干旱20 d时,减产幅度为8%左右,干旱开始威胁玉米正常的生长发育。持续干旱30 d时,玉米减产可达13%左右。而持续干旱40 d时,玉米减产高达21.6%。

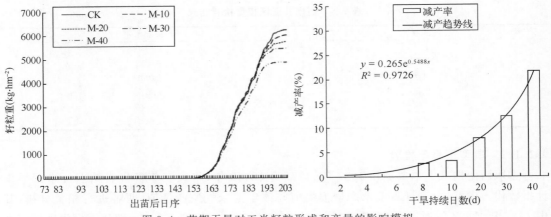

图9.4 苗期干旱对玉米籽粒形成和产量的影响模拟

②拔节期干旱对玉米籽粒形成和产量的影响模拟

当玉米拔节期持续干旱10 d时,减产幅度仅在5%以内,玉米正常生长发育基本不受影响。持续干旱20 d时,玉米减产8.31%,干旱开始影响玉米正常的生长发育。持续干旱30 d时,减产可达14%左右。持续干旱40 d时,玉米减产高达23.94%。可见,拔节期发生干旱,减产幅度均要大于苗期(图9.5)。

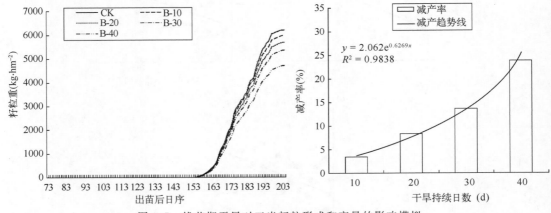

图9.5 拔节期干旱对玉米籽粒形成和产量的影响模拟

③苗期与拔节期叠加干旱对玉米籽粒形成和产量的影响模拟

当把持续时间为10 d的干旱日数平均分配到玉米的两个发育时段,即苗期和拔节期分别出现持续时间为 5 d 的干旱时,玉米减产仅为 1.77%。当苗期和拔节期均出现持续日数为 10 d 的干旱时,减产 9.02%,要大于单一发育期干旱情况。持续干旱 15 d 时,玉米减产 18.93%。持续干旱 20 d 时,玉米减产高达 31.28%(图 9.6)。

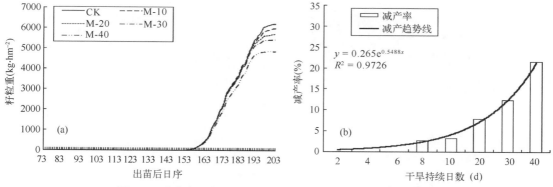

图 9.6　苗期与拔节期干旱对玉米籽粒形成和产量的影响模拟

可见,随着干旱持续时间的增加,多个发育期干旱导致的减产率要远大于单一发育期干旱相叠加产生的效应,减产增大原因除了跟干旱发生有关外,可能还与土壤特性有关,模拟地土层较浅,保水保肥性都很差,一旦出现缺水现象,就会严重影响产量。

④模型模拟减产趋势一致性检验

针对模型对单站点单年份模拟的不确定因素,同理参照文献(潘小艳等,2012)对重庆地区 2004—2012 年进行气候年型划分,且以 2005 年正常年景下玉米的实测产量和模拟产量作为正常产量值,选取 2006 年(偏干年份)、2009 年(正常年份)以及 2010 年(偏湿年份)这三个不同年型下玉米的实测产量和模拟产量作为验证年份产量,分析验证模型对单点多年减产趋势的模拟是否一致,结果见表 9.6,三种年型下玉米的实测产量与模拟产量的减产趋势完全一致,这足以说明模型对上述单点模拟结果的准确性。

表 9.6　模型模拟减产趋势一致性检验

年份	实测产量(kg·hm^{-2})	模拟产量(kg·hm^{-2})	模拟误差(%)	与 2005 年比实测(%)	与 2005 年比模拟(%)
2005	5835	5446	-6.67	—	—
2006	5548	5202	-6.24	-4.92	-4.48
2009	6196	5685	-8.24	$+6.19$	$+4.39$
2010	6336	6745	$+6.45$	$+8.59$	$+23.85$

(2)区域动态评估结果

最近 50 年来,西南地区发生了数次范围广、强度大的干旱,据统计,每个年代里均有干旱发生。各年代的典型干旱年依次为:1969 年、1972 年、1987 年、1992 年、2006 年。由于 1969 年与 1972 年无产量资料,因此仅以 1987 年、1992 年及 2006 年 3 年为例,基于作物模型对每年玉米关键生育期干旱进行动态评估,并与当年实测产量进行对比,以验证作物模型对西南农业干旱的模拟能力。根据统计资料记载,1987 年西南干旱主要发生在出苗到拔节期,1992 年西南干旱主要发生在出苗到拔节期到抽雄期,而 2006 年干旱主要集中在川渝地区,发生时段为拔节到抽雄到灌浆结实期。

从西南地区历年玉米关键生育期干旱损失模拟结果来看(图 9.7),模型对干旱分布范围

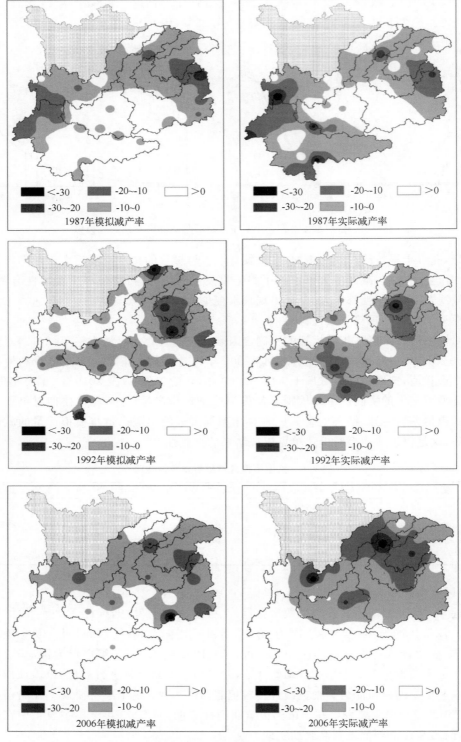

图 9.7　区域玉米关键发育期干旱损失模拟
图中所示的减产率均是本年度产量与上一年度产量相比的结果

及规律的模拟值与实际情况基本接近,1987 年模拟范围比实际情况有所扩大,出现这种现象的可能除了与模拟本身有关外,最可能的直接因素就是实际观测站点较少所致。

9.3 小结

本章利用作物生长模型,动态化地模拟分析了不同发育期干旱对作物产量及灌浆过程的影响。众所周知,干旱对作物的危害程度与其发生的季节、持续时间长短以及作物的自身品种特性如品种类型、生育期等有关(张建平,2010)。玉米在不同生长发育时期,需水量也不尽相同,且受多种因素的影响,与品种、气候、栽培条件、产量等有关。苗期植株矮小,生长量小,叶片少,消耗水分较少。同时,为了促使根系深扎,扩大吸收能力,增强抗旱放倒能力,田间管理措施上往往需要蹲苗不浇水锻炼。拔节起身后需水逐渐增多,特别是抽雄前后30 d 内是玉米一生中需水量最多的临界期,如果这时供水不足或不及时,对产量影响很大。本研究特针对苗期和拔节期干旱进行了模拟试验,从模拟结果来看,当玉米在苗期、拔节期分别发生干旱,且发生持续日数相同的干旱时,拔节期干旱对玉米籽粒形成以及产量的影响程度最大,换句话说,苗期比较耐旱,拔节以后对水分亏缺越来越敏感。这一研究结论符合玉米全生育期需水规律(曹云者等,2003)。因此玉米拔节到抽孕穗一旦缺水,要根据土壤含水量情况及时补充水分,以满足其正常生长发育的需要。

对于西南地区来说,干旱在整个玉米生长季内的每个阶段都有可能出现,但在其生长发育的不同阶段,干旱对其造成的影响和损失程度不尽相同(张建平,2010)。从该区域春玉米生产中干旱实际发生情况来看,几乎每年都有多个发育期干旱相叠加的综合作用现象。本研究针对多发育期不同程度干旱相叠加的综合作用,较为详细地模拟分析了干旱发生对玉米籽粒形成与产量的影响程度。结果表明:多个发育期干旱导致的减产率要远大于单一发育期干旱相叠加产生的效应,这与前人在玉米、冬小麦上的研究结果相一致(何海军等,2011;张建平等,2012)。说明多发育期干旱的叠加效应对作物造成的产量损失并不是单一发育期简单的相加,从某种意义上讲,农业生产中遇到的干旱这种协同累积效应更加不容忽视。

本研究在研究方法上完全采用数值模拟的研究方法,虽然在应用模型之前进行了多年的模拟验证,但文中得出的结论仅仅是针对单点进行的模拟研究,而且可能还与选择干旱发生的时段和玉米品种熟型有关。但笔者希望通过本研究能够拓展农业气象灾害影响评估的研究手段和技术方法。

参考文献

曹云者,宇振荣,赵同科.2003.夏玉米需水及耗水规律的研究.华北农学报,**18**(2):47-50.
何海军,寇思荣,王晓娟.2011.干旱胁迫下不同株型玉米光合特性及产量性状的影响.干旱地区农业研究,**29**(3):63-66.
何永坤,唐余学,张建平.2014.中国西南地区干旱对玉米产量影响评估方法.农业工程学报.**30**(23):185-191.
黄晚华,杨晓光,曲辉辉,等.2009.基于作物水分亏缺指数的春玉米季节性干旱时空特征分析.农业工程学报,**25**(8):28-34.
潘小艳,张建平,何永坤,等.2012.重庆地区不同气候年型下玉米耕地适宜等级与对策研究.中国农学通报,

30(12):87-92.

张建平,何永坤,王靖,等.2015.不同发育期干旱对玉米籽粒形成与产量的影响模拟.中国农业气象,36(1): 43-49.

张建平.2010.基于作物生长模型的农业气象灾害对东北华北作物产量影响评估.北京:中国农业大学.

张建平,赵艳霞,王春乙,等.2012.不同发育期干旱对冬小麦灌浆和产量影响的模拟.中国生态农业学报.**20** (9):1158-1165.

张艳红,吕厚荃,李森.2008.作物水分亏缺指数在作物农业干旱监测中的适用性.气象科技,36(5): 596-600.

中国主要农作物需水量等值线图协作组.1993.中国主要农作物需水量等值线图研究.北京:中国农业科技 出版社.

Boogaard H L, van Diepen C A, Rötter RP, *et al*. 1998. User's guide for the WOFOST 7. 1 crop growth simulation model and WOFOST control center 1. 5. Wageningen: DLO-Win and Staring Centre.

de Wit C T. 1965. Agricultural research report 63: *Photosynthesis of leaf canopies*. Wageningen, Netherlands: PUDOC, 1-57.

de Wit C T. 1970. Prediction and management of photosynthetic productivity. Dynamic concepts in biology. Wageningen, Netherlands: PUDOC, 17-23.

de Wit C T. 1978. Simulation of assimilation, respiration and transpiration of crops. Wageningen, Netherlands: PUDOC.

Hijmans R J, Guiking Lens I M, van Diepen C A. 1994. Crop growth simulation model: user guide for the WOFOST 6. 0. Wageningen, Netherlands: DLO Winand Staing Centre.

Jones J W, Hoogenboom G, Porter CH, *et al*. 2003. DSSAT Cropping System Model. *European Journal of Agronomy*, 2003, **18**: 235-265.

SupitI, Hooijer A A, van Diepen C A. 1994. *System description the WOFOST 6. 0 crop simulation model implemented in CGMS*. Luxembourg: Office for Official Publications of the European Communities.

van Keulen H. 1975. Simulation of water use and herbage growth in arid regions. Wageningen, Netherlands: PUDOC, 1-176.

Wang J, Enli W, Feng L P, *et al*., 2013. Phenological trends of winter wheat in response to varietal and temperature changes in the North China Plain. *Field Crops Research*, **144**(5): 135-144.

第 10 章　黄淮海冬小麦干热风的动态评估技术

干热风气象灾害对全球变暖的响应较为敏感,已成为气候变化研究的重点和热点问题之一。在气候变暖背景下,极端气候事件趋强趋多(IPCC,2007),北方麦区干热风发生区域、次数和强度都明显发生了变化(刘德祥等,2008),对小麦产量影响日趋显著(赵俊芳等,2012)。因此,气候变暖背景下研究干热风等农业气象灾害对农作物的影响对于我国农业可持续发展、粮食安全保障等均具有重要的现实意义。

黄淮海地区是中国重要的商品粮生产基地,以冬小麦—夏玉米二熟制为主,在国家粮食安全保障战略中居重要地位。由于气候变暖,特别是 20 世纪 80 年代中期以后,黄淮海地区年平均气温发生了改变,这必将对干热风的发生频率、危害程度等产生一系列影响,因此在气候变暖背景下,评估近年来黄淮海地区冬小麦干热风造成的损失,提出有效防御干热风的主要途径和技术措施,可为该区农作物安全生产、趋利避害和防灾减灾提供科学决策依据。

由于冬小麦灌浆的不同时期,干热风对作物生理机能、灌浆过程、千粒重等的影响存在差异,本章从控制试验和模型模拟两个方面介绍了项目组在黄淮海地区冬小麦干热风动态评估技术方面取得的最新研究进展。

10.1　动态评估方法

黄淮海冬小麦干热风动态评估方法从控制试验和统计模型两个方面进行探讨。田间控制试验着重研究冬小麦不同灌浆期干热风对作物的生理生态影响,并考虑不同灌浆时期、不同程度的干热风灾害对小麦中后期生长发育、灌浆动态、籽粒形成等的影响,有较强的机理性和科学性,但在评估尺度等方面存在一定的局限性;统计方法通过历史资料分析构建干热风灾损评估模型,利用多种统计方法开展动态评估,可在大范围内开展干热风影响评估。

10.1.1　冬小麦灌浆时期的划分

根据气候要素季节分布和地理分布的规律,满足干热风气象指标的天气过程在 5 月以前出现的概率极小,且干热风灾害主要危害冬小麦灌浆期,对抽穗前期的影响较小。由于灌浆的不同时期,干物质积累和分配的过程对气象条件的要求以及对逆境的抵抗能力不同,因而灌浆不同时期遭遇干热风对作物最终的影响也存在差异,因此,干热风灾害动态评估,首先需要判定冬小麦所处的灌浆时期。

(1)冬小麦籽粒灌浆规律

通过测定冬小麦灌浆速度,可以了解小麦籽粒增重的过程和规律。根据《农业气象观测规范》(1993),灌浆速度观测是在小麦开花普遍期,在业务观测的四个区域,选定同日开花、穗大小相仿的 200 个穗,挂牌定穗并注明日期,用于灌浆速度测定取样。在开花后 10 d,每隔 5 d 取样一次,每次从一个小区中取 5 穗,共 20 穗,剥出籽粒后数其总数,并称鲜重,烘干后称其干重。

灌浆速度（g·d⁻¹）按下式计算：

$$灌浆速度 = \frac{本次测定的千粒重 - 前一次测定的千粒重}{两次测定的间隔日数} \qquad (10.1)$$

图 10.1 为 1995—2009 年郑州农业气象试验站的冬小麦灌浆速度测定数据的平均值，可以看出多年平均灌浆速度与二次多项式拟合曲线接近，曲线表达式如图所示，灌浆速度呈先慢后快、后又迅速下降的特点。在分析的 15 年资料中，小麦从开花到成熟的平均持续天数为 36 d，其中 2002 年是一个典型的灌浆期连阴雨年份，灌浆时间最长为 44 d，其余年份灌浆时间最短的为 32 d。除 2002 年典型连阴雨年份外，其余灌浆时间大于或等于 36 d 的有 5 年，这 5 年均存在不同程度的倒灌现象；而在其余灌浆持续时间小于 36 d 的 9 年中，仅有 2 年在成熟前出现了倒灌。由此，可以初步判断郑州地区小麦在开花后的 36 d 左右可达到最大千粒重，此时收获可以获得最大产量，若收获过晚，籽粒极易出现倒灌现象，造成减产。

随着小麦灌浆的进度，籽粒含水率呈线性下降趋势，对图 10.1 中的两条拟合线方程求解，发现当籽粒含水率下降到 22.5% 时，灌浆速度为 0，含水率小于 22.5% 时，灌浆速度为负值。

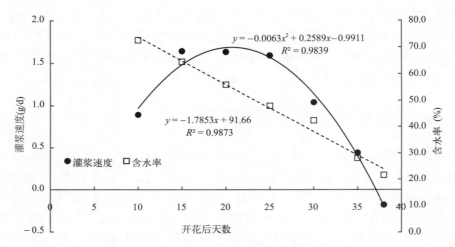

图 10.1　冬小麦籽粒灌浆速度及含水率变化曲线

（2）冬小麦灌浆时期的划分

小麦粒重的增长过程符合特定的生物学特征，可以由数学方程式进行拟合。三次多项式曲线、Logistic 生长曲线和 Richards 方程均能较好地表达小麦粒重的增长过程，但考虑曲线参数的物理意义以及参数的易求解性，在此选用 Logistic 生长曲线（薛香等，2006）拟合小麦籽粒增重的过程：

$$y = \frac{A}{1 + Be^{-kt}} \qquad (10.2)$$

t 为开花后天数，y 为千粒重，A 代表最大千粒重，B 和 k 是待定参数。对 Logistic 方程求导数，即得小麦籽粒的灌浆速度方程：

$$V(t) = \frac{\mathrm{d}y}{\mathrm{d}t} = \frac{ABke^{-kt}}{(1 + Be^{-kt})^2} \qquad (10.3)$$

将整个灌浆持续期 T 代入上式，得平均灌浆速率 V。对灌浆速率方程（10.3）求导数得：

$$\frac{dV(t)}{dt} = \frac{ABke^{-kt}(Bke^{-kt} - k)}{(1 + Be^{-kt})^3} \tag{10.4}$$

令(10.4)式等于零,可得灌浆速度达最大时候的极值点:$t_{max} = \ln B/k$,对应的最大灌浆速度 $V_{max} = Ak/4$。

小麦灌浆的过程可以划分灌浆前期(粒重渐增期)、灌浆中期(粒重快速增长期)和后期(粒重缓慢增长期)三个阶段,令 t_1 和 t_2 分别代表灌浆从渐增期过渡为快增期的时间节点,以及从快增期过渡到缓增期的节点。因此对灌浆速度方程 $V(t)$ 求二阶导数并令之为 0,即可求得灌浆速率在 t 坐标上的两个拐点:$t_1 = -\dfrac{\ln[(2+\sqrt{3})/B]}{k}$,$t_2 = -\dfrac{\ln[(2-\sqrt{3})/B]}{k}$。由于田间试验均在冬小麦完全成熟时收获,故在此假定收获期即为灌浆终期 t_3,由此可确定出灌浆前期 $T_1(<t_1)$、中期 $T_2(t_1-t_2)$ 和后期 $T_3(t_2-t_3)$ 的持续天数,用 V_1、V_2 和 V_3 分别表示灌浆的三个时期的平均灌浆速率。

利用 SPSS 数据统计软件求解 Logistic 方程参数(董江水,2007)并进行数据分析。

灌浆前期,是冬小麦籽粒的渐增期,灌浆中期,也称快增期,灌浆后期为缓增期。从表 10.1 中可以看出,不同年份,灌浆不同时期持续的天数并不固定。从郑州地区观测的数据平均结果看,灌浆前期平均持续 9.5 d,最长 13.9 d;灌浆中期灌浆的速度最快,且持续的时间最长,平均为 16.4 d;灌浆后期平均持续天数为 11.0 d。但 T_3 和 T_1 受年际、环境因子影响较大,变异系数分别达 25.23% 和 21.58%,而 T_2 相对稳定;整个灌浆期持续的时间 T,以及最大灌浆速度出现的时间 T_{max} 变化较小。不同时期灌浆持续时间的变异性总是大于灌浆速度,表明冬小麦不同时期灌浆的持续时间是影响千粒重的主要不稳定因素。

表 10.1　冬小麦品种间灌浆参数及变异系数

参数	A	Y	V_{max}	T_{max}	T_1	V_1	T_2	V_2	T_3	V_3	T	V
最小值	36.87	32.60	1.23	14.13	5.95	0.63	10.49	1.10	5.94	0.42	32.00	0.81
最大值	47.92	46.70	2.97	23.10	13.89	0.87	23.52	2.43	15.48	0.79	45.00	1.25
均值	42.63	40.32	1.85	17.65	9.54	0.76	16.36	1.60	10.96	0.59	36.72	1.06
变异系数	7.54	9.13	15.35	10.63	21.58	9.24	18.07	15.33	25.23	17.41	8.80	11.18

10.1.2　干热风控制试验

开展干热风灾害研究分析,田间试验是一种十分有效的手段。但干热风是一种突发性较强的农业气象灾害,自然状况下开展对比分析的资料难以取得,只能通过人工模拟试验进行。由于各地试验条件和研究目的不同,试验模拟方法也不同(张志红等,2013)。目前有关干热风灾害田间试验方法的报道,主要有:内蒙古农科院设计的人工简易模拟箱,主要由保温罩、干热风发生器、控制箱三部分组成;保温罩为木框玻璃箱体;利用电热丝加热、排风扇制风,电子继电器、自隅式调压器控制箱内温、湿度;新疆乌拉乌苏农试站的郭兴章等人利用玻璃罩进行人工模拟干热风试验,由热风升高温度,在进风口安装吸湿器控制湿度,风速则利用挡板进行调节,相对湿度最低可达 20% 以下,并利用干湿球温度计定时记录,;王邦锡等(1976)在"小麦在干热风条件下的生理变化"一文中,介绍了他们的模拟干热风装置,装置为一长方体木条玻璃箱,一端装有排风扇,箱内前方装有 1000 W、1500 W 和 2000 W 三组电热丝作热源,装有电子继电器用来自动调控温度。箱内安置风向仪、通风干湿球温度计,用以测定风速、温度和湿度的变化。赵风华等(2013)发明了一种便携式干热风发生装置,能实现小麦干热风平行对比试验观测。

由于干热风试验往往控制的是小麦冠层的气象条件,而干热风地面监测指标中的温度和湿度,一般是指安装在离地面 1.5 m 高度处百叶箱内温度表和湿度表测定的温、湿度。冬小麦冠层受太阳直射的影响,干热风灾害发生时,冠层高度处的温度,即直接对作物产生伤害的温度,往往比百叶箱内的温度偏高。根据多年田间试验观测的结果,将安装在冠层高度处(离地面 80 cm)的温、湿度自记仪数据与百叶箱内观测的温、湿度进行对比,发现郑州地区冬小麦灌浆期,天空状况较好时,冠层温、湿度与百叶箱内的温、湿度存在一定的对应关系。

冠层温度与百叶箱温度的差值随时间变化类似抛物线形(图 10.2),温差多集中在 2.0~6.0℃之间,温差的最大值出现在上午 10:00 前后,而 16:00 以后温差逐渐减小。

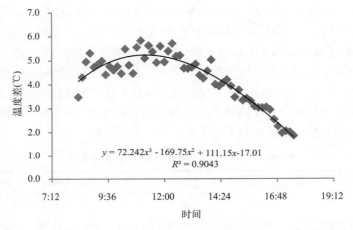

图 10.2　冬小麦灌浆期冠层与百叶箱温差随时间变化曲线

冠层高度处由于小麦的蒸腾作用及棵间蒸发,空气相对湿度比百叶箱高度处的略偏高4%~10%(图 10.3),但越接近中午(12:00 前后),两个高度层的相对湿度差异越小,而接近傍晚时,相对湿度的差值有增大的趋势。

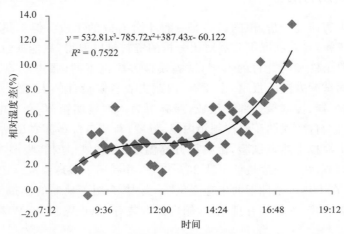

图 10.3　冬小麦灌浆期冠层与百叶箱湿度差随时间变化曲线

从上面的两张图可以看出,在中午前后,冬小麦冠层高度处的气温比百叶箱温度偏高较多,而相对湿度则与百叶箱内相差较小,因此按照相应指标达到干热风灾害等级时,冬小麦实际上所处的逆境条件更加恶劣。

冠层温、湿度与百叶箱温湿度存下如下的订正关系:

$$\Delta T = 72.24 \times t^3 - 169.7 \times t^2 + 111.1 \times t - 17.01 \tag{10.5}$$

$$\Delta U = 466.6 \times t^3 - 708.8 \times t^2 + 359.7 \times t - 53.72 \tag{10.6}$$

式中,ΔT 为冠层高度处的温度减去百叶箱温度的差值;ΔU 为冠层高度处的湿度减去百叶箱湿度的差值,t 的取值为 0～1 之间的小数,即将 24 小时(1440 min)等比划分为 0～1 之间的小数,每 0.1 单位表示 144 min,如 $t=0.5$ 代表 12 时,14 时对应的 t 值为 0.58。(注:观测时间为 8 时—18 时)

由上面的方程可以推算 14 时百叶箱监测到干热风时对应的冠层温湿度条件(表 10.2)。

表 10.2　14 时小麦冠层与百叶箱的温湿度对比

	14 时温度(℃)	14 时相对湿度(%)
百叶箱(2 m)	32	30
小麦冠层(0.8 m)	36.5	34.2
百叶箱(2 m)	35	25
小麦冠层(0.8 m)	39.5	29.2

由上面的订正关系,开展干热风模拟试验时,需对控制的温湿度进行订正。

10.1.2.1　干热风控制试验设计

本书中开展的冬小麦干热风田间试验在郑州农业气象试验站($113.65°N,34.717°E$)进行,试验年度为 2011—2014 年。该试验站与郑州国家基准气象观测站毗邻,便于与气象要素的平行对比。冬小麦供试品种为郑麦 366,播种方式为平作直播,土壤质地为砂壤土。由于 2013 年郑州地区冬小麦灌浆期出现了干热风天气过程,田间缺乏无干热风日的对比资料,故重点分析 2011、2012 和 2014 年的试验数据。2011 和 2012 年度重点测定干热风对千粒重的影响量,2012 和 2014 年度试验重点评估干热风对作物生理生态的影响。

本试验利用简易气候箱人工模拟干热风气象条件。简易气候箱为长 200 cm、宽 150 cm 的不锈钢支架,外罩透光良好的 PVC 塑料薄膜,箱内温度用红外加热灯管为热源,利用控温仪调节箱内温度,达到预设温度时可自动断电停止加热;以排气风扇为风源。试验处理选择在相对湿度较小的晴天麦地进行,从 10 时开始,11 时—15 时气温及风速维持较高水平,以后逐渐降低,17 时以后,撤去简易气候箱,温、湿度与当时大田一致,至此,算一个干热风日发生。处理的同时用温、湿度自记表在箱内外小麦冠层高度处测定温、湿度,用手持轻便风速表测定箱内风速。

各年度的处理时期均在小麦开花后 12、17 和 27 d 进行,记为灌浆前期(T_1)、中期(T_2)和后期(T_3),开花时间 2011 年为 4 月 26 日,2012 年为 4 月 24 日。参照中国气象局 2007 年发布的气象行业标准《小麦干热风灾害等级》(QX/T82-2007),2011 年每时期主要开展了轻度灾害控制,记为 T_1-1、T_2-1 和 T_3-1,2012 年进行了轻度和重度 2 个灾害控制等级,不同时期的重度灾害处理分别记为 T_1-2、T_2-2 和 T_3-2。每等级均设 3 个重复;并选定气候箱外水肥管理相同的小麦地块为对照(CK),也划定 3 个重复。

在《小麦干热风灾害等级》中,还有关于干热风天气过程和干热风年型的定义,考虑到实际生产过程中,往往易遇到 1~2 d 较大范围的干热风日,虽不一定构成干热风天气过程,但也可能对冬小麦正常生长造成一定危害。由于缺乏干热风日对冬小麦产量影响的相关研究资料,监测到单个干热风日出现时,往往由于缺乏相应的科学参考而不利于决策者开展生产指导。因此,试验处理重点针对单个干热风日对小麦的影响设定。

10.1.2.2 干热风控制试验测定项目

为了方便与干热风气象行业标准对比,将控制棚内外的冠层温湿度反向订正到百叶箱高度处,表 10.3 为订正后的各处理气象要素值与 CK 的气象要素值,均达到行业标准中规定的干热风灾害气象等级。2012 年度后期 T_3-1 处理的棚内仪器出现故障,资料缺失,但处理方法与前期控制方式相同,认为也达到轻度灾害标准。

表 10.3 不同处理干热风日气象要素观测值

年度	处理	日最高气温(℃)	14 时相对湿度(%)	14 时风速(m·s⁻¹)
2011	T_1-1	32.6	15	4.9
	CK	23.4	55	4.1
	T_2-1	32.9	27	4.9
	CK	27.2	13	1.9
	T_3-1	33.3	21	4.9
	CK	20.6	30	3.8
2012	T_1-1	32.8	29	3.6
	T_1-2	37.2	21	4.9
	CK	30.6	44	2.6
	T_2-1	32.9	18	3.8
	T_2-2	35.2	16	4.9
	CK	30.1	13	3.8
	T_3-1	/	/	/
	T_3-2	38.3	19	4.9
	CK	25.5	43	2.4
2014	T_1-1	34.7	19	5.0
	T_1-2	38.4	18	5.0
	CK	27.9	44	2.9
	T_2-1	34.4	25	5.0
	T_2-2	38.2	20	5.0
	CK	29.3	28	3.3

在进行人工模拟干热风处理时,实时监测处理组小麦和对照组小麦穗位高度处的温湿度及风速变化。T_1 和 T_2 处理组在干热风控制后的次日上午 10 时开始相关项目测定,为研究小麦灾后的恢复状况,T_1 组在干热风处理 8 d 后上午 10 时进行第二次观测,记为 T_1+8 组。T_2 组随着后期叶片本身功能的衰退和灾害胁迫的影响,未开展灾后修复情况的测定。

(1)利用 LI-6400 便携光合作用测定系统(美国 LI-COR 公司)在处理及对照田块随机选择 10 片长势一致的小麦旗叶测定光合速率(P_n)、蒸腾速率(T_r)和气孔导度(C_o)等参数。

（2）叶绿素含量（*SPAD*）：干热风处理后第二天上午，在处理和对照地块活体植株上选择 5 片长势一致的绿叶，利用 SPAD502 叶绿素仪（日本 Minolta 公司）测定相对叶绿素含量 SPAD。

（3）根系伤流量（G_n）测定：利用宽 1 cm、长 2 cm 的长方形塑料自封袋，袋内装药用细棉，细棉体积约占袋内空间的 2/3，密封袋口，利用精度为 0.0001 g 的天平称量其重量，在干热风处理组及对照组田块随机选择正常生长的小麦植株，用剪刀在离地面 2 cm 处剪断，立即套上已准备好的自封袋，让细棉与植株切口处充分接触，密封自封袋口部，保证袋内水分不挥发。历时两个小时，时间为 9:30—11:30。试验后称重，两次重量之差即是小麦根系的伤流量，除以时间，即得到每小时的根系伤流量。

（4）灌浆速度及千粒重的测定

参考《农业气象观测规范》开展灌浆速度测定：

①定穗：分别在试验重复区及对照重复区选定同日开花、穗大小相仿的 100 个穗（其数量为整个测定期间总取样量的一倍以上），挂牌定穗，注明日期。

②取样：因灌浆前期籽粒含水量高，剥开籽粒称重较困难，故灌浆前期干热风处理后 3 d 起，每 2 日取样一次；灌浆中期和后期，处理当天即开始取样，之后每 2 日取样一次；收获当天也取样一次。

③籽粒烘干称重：取下籽粒后，数其总粒数，然后放入铝盒称其鲜重，在恒温干燥箱内烘烤。烘干后用称量减去盒重。

④计算：含水率、千粒重、灌浆速度。灌浆速度＝（本次测定的千粒重－前一次测定的千粒重）/两次测定的间隔日数。

⑤收获后测定最终千粒重。

10.1.2.3　数据处理

采用 SPSS 统计分析软件对不同处理的样本进行差异性检验。干热风对各生理因子的胁迫量采用下式计算：

$$SI = \frac{\mid n_b - n_a \mid}{n_a} \times 100\% , (n_b < n_a) \tag{10.7}$$

式中，SI 是干热风对各生理因子的胁迫量，值越大表明灾害胁迫越强；n_b 是干热风灾害胁迫后的观测值；n_a 为无胁迫的 CK 值。若 $n_b > n_a$，表明胁迫后对作物无明显负影响，(10.7)式不适用。

10.1.3　动态评估模型

10.1.3.1　数据来源与处理

气象数据来源于中国气象局，采用黄淮海地区 68 个气象台站 1961—2006 年逐日气象资料，以日最高气温、14 时相对湿度和 14 时风速作为分析依据。农作物数据来源于国家气象信息中心农业气象观测报表，包括 54 个农业气象试验站 1981—2006 年小麦的发育期、产量、干热风灾害（发生区域、发生时间、发生程度）等数据。利用 EXCEL、FORTRAN 程序进行计算，并通过 SPSS 软件进行逐步回归分析。

10.1.3.2　冬小麦干热风气象指标的选择

干热风的灾害类型一般分为高温低湿型、雨后热枯型和旱风型，其中高温低湿型在小麦开花灌浆过程(5月中下旬到6月上中旬)均可发生,是黄淮海麦区干热风的主要类型(北方小麦干热风科研协作组,1985;梁群等,2009)。本研究主要考虑高温低湿型,其指标采用中国气象局2007年发布的气象行业标准《小麦干热风灾害等级》(霍治国等,2007)(见表10.4),以日最高气温和14时相对湿度为主要因子,14时风速作为辅助因子。由于受收集的干热风灾害等资料的限制,本节主要分析重度干热风灾害。

表 10.4　黄淮海地区冬麦区干热风灾害等级指标

时段	天气背景	轻			重		
		日最高气温(℃)	14时相对湿度(%)	14时风速(m/s)	日最高气温(℃)	14时相对湿度(%)	14时风速(m/s)
在小麦扬花灌浆过程中都可发生,一般发生在小麦开花后20 d左右至蜡熟期	温度突升,空气湿度骤降,并伴有较大风速	≥32	≤30	≥3	≥35	≤25	≥3

10.1.3.3　冬小麦干热风危害指数的换算

为了科学地分析日最高气温、14时相对湿度和14时风速三要素对小麦的危害程度,根据干热风的定义及在王春乙等(1991)的研究基础上,本文将三要素综合换算成干热风危害指数,其重度干热风危害指数方程式如下:

$$E = W_T \frac{T - T_0}{T_0} + W_R \frac{|R - R_0|}{R_0} + W_V \frac{V - V_0}{V_0}, (T \geqslant T_0, R \leqslant R_0, V \geqslant V_0)$$

$$(10.8)$$

式中,E 为重度干热风危害指数;W_T,W_R,W_V 分别为气温、相对湿度和风速的权重系数,根据王春乙等(1991)的研究结果,分别取值为0.73、0.24和0.03;T 为日最高气温大于或等于 T_0(取值35℃)时的具体数值;R 为14时相对湿度小于或等于 R_0(30%)时的具体数值;V 为14时风速大于或等于 V_0(取值3 m·s^{-1})时的具体数值。

10.1.3.4　冬小麦干热风灾损评估模型构建方法

(1)分离干热风年冬小麦抽穗—成熟阶段气象条件对气象产量的影响

一般来说,作物历史产量序列由趋势产量、气象产量和随机因素所造成的误差之和组成。本研究中,考虑干热风的发生时段,将干热风年气象产量分为小麦抽穗前气象条件对气象产量的影响 YW_1 与抽穗—成熟阶段气象条件对气象产量的影响 YW_2(刘静等,2004),即:

$$Y = Y_t + YW_1 + YW_2 + \varepsilon \tag{10.9}$$

式中,Y 为历史产量,kg·hm^{-2};Y_t 为趋势产量,kg·hm^{-2};YW_1 为小麦抽穗前气象条件对气象产量的影响,kg·hm^{-2};YW_2 为抽穗—成熟阶段气象条件对气象产量的影响,kg·hm^{-2};ε 为随机因素所造成的误差,在此忽略不计。于是,抽穗—成熟阶段气象条件对气象产量的影响 YW_2 可由下式分离:

$$YW_2 = Y - Y_t - YW_1 \tag{10.10}$$

小麦抽穗前气象条件对气象产量的影响 YW_1,可统计历年农业气象观测报表中不同发育期间气象要素,进行小麦开花前气象因子普查和偏相关分析,选择有生物意义的因子,建立拟合方程。

根据式(10.10),原始产量经趋势拟合和灌浆前的气象因子拟合后,即剔除了趋势产量和灌浆前气象条件对气象产量的贡献后的差值代表了灌浆期间气象条件对产量的影响和其他偶发因素对产量的影响。前者在干热风出现年份主要是受干热风的影响,后者如病虫害、倒伏等,历史上发生次数少,较难考虑,预测时可根据当年情况进行订正(朱玉洁等,2013)。

(2)建立重度干热风危害指数与抽穗—成熟阶段气象条件对气象产量影响的统计模型

由于不同灌浆时段干热风灾害对小麦的影响有差异,扬花期使小麦结实率降低,结实粒数减少,穗粒重下降;乳熟至蜡熟期影响灌浆结实,千粒重下降(陈怀亮等,2001;孔德胤等,2002)。因此,本研究基于现有农作物相关的产量、发育期、干热风灾害等相关资料,将灌浆期分为抽穗—灌浆期、灌浆—乳熟期和乳熟—成熟期 3 个时段,建立重度干热风灾害影响下,抽穗—成熟阶段气象条件对气象产量的影响 YW_2 与抽穗—灌浆期、灌浆—乳熟期和乳熟—成熟期 3 个时段干热风危害指数的关系模型:

$$YW_2 = A \times E_a + B \times E_b + C \times E_c + D \tag{10.11}$$

式中,YW_2 为抽穗—成熟阶段气象条件对气象产量的影响,$kg \cdot hm^{-2}$;E_a 为抽穗—灌浆期间重度干热风危害指数,无单位;E_b 为灌浆—乳熟期间重度干热风危害指数,无单位;E_c 为乳熟—成熟期间重度干热风危害指数,无单位;A、B、C、D 为对应的系数。

(3)冬小麦干热风灾损评估

按照小麦灌浆前的气象条件,发生干热风后的实测产量比灌浆期未受灾的正常预计产量的减产百分比为:

$$Y_d = (Y' - Y)/Y' \times 100\% \tag{10.12}$$

式中,Y_d 为干热风灾害所造成的产量损失占不受干热风危害,由灌浆前气象条件和正常投入(社会计量产量)应得到的产量的百分比;Y' 为灌浆期未受灾的正常预计产量(各阶段干热风危害标准化指数为 1);Y 为发生干热风后的实测产量。

10.2　干热风对冬小麦的影响

10.2.1　干热风对冬小麦生理生态指标的影响

10.2.1.1　干热风对小麦旗叶净光合速率的影响

小麦最后长出的一片叶子,在植物学上称为旗叶,旗叶的寿命虽然只有 40 d 左右,但由于旗叶细胞中叶绿体数目较多,叶绿体中基粒类囊体数量多,旗叶对小麦后期的生殖生长,特别是籽粒的形成却是很重要的。干热风天气对小麦生理的影响研究,主要侧重于对旗叶的影响分析(北方小麦干热风科研协作组,1988)。

由于作物抽穗前的气象条件差异较大,不同试验年度田间试验的对照组长势不完全相同,对照样本差异显著,故不同处理的观测结果也存在差异,因此未将不同年度的试验结果作平均处理(张志红等,2015)。图 10.4 为 2012 和 2014 两个年度测定的干热风天气对净光合速率(P_n)的影响。由图可以看出,干热风天气发生后第二天,小麦旗叶净光合速率(P_n)出现了不同程度的变化,各处理主要表现为减小趋势。两个年度试验 P_n 的减少趋势均表现为灌浆中期大于灌浆前期,重度干热风大于轻度干热风。灌浆前期轻度干热风(T_1-1)处理

的 P_n 值较 CK 减少量较小,2012 和 2014 年度 SI 值分别为 0.7% 和 3.9%;两个年度 T_1-2 处理测定的 P_n 值 SI 分别为 11.9% 和 19.3%,明显大于轻度处理。灌浆中期,轻干热风对 P_n 的胁迫量在 9.7%~20.2% 之间,重干热风处理(T_2-2),SI 值进一步增大,两个年度分别为 19.4% 和 36.6%,显然 T_2-2 处理的胁迫量级明显高于 T_2-1,表明灌浆中期重度干热风灾害对 P_n 的胁迫更强。

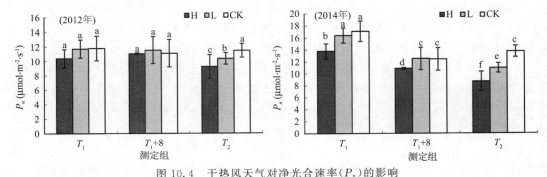

图 10.4　干热风天气对净光合速率(P_n)的影响

注:不同小写字母表示差异显著,$P < 0.05$,下同;H 表示重度处理,L 表示轻度处理。

T_1+8 组反映了干热风灾害后的修复状况。随着灌浆进程,各处理组与 CK 组的差异缩小。2012 年 T_1-1 处理在干热风发生后 8 d 出现了 P_n 值大于 CK 组的现象,而 T_1-1 处理的 SI 值由灾后第二天的 11.9% 恢复至 0.4%,2014 年 T_1-2 处理的 SI 值由灾后的 19.3% 恢复至 12.5%。表明灌浆前期出现 1 个干热风日,对冬小麦净光合速率的胁迫相对较小,且通过作物自身的调节,可以及时修复不利影响,逐渐恢复正常生长,尤其是前期轻度的干热风胁迫,对 P_n 的影响可很快修复,负面影响不明显,前期发生重干热风日,叶片的光合能力可在一定程度内恢复,但仍较 CK 偏低。

10.2.1.2　干热风对蒸腾速率(T_r)的影响

T_r 的变化趋势与 P_n 类似,两个试验年度受胁迫后的 SI 值均表现为灌浆中期>灌浆前期,重度>轻度,且干热风对 T_r 的胁迫量大于 P_n。灌浆前期,两个年度 T_1-1 处理的 SI 值分别为 4.3% 和 18.3%,T_1-2 处理则分别达 19.2% 和 38.7%;灌浆中期,T_2-1 处理的 SI 值分别为 28.2% 和 34.0%,T_2-2 的 SI 值为 44.1% 与 58.0%(图 10.5),因此判断,干热风对蒸腾速率的胁迫,仍以灌浆中期重度灾害最为严重,相对而言,灌浆前期轻度干热风的胁迫强度较小。

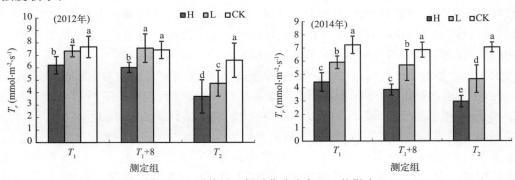

图 10.5　干热风天气对蒸腾速率(T_r)的影响

灌浆前期干热风胁迫 8 d 后,仅 2012 年观测的灌浆前期轻度处理的 T_r 恢复至 CK 水平甚至略偏高,其他处理 SI 值没有出现明显的减小,表明小麦 T_r 的修复能力相对 P_n 减弱或者可以认为重度灾害后 T_r 的受损量不可恢复。

10.2.1.3　干热风胁迫下气孔导度(C_o)与光合速率(P_n)、蒸腾速率(T_r)的关系

气孔是植物叶片与外界进行气体交换的主要通道。通常用气孔导度表示气孔的开度(关义新等,1995;许大全,1997)。试验观测结果发现,在没有干热风灾害胁迫的条件下,C_o 值灌浆前期>灌浆中期,这是冬小麦叶片功能随着灌浆进程而衰退的表现之一,不同时期干热风胁迫对 C_o 的影响规律与 P_n、T_r 基本相同,胁迫强度均表现为灌浆中期>灌浆前期,重度>轻度,其中 T_1-1 处理对 C_o 的影响不明显,而 T_1-2 的 SI 值在 7.2%~23.0%之间,T_2-1 的 SI 值在 19.9%~31.8%之间,T_2-2 的 SI 值在 24.3%~41.7%之间(图略)。灾后 8 d 的观测未发现 C_o 的明显变化。

相关分析发现,由于灌浆前期各处理与 CK 的差异相对灌浆中期小,P_n、T_r 与 C_o 的相关规律并不明显,但灌浆中期 C_o 与 P_n 呈显著的二次曲线关系,与 T_r 呈显著的线性关系(图10.6)。由于干热风没有造成气孔的完全关闭,C_o 的测定值多集中在 0.2~0.4 mmol/($m^2 \cdot s$)之间,在此区间,C_o 变化相同单位时,T_r 的变化量更大,这是灌浆中期干热风胁迫下 $T_r > P_n$ 的主要原因。

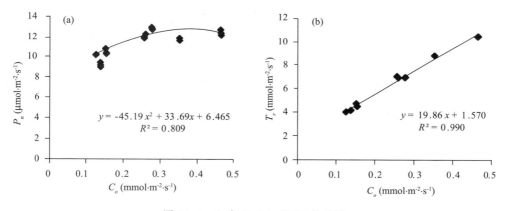

图 10.6　C_o 与 P_n(a)、T_r(b)的关系

10.2.1.4　干热风对小麦旗叶叶绿素含量($SPAD$)的影响

灌浆的不同时期出现干热风天气直接导致小麦旗叶 $SPAD$ 的减少,但仅灌浆中期重度灾害处理的样本差异通过显著性检验。干热风对 $SPAD$ 的胁迫的规律与其他生理因子不完全相同,即:干热风影响下 $SPAD$ 的 SI 值重度灾害>轻度,但灌浆中期随着正常叶片 $SPAD$ 值的减小,中期与前期胁迫量的差异,不如其他生理因子更明显,如 2012 年 T_2-2 处理的 $SI=12.2\%$,T_1-2 处理的 SI 值为 9.6%,2014 年 T_2-2 处理的 $SI=11.7\%$,T_1-1 处理的 SI 值为 9.7%,不同灌浆时期的轻灾胁迫量均在 5%左右(图10.7)。

T_1 处理后 8 d,T_1-1 处理与 CK 间的差距略减小,这一方面与轻灾后作物生理机能的修复有关,同时也受叶片自身叶绿素含量降低的影响;但 T_1-2 处理的胁迫量没有明显减小。

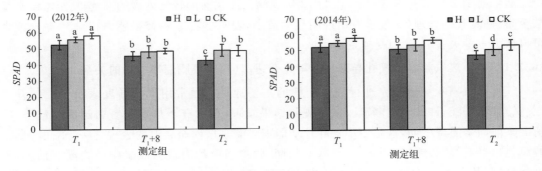

图 10.7 干热风对 $SPAD$ 的影响

10.2.1.5 干热风对根系活力的影响

试验观测发现,干热风天气不仅影响小麦叶片的生理机能,还直接对小麦根系活力产生一定的影响(陆正铎等,1983)。植物茎部维管束受损后,会从损伤处流出液体,称为伤流,根系伤流量(G_n)即伤流的流量,是衡量根部水分吸收能力,表征根系活力的重要指标之一。据 2012 年田间试验连续观测结果,干热风对 G_n 的胁迫主要出现在灌浆中期,T_2-1、T_2-2 处理的 SI 值分别为 15.5% 和 40.1%。需要说明的是,试验测定灌浆前期干热风处理后,出现了 G_n 值 $T_1-2 > T_1-1 > CK$ 的现象(表 10.5),但在灾后 8 d 基本恢复至 CK 水平,可在一定程度上表明,灌浆前期小麦植株体生命力相对旺盛,灾害胁迫使根系在较短期内加速了营养物质的吸收,调节外界环境胁迫的不利因素,受灾的反映暂没有显露出来;而灌浆中期的灾害胁迫则明显造成根系活力降低,这与郑秀琴等(2006)学者的研究结论一致。

表 10.5 不同时期干热风处理的 G_n 值(g/h)

测定组	重度	轻度	CK
T_1	0.00560	0.00505	0.00475
T_1+8	0.00308	0.00339	0.00305
T_2	0.00195	0.00278	0.00328

10.2.2 干热风天气对冬小麦籽粒灌浆的影响

对 2011 和 2012 年观测的粒重数据进行单因变量多因素方差分析发现,两个年度 T_1-1、T_2-1 和 T_3-1 各处理组内灌浆数据的差异显著检验均大于 0.05,表示不同年度、相同处理的灾害样本差异均未通过显著性检验,即差异不显著;而同一年度 CK 处理与不同时期、不同等级灾害处理之间的差异显著性水平达 0.01,即同一年度,不同处理间的样本差异显著,因此数据分析时,将两个年度同一水平处理的资料进行平均,并统计标准差(成林等,2011)。

冬小麦灌浆期间的气象状况,对小麦灌浆过程有较大影响(李世清等,2003;孙本普等,2003),气象条件发生变化对小麦籽粒灌浆过程的影响可以从灌浆速度曲线中反映出来(张廷珠等,1995)。分析中发现,因间隔时间太短,每 2 日取样的观测资料波动较大,故图

10.8、图 10.9、图 10.10 绘制了两个年度每 4 日取样的灌浆速度平均变化曲线,分别表示同一处理时间、不同强度的干热风天气对小麦的影响。从图中可以明显看出,各处理的小麦灌浆速度主要表现为 CK>轻度处理>重度处理,表明重度干热风对冬小麦籽粒灌浆的影响最大。区别在于,灌浆前期干热风处理后,虽然 T_1-1 和 T_1-2 的灌浆速度暂时略小于对照水平,但随着作物自身的调节与修复,之后灌浆速度慢慢恢复并与 CK 组接近(图 10.8),不同强度干热风处理下灌浆速度变化曲线与 CK 整体差异不大,接近成熟时已没有显著差异。灌浆中期干热风处理后,T_2-1 和 T_2-2 的灌浆速度曲线在处理后相当一段时期内,不能恢复到对照水平,尤其是 T_2-2 处理的灌浆速度在灾后甚至表现为负值,仅在花后 25 d(处理后 8 d)才逐渐缩小了与 CK 的差距,但仍较 T_2-1 和 CK 处理偏低较多(图 10.9),表明灌浆中期重度干热风对籽粒灌浆有明显不利影响。图 10.10 为灌浆后期不同等级干热风处理的小麦灌浆速度曲线,受灾后 T_3-2 处理倒灌严重,在灾后第 2 d 千粒重增长速率达到负的最大值 $-1.04\ \mathrm{g\cdot d^{-1}}$,随后缓慢回升但在成熟前基本维持负值;$T_3-1$ 处理则使小麦后期灌浆速度减小的趋势加快,成熟收获前出现了一定程度的倒灌。

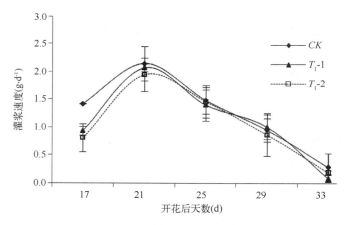

图 10.8　灌浆前期干热风对灌浆速度的影响

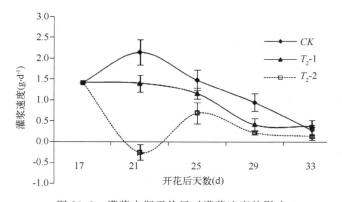

图 10.9　灌浆中期干热风对灌浆速度的影响

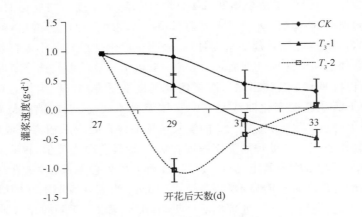

图 10.10   灌浆后期干热风对灌浆速度的影响

从上面的图中还可以看出,相同强度的干热风天气发生在冬小麦灌浆的不同时期,对作物的影响有本质区别。发生轻度干热风时,小麦籽粒灌浆速度首先表现为不同程度的减少,处理后观测到的灌浆速度减少量 $T_2-1 > T_3-1 > T_1-1$,每 1000 粒分别较 CK 减少 0.748 $g \cdot d^{-1}$、0.531 $g \cdot d^{-1}$ 和 0.482 $g \cdot d^{-1}$;重度干热风处理后,灌浆速度减少量也表现为 $T_2-2 > T_3-2 > T_1-2$,每 1000 粒分别较 CK 减少 2.406 $g \cdot d^{-1}$、1.988 $g \cdot d^{-1}$ 和 0.612 $g \cdot d^{-1}$,说明灌浆中期遇干热风对作物的短时伤害最大,主要原因是:灌浆中期是冬小麦灌浆最旺盛的时期,优良的光热条件配比可促进小麦光合作用产生的干物质顺利向穗部运移,一旦出现逆境胁迫,将使小麦各项生理功能受到短时破坏,故而明显影响灌浆速度;而灌浆前期灌浆速度相对较慢,且植株的抗逆能力和修复能力均相对中期更强,因此灾后影响相对较小;灌浆后期小麦籽粒灌浆速度迅速下降,植物的绿色部分也较灌浆前、中期明显减少,干热风灾害加速了植株正常生理功能的衰退,阻碍光合作用产物的正常运移,甚至造成负增长现象。

另外,从图 10.8—图 10.10 的灌浆速度曲线中,还有助于判断冬小麦的适宜收获时期,虽然各试验处理的收获日期相同,但可以看出,CK、T_1 和 T_2 处理组的收获时间基本在灌浆速度接近 0 值之前,属于适时收获;而 T_3-1 处理已属于正常偏晚收获,若收获期继续推迟,会导致千粒重的进一步降低,T_3-2 处理随着后期小麦植株的进一步干枯,灌浆速度也不可能超过 CK 出现明显增加,"倒灌"的损失已不可弥补,因此小麦灌浆后期遇干热风,可以考虑适时提前收获,减少籽粒倒灌时间。

10.2.3   不同时期干热风天气对最终千粒重和产量的影响

10.2.3.1   干热风对千粒重的影响

在冬小麦产量构成的三个要素中,灌浆期冬小麦群体的穗密度和穗粒数已基本不受灌浆期气象条件的影响,因此千粒重作为冬小麦产量结构的重要部分,是干热风灾害影响评估的重点(王明涛等,2010;王绍中等,2010)。试验过程中,最早的处理处于小麦开花后 12 d,T_1 各组处理没有观测到明显的不孕小穗数增加或穗粒数减少,而 T_2 和 T_3 处理组已基本不会导致千粒重之外的其他产量构成要素发生变化,因此两个年度的干热风灾害主要对小麦最终千粒重产生重要影响。

图 10.11 为各处理的小麦最终千粒重。从干热风强度上看,各时期处理的小麦最终千粒重均表现为轻度处理大于重度处理。T_1-1 处理测定的最终千粒重较 CK 有 0.38 g 的增加,这一方面可能是由取样误差造成,另一方面在成熟前期观测到 T_1-1 处理的灌浆速度略微高于 CK,也可能是最终粒重提高的原因,但这是否与前期干热风影响有关,还需要从取样代表性、环境因素、作物自我修复过程中的生理变化、灾害发生机理等多种因素寻找原因。灌浆中期处理,T_2-2 和 T_2-1 平均千粒重分别比 CK 减少 3.64 g 和 1.78 g,减少幅度分别达 9.7% 和 4.8%,千粒重降低的主要原因是,处理后至收获近 16 d 的灌浆过程中,小麦受干热风影响灌浆速度明显减缓,且始终不能恢复至正常水平;而后期出现重度干热风,小麦粒重减少了 5.4 g,减幅高达 14.5%,这主要是由于籽粒出现"倒灌"引起的,轻干热风处理后由于倒灌时间短,对粒重的影响相对较小。

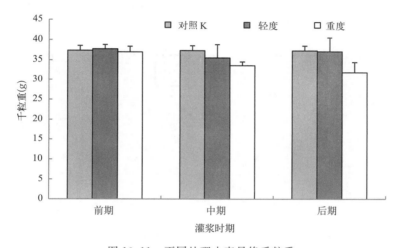

图 10.11　不同处理小麦最终千粒重

相同等级、不同时期的灾害处理比较,轻度干热风灾害后,冬小麦最终千粒重的减少量表现为 $T_2-1>T_3-1$,这与受灾后小麦灌浆速度的减少趋势一致;而重度灾害后,千粒重的减少量为 $T_3-2>T_2-2>T_1-2$,表明灌浆中期遇干热风虽然造成较严重的短时伤害,但与 T_3-2 处理相比,作物仍有一定的恢复空间,而 T_3-2 处理由于较长时间的倒灌,导致千粒重减少量最大。

10.2.3.2　不同干热风试验处理对产量的影响

理论上讲,由于干热风发生在冬小麦生长后期,此时的群体结构已基本固定,即单位平方米的穗数基本不受干热风天气影响;若干热风发生的时期较早,可能增加不孕小穗的数量,每穗的穗粒数可能受一定影响,但从干热风发生规律的统计分析结果来看,根据黄淮海地区的气候特征,冬小麦开花期之前发生干热风的概率极小,因此,干热风对千粒重的影响,基本与对最终产量的影响量相当。

对田间试验的各处理收获后测定实产,各年度产量平均统计结果显示:灌浆前期干热风灾害对最终产量的影响不大,重度和轻度灾害处理下产量分别增加0.56%和11.30%,略大于千粒重的增长幅度。同时结合灌浆前期干热风灾害对净光合速率、根系伤流量和灌浆速率的影响来看,灌浆前期发生短时期、轻度的干热风灾害对小麦的负影响相对较小,不影响正常灌浆结实。但由于田间试验仅针对一个干热风日,而干热风轻过程的影响还有待于进一步分析。

从测定的各项生理指标分析,灌浆中期的干热风灾害对小麦各项生理指标的影响最为严重,同时,受干热风影响,小麦灌浆速度出现不可恢复的下降,由此判定灌浆中期干热风灾害的综合影响最为严重,轻度和重度干热风分别造成5.22%和9.96%的减产(图10.12),与千粒重的减少幅度一致。

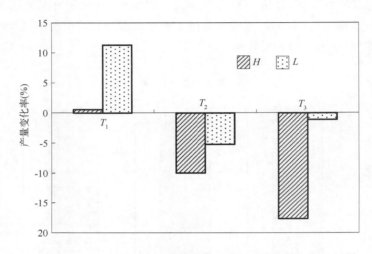

图10.12　不同时期、不同等级干热风处理的产量变化率

灌浆后期出现轻干热风灾害已对产量的影响不明显,各试验年度平均出现1.14%的减产。这是由于灌浆快结束时,冬小麦的叶片活力已明显衰退,正常叶片的叶绿素含量较灌浆前中期减少了80%以上,由于能够进行光合作用的绿色机体部分已大大减少,短时、轻度的干热风灾害对叶片净光合速率基本无影响,仅对参与光合的绿色植株部分产生微弱影响,故减产率不大。然而,若出现重度干热风灾害,将直接影响小麦最终产量,因为小麦各项生理功能已趋于衰退,干热风灾害加剧了小麦的衰退过程,且此时小麦已没有自身恢复能力,能量的消耗大于生成,出现了倒灌,造成小麦减产17.65%。

根据田间试验干热风控制下小麦生理指标的变化,以及干热风天气对千粒重和产量的分析结果,可知灌浆前期和中期,灾害对小麦生理的影响及灌浆速度的影响,均有一定的恢复效应,但不一定能恢复到正常状态,因此可以推断,当出现连续2~3 d的干热风日,构成轻度或重度干热风天气过程时,第一个干热风日对小麦的影响最为严重,同时后续的逆境条件会延迟灾后恢复的进程。

在指导实际生产时,为了对灾害的影响进行更为细致的分析,综合前面的试验数据结果及细化的干热风等级指标,干热风对小麦千粒重和产量的影响可概括如表10.6所示。

表 10.6　不同时期干热风对千粒重和产量的影响量

时期	干热风过程等级	千粒重减少量(g)	减产率(％)
抽穗扬花期	轻	/	/
	中	0～1.0	<5
	重	>1.0	<10
灌浆乳熟期(灌浆中期)	轻	0～1.5	0～5
	中	1.5～3.5	5～10
	重	>3.5	>10
乳熟成熟期(灌浆后期)	轻	0～1	0～3
	中	1～5	3～15
	重	>5	>15

　　表中对干热风过程等级的判断依据,是在干热风灾害行业标准的基础上,结合前人研究成果和筛选的干热风灾情资料,采用了轻、中、重三级指标反映干热风的危害程度,是对高温低湿型干热风灾害指标的进一步细化,便于开展干热风灾害影响评估,具体指标见表 10.7。

表 10.7　高温低湿型干热风气象指标

时段	当日气象因子	等级
抽穗扬花期	极端最高气温 31.5～33.0℃,最小湿度<30％,风速≥2.5 m·s^{-1}	轻
	极端最高气温 33.1～34.0℃,最小湿度<26％,风速≥2.5 m·s^{-1}	中
	极端最高气温>34.0℃,最小湿度<23％,风速≥2.5 m·s^{-1}	重
灌浆乳熟期	极端最高气温≥32.0℃,最小湿度<30％,风速≥2.5 m·s^{-1}	轻
	极端最高气温≥32.0℃,最小湿度<26％,风速≥3.0 m·s^{-1}	中
	极端最高气温≥32.0℃,最小湿度<23％,风速≥3.5 m·s^{-1}	重
乳熟成熟期	极端最高气温 32.4～33.9℃,最小湿度<31％,风速≥2.5 m·s^{-1}	轻
	极端最高气温 34.0～35.0℃,最小湿度<28％,风速≥3.0 m·s^{-1}	中
	极端最高气温≥35.0℃,最小湿度<24％,风速≥3.0 m·s^{-1}	重

10.3　评估结果与验证

10.3.1　冬小麦不同发育时段重度干热风危害指数

　　为了分析黄淮海地区高温低湿型干热风对冬小麦不同发育时段的危害程度,根据干热风的定义,基于现有农作物相关的产量、发育期、干热风灾害等相关资料,将灌浆期分为抽穗—灌浆期、灌浆—乳熟期和乳熟—成熟期 3 个时段,分别计算了 1981—2006 年黄淮海地区重度干热风影响下冬小麦不同发育时段的干热风危害指数(表 10.8)。从表 10.7 可知,重度干热风危害下,1981—2006 年期间黄淮海各地区冬小麦不同发育时段的干热风危害指数平均在抽穗—开花时段最大,乳熟—成熟时段居中,开花—乳熟时段最小,分别为 0.17、0.15和 0.14,平均 0.15。

表 10.8　黄淮海地区冬小麦不同发育时段的干热风危害指数

发育时段	重度干热风危害指数
抽穗—开花	0.17
开花—乳熟	0.14
乳熟—成熟	0.15
抽穗—成熟合计	0.15

10.3.2　抽穗前气象条件对气象产量影响的分离及关键气象因子的确定

社会趋势产量用年序进行正交多项式分离,本文中冬小麦社会趋势产量和抽穗前气象条件对气象产量的影响通过以下二式确定:

$$Y_t = 1400.9 + 177.36\,t + 0.6001\,t^2 - 0.0956\,t^3 \tag{10.13}$$

式中,Y_t 为社会趋势产量,$kg \cdot hm^{-2}$;t 为年序。

小麦抽穗前气象条件对气象产量的影响通过统计研究区 1981—2006 年小麦农业气象观测报表中不同发育期间气象要素(成林等,2011),进行小麦开花前气象因子普查和偏相关分析,选择有生物意义的因子,建立拟合方程:

$$YW_1 = 0.030 + 0.022\,X_1 - 0.003\,X_2 + 7.530\,X_3 \tag{10.14}$$

式中,YW_1 为小麦抽穗前气象条件对气象产量的影响,$kg \cdot hm^{-2}$;X_1 为播种—出苗的最低气温,决定小麦出苗的迟早和苗情,℃;X_2 为拔节—孕穗的平均气温,在小花原基形成期—四分体形成期气温偏低可延长小穗、小花分化时间,防止退化,提高结实率,℃;X_3 为孕穗—抽穗的平均气温,气温偏高有利于提早抽穗,延长后期灌浆时间,且晴天有利于开花授粉,℃。$R = 0.82$,$P < 0.01$,方程极显著。X_1、X_2 和 X_3 各个单因子相关系数分别为 0.64、0.86 和 0.99,均达到极显著水平($P < 0.01$)。

10.3.3　构建干热风危害指数与抽穗—成熟阶段气象条件对气象产量影响的统计模型

在干热风出现年份,分析了重度干热风影响下干热风危害指数与抽穗—成熟阶段气象条件对气象产量影响的关系,建立了以下统计模型:

$$YW_2 = 534.132 \times E_a - 407.553 \times E_b - 1423.447 \times E_c - 47.776 \tag{10.15}$$

式中,YW_2 为抽穗—成熟阶段气象条件对气象产量影响,$kg \cdot hm^{-2}$;E_a 为抽穗—开花时段的干热风危害指数;E_b 为开花—乳熟时段的干热风危害指数;E_c 为乳熟—成熟时段的干热风危害指数。

10.3.4　冬小麦干热风灾损评估

选择数据完整的河北阜城、山东曹县、山东菏泽和山西沂州四个农业气象站点为例,通过对比各个站点干热风年冬小麦实测产量和模拟产量的结果,可知二者之间的相对误差绝对值都小于 1%(表 10.9),说明构建的统计模型客观上既能综合地反映干热风在不同发育阶段对冬小麦产量的影响,又能较好地评估重度干热风危害下,黄淮海地区冬小麦的产量损失。按照小麦灌浆前的气象条件,计算了各个站点发生干热风后的实测产量比灌浆期未受

灾的正常预计产量的减产百分比。结果显示:重度干热风危害下,各个站点小麦减产率在
21.52%～39.80%之间,平均为 27.83%(表 10.10)。

表 10.9　黄淮海地区干热风年冬小麦实测产量和模拟产量的比较

站点(站号)	干热风年	干热风年冬小麦实测产量(kg·hm^{-2})	模拟的干热风影响下的冬小麦产量(kg·hm^{-2})	相对误差绝对值(%)
河北阜城	1988	3195.00	3208.24	0.41
山东曹县	1997	4515.00	4528.14	0.29
山东菏泽	2001	4781.25	4792.32	0.23
山西沂州	1982	2025.00	2038.34	0.65

表 10.10　重度干热风危害下黄淮海地区冬小麦灾损评估

站点	河北阜城	山东曹县	山东菏泽	山西沂州
干热风年	1988	1997	2001	1982
抽穗后气象条件对气象产量的影响(kg·hm^{-2})	228.95	247.37	155.03	141.13
E_a	0.17	0.17	0.18	0.12
E_b	0.14	0.13	0.13	0.15
E_c	0.18	0.19	0.12	0.14
抽穗前气象条件对气象产量的影响(kg·hm^{-2})	156.81	147.87	121.47	126.61
社会趋势产量(kg·hm^{-2})	2809.24	4119.77	4504.75	1757.26
正常投入应得到的产量(kg·hm^{-2})	4468.3	5769.89	6128.37	3386.12
减产率(%)	28.20	21.52	21.80	39.80

10.4　小结

10.4.1　不同时期干热风灾害对小麦千粒重的影响

干热风影响下的小麦最终千粒重存在差异,主要是由于不同时期的气象条件对小麦灌浆过程的影响不同(林日暖和张勇,1999;邓振镛等,2009;卞晓波等,2012)。有研究发现,小麦抽穗后的一段时期内,冬小麦千粒重与日平均气温以正相关关系为主(崔金梅等,2000;钱锦霞和郭建平,2012),即在一定范围内,温度升高有利于加快灌浆速度,提高粒重(高素华等,1996)。灌浆前期发生干热风时,高温伴随着低湿和较大风速,会对冬小麦生理机能造成一些损伤,但因为作物尚处于旺盛生长期,造成的灾害损伤可很快恢复,这与闫素辉等(2011)研究发现的灌浆前期高温处理效应是可逆的结论相似;同时,日最高气温升高,使得日平均气温相应升高,会在短时间内提高籽粒胚乳细胞的分裂速率,加速胚乳细胞发育进程,从而促进了小麦光合产生的干物质在穗部的积累,若日平均气温仍在小麦灌浆的适宜范围内,暂对作物产量影响不大(封超年等,2000)。这些结论都可以解释灌浆前期出现一个干热风日对最终千粒重没有显著影响的试验结果。

灌浆中期以后,作物的各项生理机能开始衰退,自我修复能力也开始减弱,甚至某些影响不可逆转,因此无论干热风灾害强度如何,均引起了千粒重不同程度的减少,尤其是灌浆快结束时,冬小麦叶片活力已明显衰退,叶绿素含量较灌浆前中期可减少80%以上(王晨阳等,2005;杨国华和董建力,2009),轻度的干热风灾害仅对参与光合的绿色植株部分产生微弱影响,然而重度干热风天气则不仅加剧了小麦生理机能的衰退过程,并导致籽粒干物质逆向输送,形成"倒灌"而使千粒重明显降低。

10.4.2 研究中的不确定性

(1)数据收集:目前,在我国各地的农业气象观测站中,对农作物、自然物候和农业小气候等观测记录方式仍为目测或简单器测、手工记录和报表寄送、纸质存档等落后方式,误差大、频次低,自动化、网络化、智能化水平还很低。此外,由于观测人员的专业素质、熟练程度、观测习惯和责任心等多种原因,作物生育期、密度、苗情长势、土壤水分等观测在取样、判断、量化等环节上不可避免地受主观因素的影响(王春乙等,2007;余卫东等,2013),使得农业气象要素观测精度有限,而且对干热风、病虫害及其他农业气象灾害的田间实况记录很少,这也是造成最后干热风灾损评估结果较大不确定性的主要原因。今后随着干热风指标研究的不断深入、田间资料的不断完善和技术手段的不断提高,将会逐步降低研究中的不确定性。

(2)灾损评估指标的选择:干热风气象指标有多种(北方小麦干热风科研协作组,1983),本书在选取干热风气象指标时,采用了气象行业标准《小麦干热风灾害等级》,该指标为现阶段公认的指标,在干热风研究史上发挥着重要作用。在计算干热风危害指数过程中,因气温、湿度和风速具有不同量纲,且绝对值差异较大,为了消除不同量纲的影响使结果更为合理,采用了各自的相对值求和方法,部分参数选用了经过本地化试验验证的前人研究结果,理论基础较为坚实。该指数能较好地反映抽穗—开花、开花—乳熟、乳熟—成熟发育时段内干热风的累积及瞬时变化效应对冬小麦的危害。随着育种技术和种植水平的提高,干热风实际发生的气象灾害指标应有所变化,并有区域性特征,在今后的研究中应予以考虑。

(3)田间试验:干热风对小麦定量化影响研究的难度之一,在于缺乏资料的积累和精细化的观测数据,一般利用温度、湿度和风速等气象观测资料与最终千粒重建立相关关系(史印山等,2007),但不能反映出粒重增长过程中的问题和规律,因此开展田间试验是一种有效途径。开展试验控制时,模拟箱过小样本代表性偏差,过大则不易达到理想的控制效果,同时也可能存在处理不均匀、取样误差等诸多不确定因素,因此观测的部分数据存在标准差偏大的问题。

10.4.3 未来研究重点

一般来说,干热风分为高温低湿型、雨后青枯型和旱风型三种。然而,雨后枯熟情况下通常湿度不低,一般也不刮风,但后果往往比干热风更加严重,症状和危害机制也有所不同(烂根,青枯)。由于干热风的主要危害因子是高温,如果气温并不高,旱风型加剧干旱,与干热风的危害机制也有一定区别。鉴于目前对干热风研究的复杂性及危害机制的不确定性,且高温低湿型在是黄淮海麦区干热风的主要类型,因此本书主要考虑了小麦开花灌浆过程中高温低湿型干热风的影响。近年来,黄淮海麦区雨后青枯型干热风的研究相对较少,因而在搜集数据、选择指标上等存在诸多困难,将是本书的下一个研究重点。

此外,在农业现代化、信息化发展的需求下,将干热风田间试验与数字模拟相结合(薛香等,2006;郑秀琴等,2006),进一步认清干热风对小麦千粒重形成过程中的光合作用和同化物运转、分配等生理过程的影响、这些过程与产量之间的关系等规律,可能是将来灾害评估研究的发展方向之一。

10.4.4　结论

(1)干热风通过高温低湿的剧变和持续作用而胁迫伤害植株体。在干热风灾害人工控制试验和大田的实际观测中发现,几分钟或几个小时的时间内,植株并没有直接的外在受伤表现,只有干热风持续数小时或 1 d 以上时,可观测到绿色植株部分有不同程度的受害症状。从外界环境的胁迫伤害的分类来看,干热风对小麦不是热冲击伤害,即不是原生的直接伤害,而是原生的间接伤害和次生的胁迫(北方小麦干热风科研协作组,1988)。即,在高温低湿大风的条件下,小麦植株体所有的生理生化过程受阻,但并不致伤,当干热风持续一定时间后,即可能引起细胞代谢紊乱,生理变化失调,主要表现在:干热风使功能叶叶绿素含量显著降低,气孔部分关闭,净光合速率出现不同程度的下降,尤其在灌浆最旺盛的时期,重度干热风造成旗叶净光合速率明显降低;干热风条件下,小麦叶片蒸腾强度骤然增高,引起了叶片细胞的失水,水势下降,叶片自由水含量减少,降低了植株的生命力;干热风不仅伤害植株地上部分,而且也影响到根系的活力。根系的伤流量是根系活力强弱的重要生理指标。干热风使根系伤流量减小,干热风越强,根系伤流量越小。所有生理机能受不同程度干热风的影响,导致小麦最终千粒重减产率最高可达 14.5% 左右。

(2)当发生大范围干热风时,可利用统计模型开展干热风影响的产量灾损评估。统计模型对重度干热风的影响显著。模型构建原理是:①分离了冬小麦气象产量,并确定了冬小麦抽穗前气象条件对气象产量影响的关键气象因子为:播种—出苗期间的最低气温、拔节—孕穗期间的平均气温和孕穗—抽穗期间的平均气温。②计算抽穗—开花、开花—乳熟、乳熟—成熟不同发育时段的干热风危害指数,构建了重度干热风影响下干热风危害指数与冬小麦抽穗—成熟 3 个阶段气象条件对气象产量影响的统计模型,实现重度干热风对产量的影响评估。进一步的模型评估结果表明:1981—2006 年黄淮海地区冬小麦减产率在 21.52%～39.80% 之间,平均为 27.83%。

参考文献

北方小麦干热风科研协作组.1985.北方小麦干热风气候区划.气象.(5):11-15.

北方小麦干热风科研协作组.1988.小麦干热风.北京:气象出版社.

北方小麦干热风科研协作组.1983.小麦干热风气象指标的研究.中国农业科学.16(4):68-75.

卞晓波,陈丹丹,王强盛,等.2012.花后开放式增温对小麦产量及品质的影响.中国农业科学.45(8):1489-1498.

陈怀亮,邹春辉,付祥建,等.2001.河南省小麦干热风发生规律分析.自然资源学报.16(1):59-64.

成林,张志红,常军.2011.近 47 年来河南省冬小麦干热风灾害的变化分析.中国农业气象.32(3):456-460.

成林,张志红,方文松.2014.干热风对冬小麦灌浆速度和千粒重影响的试验研究.麦类作物学报.34(2):248-254.

崔金梅,朱云集,郭天财,等.2000.冬小麦粒重形成与生育中期气象条件关系的研究.麦类作物学报.20(2):28-34.

邓振镛,张强,倾继祖,等.2009.气候暖干化对中国北方干热风的影响.冰川冻土.31(4):664-671.

董江水.2007.应用 SPSS 软件拟合 Logistic 曲线研究.金陵科技学院学报,**23**(1):21-24.

封超年,郭文善,施劲松,等.2000.小麦花后高温对籽粒胚乳细胞发育及粒重的影响.作物学报.**26**(4):399-405.

高素华,郭建平,赵四强,等.1996."高温"对我国小麦生长发育及产量的影响.大气科学.**20**(5):599-605.

关义新,戴俊英,林艳.1995.水分胁迫下植物叶片光合的气孔和非气孔限制.植物生理学通讯.**31**(4):293-297.

霍治国,姜燕,李世奎,等.2007.小麦干热风灾害等级.北京:气象出版社.

孔德胤,张喜林,李金田,等.2002.利用海温与环流因子制作干热风危害指数预报.内蒙古气象.(1):11-13.

李世清,邵明安,李紫燕,等.2003.小麦籽粒灌浆特征及影响因素的研究进展.西北植物学报.**23**(11):2031-2039.

梁群,张国林.2009.辽西地区小麦干热风气候特征及其防御对策.安徽农业科学.**37**(7):2896 -2897.

林日暖,张勇.1999.拉萨冬小麦生育后期籽粒形成与温度的关系.应用气象学报.**10**(3):321-326.

刘德祥,孙兰东,宁惠芳.2008.甘肃省干热风的气候特征及其对气候变化的响应.冰川冻土.**30**(1):81-86.

刘静,马力文,张晓煜,刘玉兰,等.2004.春小麦干热风灾害监测指标与损失评估模型方法探讨——以宁夏引黄灌区为例.应用气象学报.**15**(2):217- 225.

陆正铎,刘新正,常守吉.1983.干热风对春小麦危害生理机制的研究.中国农业气象.**4**(4):5-9.

钱锦霞,郭建平.2012.黄淮海地区冬小麦干热风发生趋势探讨.麦类作物学报.**32**(5):996-1000.

史印山,尤凤春,魏瑞江,等.2007.河北省干热风对小麦千粒重影响分析.气象科技.**35**(5):699-702.

孙本普,王勇,李秀云,等.2003.气候条件对冬小麦千粒重的影响.麦类作物学报.**23**(4):52-56.

王邦锡,杜元踌,齐明起.1976.小麦在干热风条件下的生理变化.兰州大学学报.**3**(3):93-96.

王晨阳,何英,郭天财,等.2005.灌浆期高温胁迫对强筋小麦旗叶叶绿素 a 荧光参数的影响.麦类作物学报.**25**(6):87-90.

王春乙,潘亚茹,季贵树.1991.石家庄地区干热风年型指标分析及统计预测模型.气象学报.**49**(1):104-107.

王春乙,张雪芬,孙忠富,等.2007.进入 21 世纪的中国农业气象研究.气象学报.**65**(5):815-824.

王明涛,马焕香,翟贵明,等.2010.山东省滨州市干热风气候特征及对小麦千粒重的影响分析.安徽农业科学.**38**(23):12898-12900,12920.

王绍中,田云峰,郭天财,等.2010.河南小麦栽培学(新编).北京:中国农业科学技术出版社.

许大全.1997.光合作用气孔限制分析中的一些问题.植物生理学通讯.**33**(4):241-244.

薛香,吴玉娥,陈荣江,等.2006.小麦籽粒灌浆过程的不同数学模型模拟比较.麦类作物学报.**26**(6):169-171.

闫素辉,李文阳,邵庆勤.2011.灌浆期高温对小麦旗叶净光合速率及籽粒生长的影响.安徽科技学院学报.**25**(1):18-22.

杨国华,董建力.2009.灌浆期高温胁迫对小麦叶绿素和粒重的影响.甘肃农业科技.(8):3-5.

余卫东,杨光仙,张志红.2013.我国农业气象自动化观测现状与展望.气象与环境科学.**36**(2):66-71.

张廷珠,韩方池,吴乃元,等.1995.干热风天气麦田热量、水汽量的湍流交换及其对小麦灌浆速度影响的研究.干旱地区农业研究.**13**(3):74-78.

张志红,成林,李书岭,等.2013.我国小麦干热风灾害研究进展.气象与环境科学.**36**(2):72-76.

张志红,成林,李书岭,等.2015.干热风天气对冬小麦生理的影响.生态学杂志.**34**(3):712-717.

赵风华,居辉,欧阳竹.2013.干热风对灌浆期冬小麦旗叶光合蒸腾的影响.华北农学报.**28**(5):144-148.

赵俊芳,赵艳霞,郭建平,等.2012.过去 50 年黄淮海地区冬小麦干热风发生的时空演变规律.中国农业科学.**45**(14):2815-2825.

郑秀琴,冯利平,刘荣花.2006.冬小麦产量形成模拟模型研究.作物学.**32**(2):260-266.

朱玉洁,杨霏云,刘伟昌.2013.利用作物模型提取小麦干热风灾损方法探讨.气象与环境科学.**36**(2):10-14.

IPCC,2007.*Climate Change* 2007:*Synthesis Report*.Oslo:Intergovernmental Panel on Climate Change.

第 11 章　业务平台建设及应用情况

11.1　河南冬小麦干热风监测评估系统

11.1.1　系统简介

冬小麦干热风动态监测评估系统,简称 HDWAS,HDWAS 系统由主控系统、发育期管理模块、干热风监测模块、干热风过程诊断模块、干热风灾害评估模块、受灾面积监测模块、数据产品空间分布图形模块等组成(图 11.1),其基本功能如表 11.1 所示。

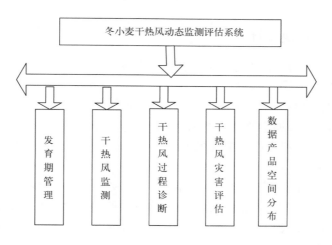

图 11.1　干热风系统框架图

系统有主目录 HDWAS 和若干子目录组成。系统主目录主要存放主控程序以及相关的动态库文件。子目录主要为:

MAP:主要存放地理信息数据文件。

CONFIG:存放系统的配置数据。

DATA:存放系统及各模块生成的结果数据。

IMAGES:存放系统生成的图像文件。

PALETTES:存放数据文件使用的调色板数据。

表 11.1 干热风系统基本功能

功能	描述
发育期管理	可以调整各区域的开花日期(分为豫北、豫中、豫东、豫西、豫西南、豫南 6 个区域)。如果没有开花日期时,以 35 个农气站观测的开花普遍日期为初始值,根据 35 个农气站的分布,确定相同区域内其他站点的小麦开花期,将开花期的初始值赋到 118 个站点上。
干热风监测	以地面自动站资料为依据,依不同灌浆期干热风指标为标准,进行逐日实时监控、分析,输出具有无、轻、中、重 4 种干热风日类型的文件,生成干热风日类型空间分布图,图中有重、中、轻、无 4 种类型的标注。
干热风过程诊断	利用干热风监测得到的干热风日数据,根据干热风过程形成标准,判断指定时间间隔期内出现的干热风过程灾害,输出具有无、轻、中、重 4 种干热风过程类型的文件,生成干热风过程类型空间分布图,图中有重、中、轻、无 4 种类型的标注。
干热风灾害评估	在小麦不同的灌浆时期,依据干热风灾损指标,根据发生不同程度的干热风日及干热风过程,评估产量或千粒重减少百分率,生成灾害定量评估图和数据文档。

11.1.2 主控系统模块设计

主控系统是本系统的调度管理系统,主要负责各个子模块的功能调用,数据资料的存储、装载、分发和显示。

(1)发育期管理模块

系统使用冬小麦发育期主要为开花期、灌浆前期、灌浆中期、灌浆后期。以观测站点观测的开花期作为初始值,根据小麦灌浆期前期、中期、后期定义来确定灌浆前期、灌浆中期、灌浆后期的日期。

设计方法:采用依赖属性定义数据,利用 LINQ 技术管理数据集合,使用 WPF 的数据绑定功能的双向通信模式,使得数据的编辑、修改和显示的编程方法大为简便。

系统启动时,会自动装载配置子目录 CONFIG 下的 Crop Growth Period. xml 文件,这是默认的发育期配置文件。

当用户编辑修改数据时,编辑和修改过的数据会自动保存在内存中,提供给干热风监测模块使用;用户也可以存储为其他文件名称,比如有最后修改时间标识的文件名 Crop Growth Period-20140516. xml;用户还可以装载特定的配置文件,并且编辑修改;当系统退出时,会把最后编辑的数据存储为默认的配置数据,也是下次启动优先载入的发育期配置数据。

输入描述:在系统子目录 CONFIG 下有作物发育期配置文件,保存了各个站点的区域代码、区站号、站点名称、开花日期、灌浆前期、灌浆中期、灌浆后期、灌浆前期天数、灌浆中期天数、灌浆后期天数。

输出描述:把当前编辑的数据存储为默认的配置数据 CropGrowthPeriod. xml,下次启动优先载入默认发育期配置数据(图 11.2)。

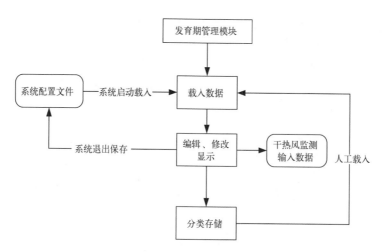

图 11.2　发育期管理模块

（2）干热风监测模块

以地面自动站资料为依据，依据细化的干热风动态监测指标，进行逐日、逐站实时监控、分析，生成干热风日数据，并生成干热风空间分布平面图，图中有无、轻、中、重 4 种类型的标注（图 11.3）。

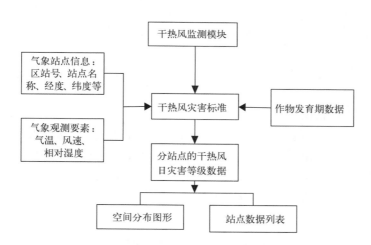

图 11.3　干热风监测模块流程逻辑图

输入描述

①气象站点信息：包括区站号、站点名称、经度、纬度、海拔、站点等级、站点数据。

②气象观测要素：各个气象站点地面观测的日最高气温、风速、相对湿度。

③作物发育期数据：各个站点的区域代码、区站号、站点名称、开花日期、灌浆前期、灌浆中期、灌浆后期、灌浆前期天数、灌浆中期天数、灌浆后期天数。

输出描述：输出监测到的干热风灾害等级数据，包括区站号、站点名称、经度、纬度、海拔、站点等级、灾害等级数据。

（3）干热风过程诊断模块

依据干热风日资料、干热风过程判断指标，逐站分析判断干热风过程，生成干热风过程数据，并生成干热风过程空间分布平面图，图中有无、轻、中、重4种类型的标注。

流程逻辑如图11.4所示。

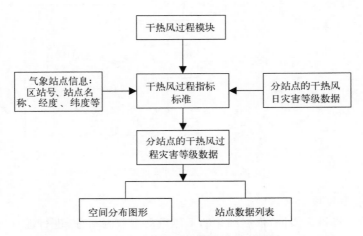

图11.4　干热风过程模块流程逻辑图

输入描述

①气象站点信息：包括区站号、站点名称、经度、纬度、海拔、站点等级、站点数据。

②干热风日灾害等级数据：包括区站号、站点名称、经度、纬度、海拔、站点等级、灾害等级数据。

输出描述：干热风过程数据：包括区站号、站点名称、经度、纬度、海拔、站点等级、灾害等级数据。

（4）干热风灾害评估模块

在小麦不同的灌浆时期，依据不同等级的干热风灾损指标，根据发生不同程度的干热风日及干热风过程，评估产量或千粒重减少百分率，生成灾害定量评估图和数据文档。

评估指标参照第10章基于田间试验的冬小麦干热风灾损指标。但目前灌浆前期干热风减产率数值不确定，系统暂未设定；有干热风日但没有形成干热风过程的，暂按表11.2中指标估算：

表11.2　干热风评估指标

时期	干热风日	减产率（%）
灌浆中期	1轻日	0～1.0
	1中日	1.5～2.5
灌浆后期	1轻日	0～1.0
	1中日	1.5～3.0

流程逻辑如图 11.5 所示。

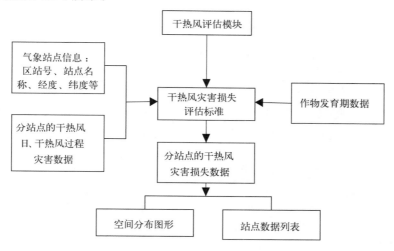

图 11.5　干热风评估模块流程逻辑图

输入描述

①气象站点信息：包括区站号、站点名称、经度、纬度、海拔、站点等级、站点数据。

②干热风日灾害等级数据：包括区站号、站点名称、经度、纬度、海拔、站点等级、灾害等级数据。

③干热风过程数据：包括区站号、站点名称、经度、纬度、海拔、站点等级、灾害等级数据。

④作物发育期数据：各个站点的区域代码、区站号、站点名称、开花日期、灌浆前期、灌浆中期、灌浆后期、灌浆前期天数、灌浆中期天数、灌浆后期天数。

输出描述：主要为包括区站号、站点名称、经度、纬度、海拔、站点等级、灾损数据。

11.1.3　系统主要功能及操作

找到系统程序 HDWAS.EXE，点击运行，运行界面如图 11.6 所示：显示河南省空白地图信息，鼠标可经纬度跟随。

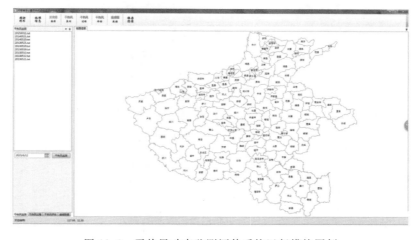

图 11.6　干热风动态监测评估系统运行模块图例

点击【发育期管理】,出现如下界面(图 11.7)。

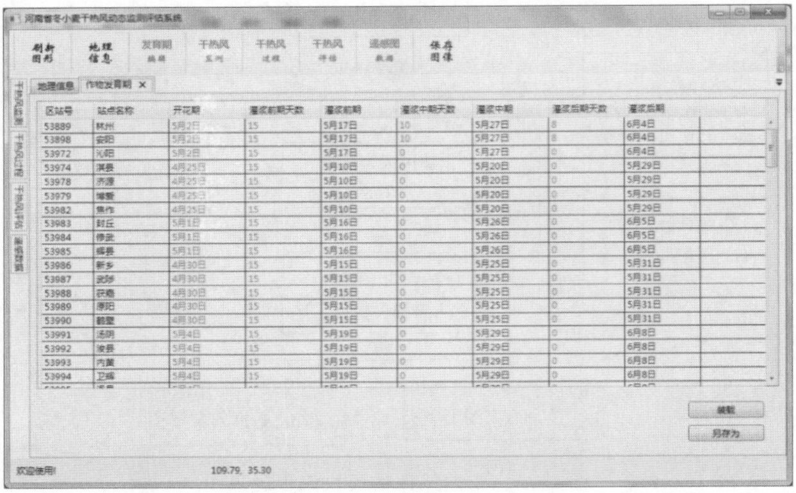

图 11.7　干热风发育期管理模块界面

如图表格中,蓝色数据列是可编辑列,包括"开花期""灌浆前期天数""灌浆中期天数""灌浆后期天数"四项。

开花期的格式必须是×月×日,灌浆期天数必须是数字。

当开花期改变时,后面灌浆各个时期的日期也会随之改变,灌浆期的日期值是前面的日期加上本灌浆期天数获得,灌浆期天数为 0 时,灌浆期使用系统默认的日期。

编辑修改后的数据可以另存为副本作为备份,系统退出时,会自动保存当前数据为默认的配置数据。

【干热风监测】模块界面如图 11.8。

图 11.8　干热风监测模块界面

干热风监测功能模块界面有两个部分：左边是文件列表和功能按钮，右边是图形显示和数据表格。

用户首先选择干热风监测的日期，然后点击【干热风监测】按钮，系统会连接数据库，读取指定日期的地面观测数据，根据干热风判断指标形成干热风数据，最后以文本文件的形式存储到本地磁盘，显示在列表框中，同时右边的图形显示干热风等级的空间分布情况，还有一个页面显示所有站点的数据表格，用户可以选择不同的干热风日数据文件，观察指定日期的干热风灾害等级的分布图形和数据。

【干热风过程诊断】模块界面如图 11.9。

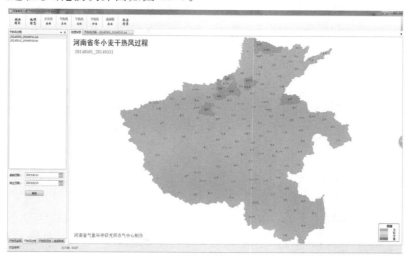

图 11.9　干热风过程诊断模块界面

干热风过程诊断功能模块界面有两个部分：左边是文件列表和功能按钮，右边是图形显示和数据表格。

进行干热风过程判断，用户首先要设置干热风过程的起始日期和终止日期，然后点击确定按钮，系统会根据干热风过程判断指标，依次检索起止日期之间的全部文件，逐个站点判断干热风过程，形成干热风过程数据，最后以文本文件的形式输出存储到本地磁盘，显示在左边的列表框中，同时右边的图形显示干热风过程的空间分布情况，还有一个页面显示所有站点的数据表格，用户可以选择不同的干热风过程数据文件，观察指定时段的干热风过程等级的分布图形和数据。

【干热风评估灾害】模块界面如图 11.10。

干热风灾害评估功能模块界面有两个部分：左边是文件列表和功能按钮，右边是图形显示和数据表格。

进行干热风灾害评估时，用户首先要设置干热风灾害评估的起始日期和终止日期，然后点击确定按钮，系统会根据干热风灾害评估指标，依次检索起止日期之间的全部文件，逐个站点进行干热风灾害评估，形成干热风灾害评估数据，最后以文本文件的形式输出存储到本地磁盘，显示在左边的列表框中，同时右边的图形显示干热风灾害评估的空间分布情况，还有一个页面显示所有站点的数据表格，用户可以选择不同的干热风灾害评估数据文件，观察指定时段的干热风灾害评估的分布图形和数据。

图 11.10　干热风灾害评估模块界面

11.2　重庆农业干旱立体监测系统

　　农业干旱监测系统是按农业干旱监测的流程和步骤以软件工程化方法组织的监测系统,基于.net Framework 的插件式框架技术开发。该系统的运行的软件环境是,数据库服务器采用 Windows Server 2008,应用程序客户端采用 Windows XP/7/2003。其地理信息表达和空间制图采用 ArcGIS 的空间数据库访问引擎(SDE)和实时运行库(Engine Run Time)。数据库运行环境为 Oracle11g。工作的硬件环境为服务器和图形工作站组成的 C/S 结构的硬件体系。其网络运行环境采用通行的 TCP/IP 协议,网络结构为千兆以太网(主干)和快速以太网(支线)。

11.2.1　系统主要技术流程

　　基于地面基本气象要素、土壤水分监测数据、遥感和数值天气预报产品,利用地面农业干旱灾害自动识别技术,实现作物蒸散量监测、土壤水分动态监测、作物水分亏缺监测和遥感农业干旱监测,并通过综合集成技术,实现农业干旱综合监测。

　　(1)技术流程图

　　从数据库中提取气象资料、土壤湿度资料和 NOAA/AVHRR 资料。计算作物实际蒸散和蒸散比;使用土壤相对湿度、降水资料和作物实际蒸散资料计算土壤水分亏缺指数;由 NOAA/AVHRR 卫星遥感资料,计算遥感干旱指数。利用多因子加权法综合集成蒸散比、土壤相对湿度、土壤水分亏缺指数和遥感干旱指数,形成农业干旱综合监测。通过输入数值天气预报结果,推算作物蒸散量、作物水分亏缺量,实现农业干旱的预报。根据农业干旱综合监测、预报发生的等级和范围,采用空间统计技术,计算不同干旱等级发生的面积(图11.11)。

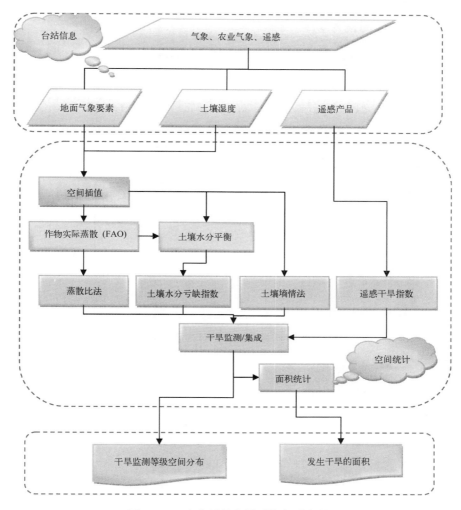

图 11.11　农业干旱监测系统主要流程

（2）系统输入输出数据

输入数据

地面基本气象要素、农业气象要素（含土壤水分数据），以及卫星遥感和数值天气预报产品。

输出结果

基于 GIS 技术输出蒸散比、土壤相对湿度、土壤水分亏缺指数、遥感干旱指数和综合集成等干旱等级和发生面积。

（3）农业干旱产品制图

以 ArcGIS 产品模板（MXD）来组织农业干旱监测预报产品，具有创建、修改、存储等编辑功能；实现农业干旱监测预报产品专题图的交互制作与输出功能。模版管理的功能包括对工作模板（MXD）进行新建、保存及删除操作。专题地图的制作过程，包括基本的符号化配置（图例、比例尺、标题、注记等）、图饰添加、插值分析、栅格数据灰度值重分类、色标重定义、统计分析图表（饼图、柱状图、趋势图或表格等）制作等。

11.2.2 系统实现的基本功能及操作

11.2.2.1 农业干旱监测预报

农业干旱监测预报包含两个模块:农业干旱指数计算和参数设置。单击菜单栏中的"农业干旱监测预报",如图 11.12 所示。

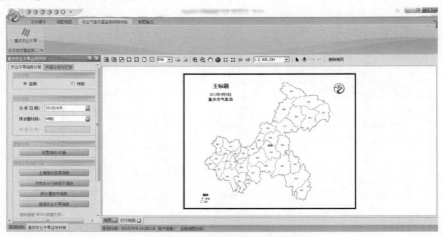

图 11.12 农业干旱监测预报界面

11.2.2.2 农业干旱指数计算

点击"农业干旱指数计算"页签,进入界面,如图 11.13 所示。

图 11.13 农业干旱指数计算界面

业务设置：包括监测和预报两项部分，如图 11.14 所示。

图 11.14　业务设置界面

时空设置：包括分析日期设置、降水量时间选择、计算日数、站点设置，如图 11.15 所示。预报与监测稍有不同的是，一般预报默认为 10 天的预报，用户可以根据需要手动设置。

图 11.15　时间设置界面

- 分析日期——选择进行分析的日期。
- 降水量时间选择——可选四个时间 05 时、08 时、14 时、20 时。
- 计算日数——如果是监测，就是从分析日期开始往前追算的日数；如果是预报，就是从分析日期开始往后预报的日数，系统默认为 10 天，用户可以输入 1～10。自动检索日数可以自动检索距分析日期最近的已生成产品，并计算与分析日期的差值，显示在计算日数里。

单项干旱指数计算：对土壤相对湿度、作物水分亏缺距平指数、降水量距平指数、遥感农业干旱指数以及农业干旱综合分析进行计算，界面如图 11.16 所示。通过选择是/否初始化来选择是/否用土壤水分的观测数据替换模型算出的土壤水分数据。现以 10 月 5 日的数据为例进行计算。

图 11.16　单项干旱指数计算界面

- 土壤相对湿度监测（图 11.17）

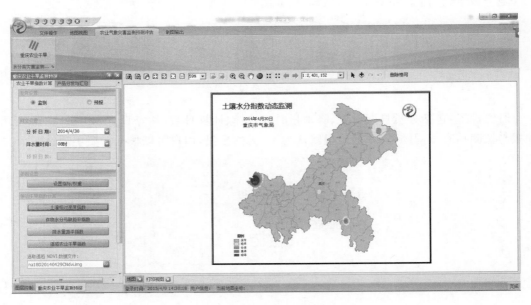

图 11.17　土壤水分指数监测结果

- 作物水分亏缺指数监测（图 11.18）

图 11.18　作物水分亏缺指数监测结果

- 降水量距平指数监测(图 11.19)

图 11.19　降水量距平指数监测结果

- 遥感农业干旱指数(图 11.20)

图 11.20　遥感农业干旱指数监测结果

• 农业干旱综合监测指数(图 11.21)

图 11.21　农业干旱综合监测指数结果

　　产品信息:点击"产品信息"按钮,进入产品管理界面,如图 11.22 所示。在产品管理中提供了查询产品、添加产品和浏览产品的功能。

图 11.22　产品管理界面

　　• 查询产品——可以查询所有、按日期查询、按日期段查询。例如,按日期查询 10 月 5 日的产品,如图 11.23 所示。可以通过点击产品组织结构中的名称来改变查询内容。

图 11.23　查询产品界面

• 添加产品——点击添加产品,进入添加产品界面,如图 11.24 所示。选择产品文件,用户根据要求填写产品信息,然后保存即可。

图 11.24　添加产品界面

• 浏览产品——双击产品列表中要浏览的对象,系统自动打开相应产品,如图 11.25 所示。

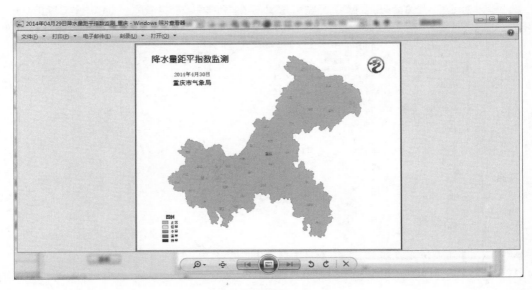

图 11.25　浏览产品界面

设置指标权重(图 11.26—图 11.30)。

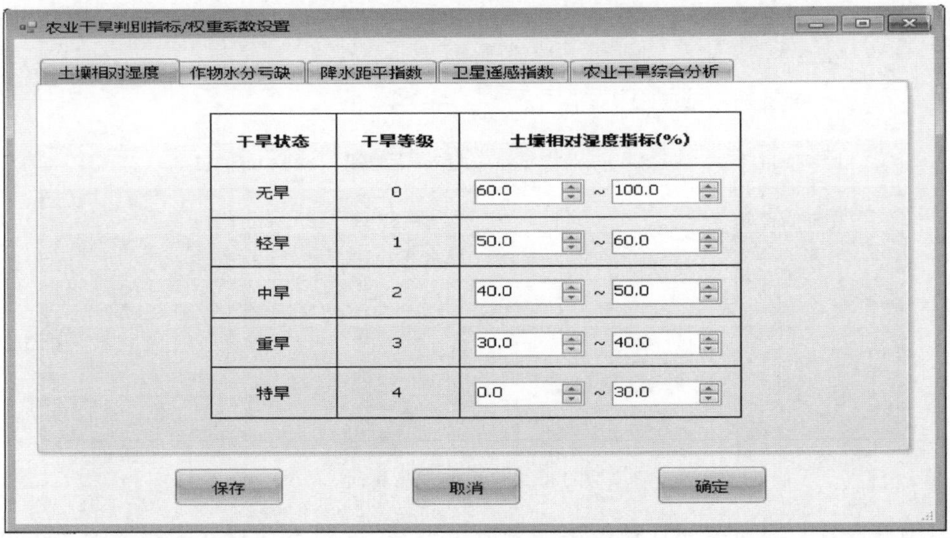

干旱状态	干旱等级	土壤相对湿度指标(%)
无旱	0	60.0 ~ 100.0
轻旱	1	50.0 ~ 60.0
中旱	2	40.0 ~ 50.0
重旱	3	30.0 ~ 40.0
特旱	4	0.0 ~ 30.0

图 11.26　土壤相对湿度设置界面

设置指标/权重:对农业干旱监测预报中所有的判别指标/权重系数进行设置。

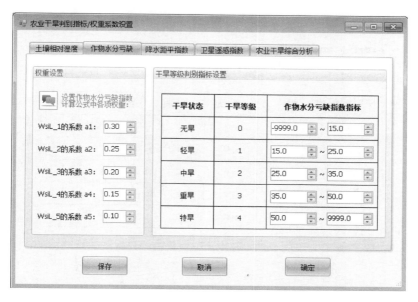

图 11.27　作物水分亏缺设置界面

图 11.28　降水距平指数设置界面

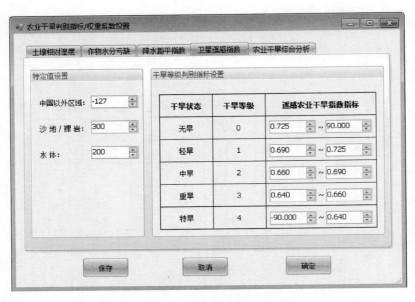

图 11.29　卫星遥感指数设置界面

图 11.30　农业干旱综合分析设置界面

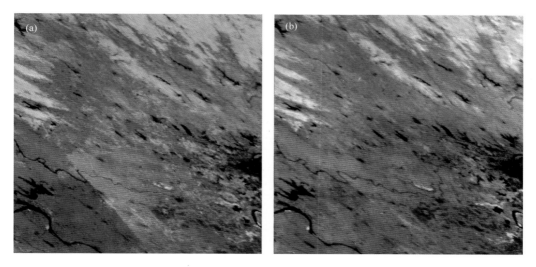

彩图 5.24　湖北部分地区 2010 年 *EVI* 时序平滑前后对比

红色:第 14 景;绿色:第 20 景;蓝色:第 28 景

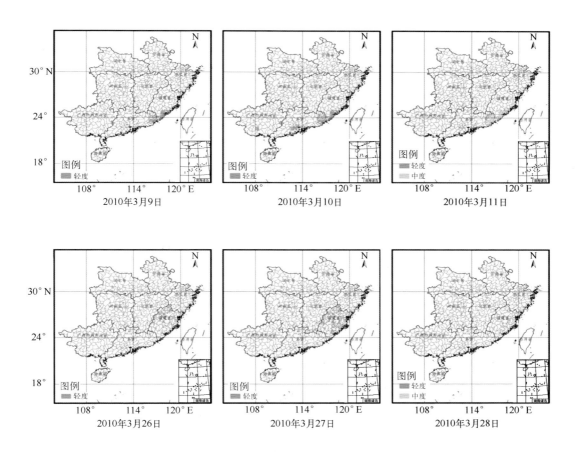

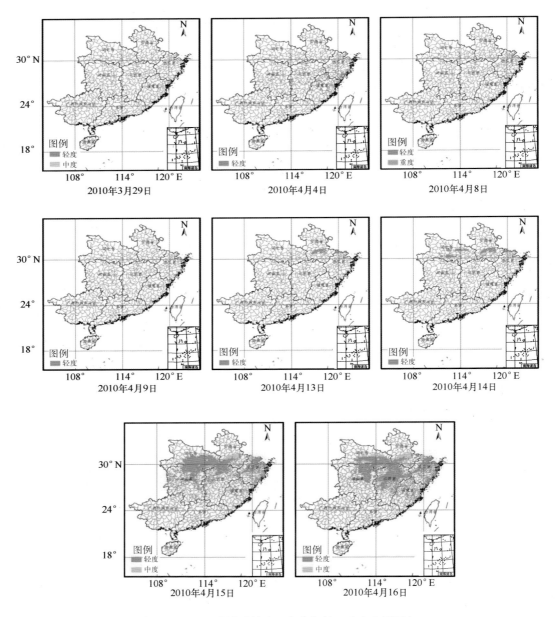

彩图 5.32　双季早稻播种至育秧期低温冷害监测图组

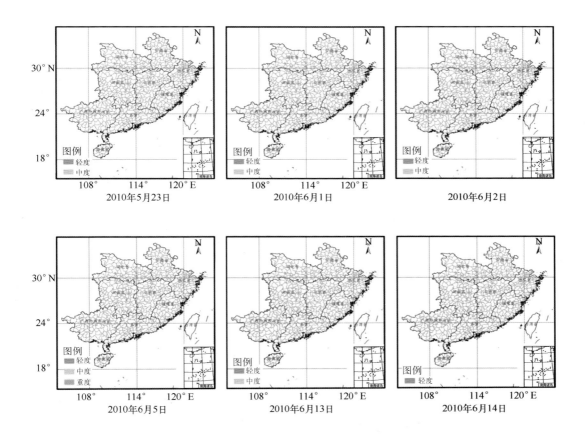

彩图 5.33 双季早稻分蘖至幼穗分化期低温冷害监测图组

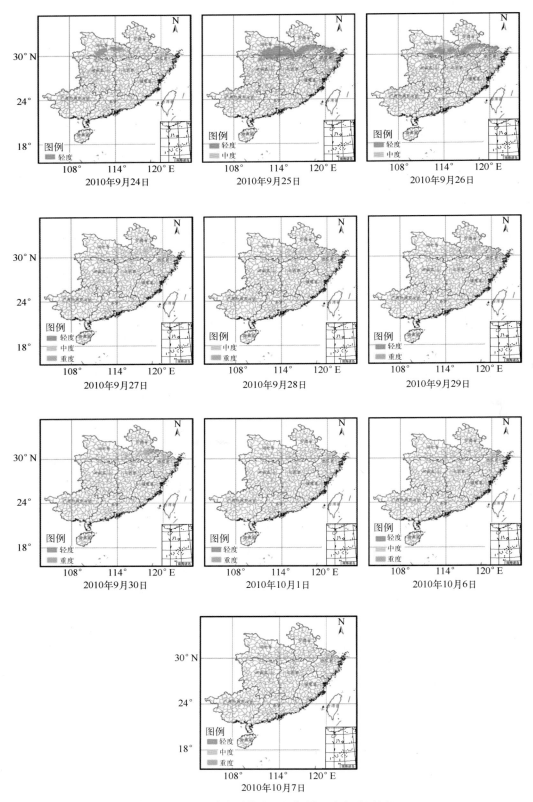

彩图 5.34　双季晚稻抽穗开花期低温冷害监测图组

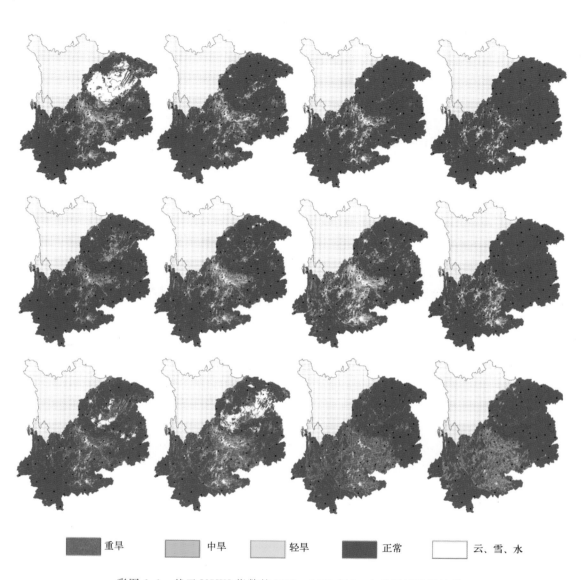

彩图 6.6　基于 $VSWI$ 指数的 2008—2010 年 1—4 月干旱监测结果

图例：重旱　中旱　轻旱　正常　云、雪、水

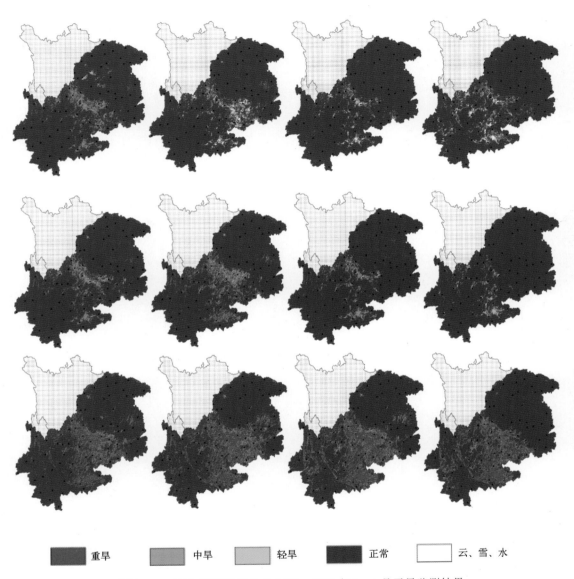

彩图 6.7　基于 *NDWI* 指数的 2008—2010 年 1—4 月干旱监测结果

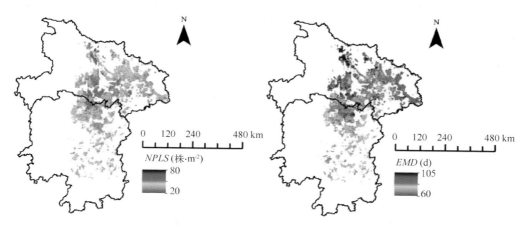

彩图 8.16　研究区 *NPLS* 和 *EMD* 的空间分布

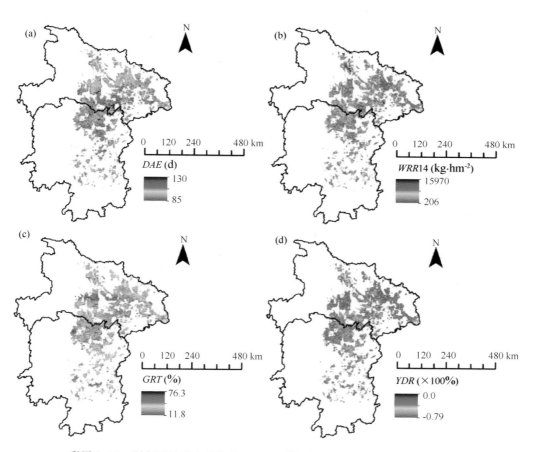

彩图 8.17　研究区早稻生长期长（*DAE*）、模拟产量（*WRR*14）、空秕率（*GRT*）

和相对参照产量变化率（*YDR*）的空间分布

（a）生长期长；（b）模拟产量；（c）空秕率；（d）相对参照产量变化率

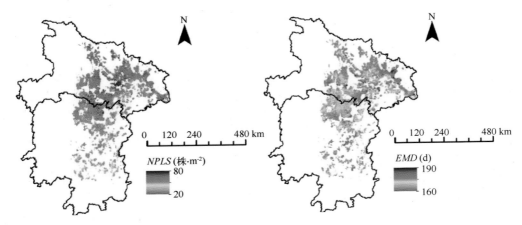

彩图 8.21　研究区 *NPLS* 和 *EMD* 的空间分布

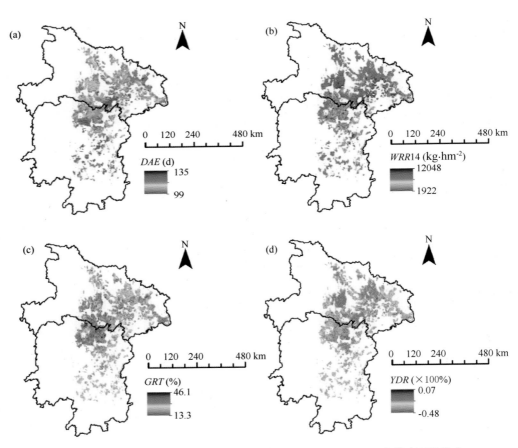

彩图 8.22　研究区晚稻生长期长（*DAE*）、模拟产量（*WRR*14）、空秕率（*GRT*）和
相对参照产量变化率（*YDR*）的空间分布
（a）生长期长；（b）模拟产量；（c）空秕率；（d）相对参照产量变化率